妈咪学堂

0~1岁育儿营养全方案

尤红玲 水淼 编著

U0393343

中国妇女出版社

图书在版编目（CIP）数据

0~1岁育儿营养全方案／尤红玲，水淼编著.—北京：中国妇女出版社，2009.10（2012.7 重印）

ISBN 978-7-80203-806-6

Ⅰ.0… Ⅱ.①尤…②水… Ⅲ.①婴幼儿—哺育②婴幼儿—营养卫生 Ⅳ.TS976.31 R153.2

中国版本图书馆 CIP 数据核字（2009）第 164830 号

0~1岁育儿营养全方案

编　　著：	尤红玲　水　淼
图书策划：	应　莹
责任编辑：	廖晶晶　应　莹
装帧设计：	吴晓莉
责任印制：	王卫东
出　　版：	中国妇女出版社出版发行
地　　址：	北京东城区史家胡同甲 24 号　　邮政编码：100010
电　　话：	（010）65133160（发行部）　65133161（邮购）
网　　址：	www.womenbooks.com.cn
经　　销：	各地新华书店
印　　刷：	北京联兴华印刷厂
开　　本：	167×234　1/16
印　　张：	19.25
字　　数：	277 千字
版　　次：	2012 年 7 月第 2 版
印　　次：	2012 年 7 月第 1 次
书　　号：	ISBN 978-7-80203-806-6
定　　价：	32.00 元

目
录

Contents

第一篇 0～1岁宝宝需要的营养素

第二篇　0~1岁宝宝喂养同步方案

新生宝宝：母乳是最理想的食品

目
录

1~2个月：良好的喂养习惯很重要

2~3 个月：大脑发育的黄金期

3～4 个月：为宝宝初加辅食

4～5 个月：断奶准备第一步

7~8 个月：断奶准备第二步

8~9 个月：宝宝膳食要平衡搭配

9～10 个月：四肢灵活的爬行期

10～11 个月：训练宝宝独立进餐的能力

目录

11~12 个月：训练宝宝学会吃"硬"食

第三篇　宝宝常见疾病的食疗法

第四篇　常见的喂养误区

第一篇

0~1岁宝宝需要的营养素

第一篇

 宝宝的营养需求

要想宝宝长得健康，离不开均衡的营养。宝宝出生几个月后，每天体重会增加约25克，妈妈必须确保宝宝能够摄取足够的营养，才能满足其快速生长的需要。不过每个宝宝对营养的需求不同，妈妈应该针对宝宝的具体情况来调整他们的喂养方案。

蛋白质

蛋白质的主要功能是维持宝宝的正常新陈代谢，保证宝宝身体的生长及各种组织器官的成熟。宝宝在婴儿时期身体需要大量的蛋白质，而且对蛋白质的质量要求也很高，也就是说宝宝需要有足够的优质蛋白质供给。

母乳可以为新生宝宝提供优质的蛋白质，而人工喂养的宝宝由于他所摄取的蛋白质质量相对低于母乳，所以蛋白质的需要量要高于母乳喂养的宝宝。母乳喂养时宝宝蛋白质的需要量为每天每千克体重1～3克；人工喂养时为3.5克；而主要以大豆及谷类蛋白质供给的宝宝则为4克。

营养缺乏时的症状主要有：生长发育缓慢；智力发育缓慢，大脑变得迟钝；活动明显减少；精神倦怠；抵抗力下降，易患感染性疾病，如感冒等；食欲丧失，常出现偏食、厌食、呕吐现象；伤口不易愈合；贫血；身体水肿等。

热 量

发挥身体的各种功能所需要的能量来自食物。食物中的热量通常以卡路里为单位表示，人体所需要的热量则通常根据单位体重所需热量来表示。

正常新生宝宝每天所需要的能量是成人的 3～4 倍。宝宝初生时需要的热量约为每天每千克体重 100～120 千卡（418～502 千焦），而成人为每天每千克体重 30～40 千卡（126～167 千焦）。热量的需要在宝宝初生时达到最高点，以后随月龄的增加而逐渐减少，1 岁左右时减至 80～100 千卡（335～418 千焦）。

脂 肪

脂肪是细胞膜和细胞核的组成所必需的物质，也是身体热量的主要来源。脂肪能防止体热的消散，保护脏器不受损伤和促进脂溶性维生素的吸收。宝宝饮食中脂肪供给的热量约占总热量的 35%，宝宝每天的脂肪摄入量应根据宝宝的体重而定，宝宝每天每千克体重约需 4 克脂肪。

脂肪来源于食物中的动物油、植物油、奶油、蛋黄、肉类、鱼类等，也可在一定条件下由摄入的糖类和蛋白质转化而来。长期缺乏脂肪的宝宝，体重下降、皮肤干燥易发生脱屑，还容易发生脂溶性维生素缺乏症。宝宝如果供给脂肪过多，可引起食欲减退、消化不良和酸中毒等问题。

糖 类

糖类是热量供应的主要来源，其供热量约占总热量的 50%，糖类能节省蛋白质的消耗量和协助脂肪氧化。糖类在被身体吸收之前，须将双糖、多糖变成单糖，然后被吸收，并在肝内凝缩为糖原储存备用。食物中乳类、谷类、豆类、水果、蔬菜中均含糖。宝宝每天每千克体重约需 12 克糖。

当人体糖类缺乏时，身体便会动用脂肪和蛋白质作为能量来源，当糖类供给充足时，部分糖类将转化为糖原储存在肝内，剩余糖类会转化成脂肪。给宝宝过多供给糖类，最初其体重可迅速增长，但日久宝宝可发生肌肉松软、面色苍白、虚胖等不健康的表现。

所以蛋白质、脂肪和糖类三者的供给，须有适当的比例才能发挥各自的作用。

0～1岁育儿营养全方案

第一篇

 水

水是人体最重要的物质，营养的运输、代谢的进行均需要水分。宝宝的新陈代谢旺盛，需水量相对较多，加上宝宝活动量大，体表面积相对较大，水分蒸发多，所以需要给宝宝增加水的供给。

正常宝宝对水的每日绝对需要量大约为每千克体重 75～100 毫升。可是，由于宝宝从肾、肺和皮肤处丢失水较多，代谢率较高，与较大的儿童和成人相比，宝宝更易发生脱水，失水的后果也比成人更严重。因此，建议给宝宝每日每千克体重供给水 150 毫升。

DHA 和 AA

DHA（俗称"脑黄金"）与 **AA**（又称 **ARA**）对人体神经系统的发育，尤其是大脑的发育具有十分重要的作用。DHA 和 AA 大量存在于人脑细胞及视网膜中，对宝宝大脑活动、脂肪代谢、成长发育、视力发展、机体免疫功能及智力发育有很大影响。

> ★ **育儿小·贴士**　早产儿应注意补充DHA、AA
>
> 早产宝宝由母体获得的DHA、AA的量较少，如果宝宝出生后没有用母乳喂养或奶粉中缺乏DHA和AA，则宝宝的智力发育和视力发育将受到影响。故早产宝宝应注意DHA、AA等营养元素的补充。

宝宝出生后的第 1 年是脑与神经系统发育的高峰期，此时宝宝需要大量的 DHA 和 AA 以供生长发育的需要。人体中约一半的 DHA 和 AA 是胎儿从母体中获得的，另一半是从母乳中获得的。DHA 和 AA 在初乳中含量较高，以后妈妈乳汁中的含量逐渐下降。母乳中 DHA 和 AA 的比例非常合适。利于宝宝吸收和利用。因此，人工喂养宝宝可以在医生指导下适当补充 DHA 和 AA。

卵磷脂

胎儿期及婴儿期是宝宝大脑发育的关键时期，此时宝宝的神经组织发育所需营养是否充足，直接影响宝宝的大脑发育及日后的智力开发。在众多的营养素当中，卵磷脂对大脑及神经系统的发育起着非常重要的作用，被专家称为"高级神经营养素"。

宝宝的大脑发育包括两个非常重要的方面，一方面是脑细胞的大小及数量；另一方面是各神经细胞间连接和丰富。而卵磷脂对这两个方面都起着不可替代的重要作用。人类在两岁之前完成大脑发育的60%，因此胎儿及婴儿阶段是人体大脑发育的关键时期。所以处于孕期、哺乳期的妈妈及婴儿应保证摄入足量的卵磷脂，使宝宝的大脑充分发育，并为进一步的智力开发创造良好的物质条件。

 微量元素

微量元素与人体生命活动密切相关，其中铁、锌、钙、铜、碘这5种微量元素和人体的健康关系尤为密切。妈妈在喂养宝宝时应注意微量元素的补充。

● 铁：强化免疫机能、负责血液带氧功能。在蛋黄、肝脏、燕麦、奶类、海藻类食物中含量丰富。

● 钙：帮助宝宝正常生长发育、稳定情绪、促进睡眠。在奶类、鱼类、海带、深绿色蔬菜、豆类及其制品中含量丰富。

● 铜：帮助骨骼与红血球的形成，促进伤口愈合。在肝脏、虾蟹贝类、全麦食品、瘦肉、蘑菇、杏仁、豆类中含量丰富。

● 碘：能够促进能量代谢，促进宝宝的身高、体重、骨骼、肌肉的增长发育和性发育，还能够促进大脑发育，是宝宝生长必不可少的营养素。在海带、紫菜等海产品中含量丰富。

● 硒：硒在身体中的作用主要是抗氧化。人体缺硒有可能导致心脏疾病和癌症高发，不过如果吃得过多也会导致毒性。另外，补硒对宝宝眼睛的正常发育也非常重要。在海味品、肉类（特别是动物的肾脏）以及大米、谷类等中含量丰富。

● 锌：具有强化免疫机能，帮助生殖器发育与伤口愈合的作用。在海鲜、肉类、肝脏、生姜、小麦胚芽、酵母、核果类中含量丰富。

● 磷：构成骨骼与牙齿。在酵母粉、小麦胚芽中含量丰富。

● 镁：是构成骨骼的主要成分，能稳定情绪，帮助钙质吸收。在深绿色蔬菜、五谷类、坚果类、瘦肉、奶类、牡蛎、海苔、豆类中含量丰富。

● 锰：可预防骨质疏松，提升免疫力，维持中枢神经运作及脑部机能。在蔬菜、水果、全谷类、豆类中含量丰富。

● 钴：是维生素 B_{12} 的组成成分，与维生素 B_{12} 一起帮助红血球的形成。在肝脏、肉类、贝类、海带、紫菜中含量丰富。

● 钾：可维持细胞正常含水量及正常血压，参与神经传导，正常肌肉反应。在干海带、紫菜、豆类、奶类、水果中含量丰富。

 育儿小·贴士 怎样知道宝宝体内缺少哪种微量元素？

目前比较常见的检测法包括血液检测和头发检测两种。理论上，血液反映的是人体内微量元素的现状，头发反映的则是人体内微量元素几个月内的情况。血液检查一般比较准，但需要取两三毫升静脉血，如果只采一滴血，最多只能检测血红蛋白一类的基本指标。

由于受空气污染，特别是在大中城市，很多宝宝头发中的蛋白质可能已经变形。即使检测人员会清洗头发样本，但一些污染物质是无法洗掉的。

 烟碱酸

烟碱酸（维生素 B_3），是水溶性维生素之一，它具有帮助糖类分解、促进皮肤及神经系统健康等功效，同时也与能量的新陈代谢息息相关。医学上则用烟碱酸来治疗胆固醇过高症；缺乏烟碱酸也和缺少维生素 B_1 一样，会阻断细胞热量的供应通路，严重时会造成神经系统与消化系统短路，以及皮肤黏膜受损等状况。然而烟碱酸过量也会有副作用，如：脸色潮红、肝功能受损等，因此不能过量摄取。

烟碱酸不但可以从食物中取得，也可以经由蛋白质中的色氨酸转变而来，例如：肝脏、酵母、豆类、芝麻、花生、核桃等食物，都含有丰富的烟碱酸；此外，牛奶、鸡蛋与各种肉类也都含有可以转变成烟碱酸的丰富色氨酸。

泛　酸

泛酸（维生素 B_5），是一种水溶性维生素。由于泛酸是一种广泛存在于动植物组织中、作用很强的生长因子，故得名泛酸。泛酸主要在微生物中形成，很多乳酸菌和乙酸菌都需要这些因子。纯泛酸是一种黏稠的黄色油状物，易溶于水。

泛酸在很多代谢过程中起重要作用，是脂肪酸的合成与降解、膜磷脂（包括：神经鞘脂类）的合成、氨基酸的氧化降解所必需的物质。泛酸在人体内帮助细胞形成，维持正常发育和中枢神经系统的发育；有助抗体形成，代谢脂肪、糖类与蛋白质。泛酸存在于肝脏、鱼肉、瘦肉、蛋、牛奶、乳酪等食物中，但易随着加工的过程而逐渐流失。

叶　酸

叶酸也叫维生素 B_9，或者维生素 B_c，是日常生活饮食中最常缺乏的营养素。叶酸普遍存在于植物的叶绿素内，深绿色带叶的蔬菜中叶酸含量更为丰富。叶酸在宝宝生长发育过程中，对血液系统和组织细胞发育具有重要的作用，是宝宝成长过程中必不可少的营养元素。

宝宝对叶酸的日常需求量为：1~6 个月的宝宝每日需要 25 微克；7 个月~1 岁的宝宝的每日需要 35 微克。

其他维生素

维生素的种类繁多，来源除了天然食品之外，还可以从维生素滴剂、鱼肝油、维生素制品等中摄取。对于 1 岁以下的宝宝来说，维生素的摄取尤其重要。

0～1岁育儿营养全方案

第一篇

● 维生素 A：促进牙齿与骨骼正常生长，维持上皮组织正常成长、抵抗感染、改善眼睛干涩、帮助眼睛适应光线的变化。肝脏、蛋黄、奶类、深绿色及红黄色蔬果。

● 维生素 B_1：增进糖类代谢，有助于注意力集中、增强记忆力与活力。缺乏维生素 B_1 时易焦躁，失眠。因此，日常生活中要常给宝宝吃一些富含维生素 B_1 的食物，如：玉米、糙米等粗粮，还有猪肉等。不能只给宝宝吃精米和精面。

● 维生素 B_2：产生能量、缺乏时引发口角炎、脂溢性皮肤炎、眼睛畏光与发痒。奶类、肝脏、酵母等食品都含有丰富的维生素 B_2。

● 维生素 B_6：帮助红血球与蛋白质正常代谢，缺乏时易发生贫血抽筋。富含维生素 B_6 的食品有：全麦制品、小麦胚芽、猪肝等。

● 维生素 B_{12}：促进正常生长，代谢糖类与脂肪，缺乏时易发生疲劳、记忆力减退、消化不良等。贝类、肝脏、鱼类、瘦肉、藻类、啤酒酵母等食品都含有丰富的维生素 B_{12}。

● 维生素 C：形成骨骼与牙齿生长所需的胶原，促进伤口愈合，提升免疫力，帮助铁的吸收，代谢叶酸，预防贫血。柑橘类水果、深绿色蔬菜、草莓、甜椒、西红柿、猕猴桃、木瓜、芒果等食品都含有丰富的维生素 C。

● 维生素 D：促进钙、磷的吸收与利用，帮助骨骼钙化与正常发育。香菇、鱼肝油、蛋黄、鱼类、肝脏、奶类等食品都含有丰富的维生素 D。

● 维生素 E：参与细胞膜抗氧化作用，防止溶血性贫血，维持细胞完整性，促进正常凝血，改善运动机能。植物油、小麦胚芽、大豆食品、全谷类都富含维生素 E。

● 维生素 K：血液凝固所需营养素。植物油、深绿色蔬菜等都富含维生素 K。

婴儿常用维生素和微量元素一览表

婴儿常用维生素和矿物质的功用、需要量及来源

营养物质	功　用	每日需要量	来　源
维生素 A（脂溶性）	促进生长发育，维持及增加皮肤、眼、黏膜（尤其呼吸道、消化道）的完整性及抵抗力，间接抵抗感染。	2000～5000 国际单位	肝、肾、鱼肝油、乳类、有色的蔬菜，如：胡萝卜、南瓜、西红柿、红薯、柿子、桃、香蕉等。
维生素 B_1	促进生长发育，调节糖类代谢及全身各系统的功能，维持神经、心肌的活动及胃肠蠕动。	1～2 毫克	米糠、麦、豆类、花生、酵母等。肠内细菌和酵母可合成一部分。
维生素 B_2	参与蛋白质、脂肪与糖的代谢，维护皮肤、口腔及眼的健康。	1～2 毫克	肝、蛋、乳、蔬菜、酵母等。
维生素 B_6	参与神经、氨基酸及脂肪代谢。	约 1～2 毫克	各种食物，可在肠道内由细菌合成。
维生素 B_{12}	促进细胞及细胞核的成熟，对造血和神经组织的代谢起重要作用。	约 1 微克	动物食品，肝，肾，肉。
维生素 C	参与机体各种代谢过程，对增强机体抵抗力及红细胞的生成都有重要作用。	30～50 毫克	各种新鲜水果及蔬菜。
维生素 D（脂溶性）	调节钙、磷代谢，促进骨骼、牙齿的发育。	400 国际单位	肝、蛋、鱼肝油等。人体皮肤经阳光照射后即可合成足量的维生素 D。
维生素 E（脂溶性）	调节蛋白、脂肪代谢，保护红细胞膜。	约 14 微克	绿叶菜、豆、硬果等。
维生素 K（脂溶性）	刺激凝血物质的生成，帮助凝血。	约 1 毫克	肝、蛋、豆、青菜等。部分可由肠道细菌合成。
维生素 PP（烟酰胺）	维持和促进皮肤、黏膜、神经、消化道的健康与功能。	4～20 毫克	肝、肉、谷类、花生、酵母等。
叶酸	参与细胞的代谢，与维生素 C 合用，有与维生素 B_{12} 相似的作用。	0.1～0.2 毫克	绿色蔬菜、肝、肾、酵母等。
钠	调节人体内液体代谢。	1～2 克	食盐、食物中可获得。
钾	维持体内液体平衡。	1～2 克	大多数食物中均含有钾。

第
一
篇

 营养素缺乏的各种症状

生活中，很多妈妈对宝宝都过于溺爱。宝宝在饮食上普遍存在挑食、偏食、吃甜食过多的问题，极容易造成营养元素的缺乏。据检测结果显示，宝宝锌、铁、钙缺乏者高达 30% ~ 50%。这些微量元素的缺乏，不仅直接影响宝宝的生长发育，使宝宝体质下降，还会导致一些疾病的发生。

没有食欲

经常没食欲，长得很瘦弱，生长发育要比同龄宝宝明显落后；脸上总没有表情，一点也不活泼爱玩。可能是蛋白质和热能不足。

发育不良

宝宝个头较小，骨骼牙齿发育不良，出牙晚，腓肠肌痉挛（小腿后面肌肉抽搐），通常是由于缺钙所致。

口唇发白

宝宝面色、口唇、眼结膜、指甲颜色发白，总是爱烦躁，且胃口常常不好，平时注意力也不集中，这些情况可能是缺铁所致。铁是合成血红蛋白的原料，如果铁缺乏到一定程度就会发生缺铁性贫血，产生以上的症状。

厌食、挑食

宝宝个头矮小，经常厌食、偏食、挑食，反复发生口腔炎症，可能是身体内缺锌所致。

皮肤粗糙

宝宝皮肤粗糙、脱屑，有时像鸡皮疙瘩，经常反复发生呼吸道感染，可能是缺乏维生素 A 所致。维生素 A 对维持皮肤和人体呼吸道、消化道的上皮组织的健康非常重要。

夜惊、多汗

宝宝夜惊、多汗、头部呈方形；肋缘向外翻起，甚至有鸡胸、O 形腿或 X 形腿。可能是缺乏维生素 D 造成的，人体缺乏维生素 D 当然缺钙也会促进佝偻病的发生。

口角烂、视力模糊

宝宝出现口角烂、口唇发炎、舌面光滑、视力模糊、怕光流泪、皮脂增多和皮炎等问题，可能是由于缺乏维生素 B_2 所致，也叫做核黄素。

齿龈出血

宝宝常常齿龈出血，皮肤上还出现血点，爱流鼻血，可能与维生素 C 缺乏有关。

呛　奶

宝宝呛奶与维生素 A 的缺乏密切相关，当宝宝缺乏维生素 A 时，由于位于喉头上前部的会咽上皮细胞萎缩角化，导致吞咽时因会咽不能充分闭合盖住气管，而发生呛奶。因此，哺乳的妈妈应多摄取含维生素 A 和胡萝卜素丰富的食物，如：蛋类、动物肝脏和有色蔬菜等。宝宝则可进食一些胡萝卜汁、蔬菜汤或适当补充些鱼肝油及维生素 A 胶丸等，都能很快地改善呛奶症状。

 宝宝成长需要的食材

营养是保证宝宝正常生长发育和身心健康的重要物质基础。宝宝的营养主要来自摄入的食物，因为食物中含有人体必需的各种营养素，如：碳水化合物、脂肪、蛋白质等，合理的喂养能够促进各种营养素的消化、吸收和利用，供给机体维持生命活动。

蔬 菜

宝宝很小，还不能够咀嚼食物，很可能会觉得蔬菜的口感不好，不愿意尝试吃蔬菜味道的食物，但是蔬菜对于宝宝健康却有着重要的作用。

◇ 蔬菜的营养

蔬菜能够给宝宝提供充足的维生素 C 和纤维素。维生素 C 不能在体内储留，必须每天从膳食中摄取。纤维素在人体中可以助消化。不断咀嚼纤维素能促进消化液的大量分泌，特别是促使胰液分泌，有利于油脂类食物被消化吸收。有的宝宝胃口不好，往往也与蔬菜吃得太少，体内缺乏纤维素有关。

纤维素还具有刺激肠管蠕动的作用，可使大便保持通畅，避免发生便秘，这样可以缩短粪便在肠中停留的时间，从而减少有毒物质的刺激。

另外，蔬菜中的钾有助于镇静神经，安定情绪；而动物性食物，或食盐、味精、小苏打之中的钠会使神经兴奋，多吃蔬菜有助于平缓宝宝的情绪。

宝宝若是不吃蔬菜，会带来很多的不利影响：

• **易发生便秘**：不吃蔬菜，纤维素摄取不足，对肠壁的刺激减少，可致使肠肌蠕动减弱，发生便秘。粪便在肠道停留的时间过长，粪便中的有毒成分会被吸收到血液中，影响正常的新陈代谢，长此以往，宝宝就会变得容易生病。

● 破坏肠道环境：蔬菜中的纤维素可促进肠道中有益菌生长，抑制有害菌繁殖。如果经常不吃蔬菜，就会破坏肠道内有益菌的生长环境，影响肠道对营养的吸收功能。

● 维生素 C 摄入不足：蔬菜是维生素 C 的主要来源，而维生素 C 可促使钙质沉积，是正在快速生长发育中的宝宝的牙齿及骨骼发育的必需营养素。如果经常不吃蔬菜，就容易出现牙髓出血、牙髓炎，骨骼松软、易断以及皮下出血和身体感染等表现。

● 维生素 A 摄入不足：黄绿色蔬菜是 β-胡萝卜素的丰富来源，β-胡萝卜素可在人体内转变为维生素 A。人体缺乏维生素 A 后，会对视力、皮肤、黏膜等功能产生影响，以致发生夜盲症、皮炎或反复呼吸道感染。

● 热能摄取过多：进餐时不吃蔬菜，不容易产生饱足感，常常会使宝宝不知不觉摄入过多热能，引发身体肥胖，影响健康。

● 胃口不佳：经常不吃蔬菜的宝宝，身体的其他生理功能也会受到影响，经常出现食欲不振、胃口不好等问题。

● 长大后也不爱吃蔬菜：如果宝宝从小吃蔬菜少，偏爱吃肉，长大后就很可能偏食、不爱吃蔬菜，那时再纠正就更费力气了。

◇ 让宝宝喜欢上蔬菜

蔬菜对宝宝的生长发育有着重要的作用，妈妈要怎样做才能够让宝宝接受并喜欢上蔬菜呢？

● 选择洁净和新鲜的蔬菜：有些蔬菜施用过量化肥会长得很大，根茎处发红，储存后会变色，加工后会有异味。洗菜时可放入少许食盐浸泡一段时间，这样可以清除蔬菜上残留的化肥和农药。

● 蔬菜种类要丰富：1 岁以前的宝宝品尝到的蔬菜越多，对其以后建立良好的饮食习惯越有帮助。因此，妈妈要多做各种不同的蔬菜辅食，让宝宝充分接触各种蔬菜。

● 不同时期的蔬菜取舍：根据宝宝各发育阶段，为宝宝准备不同的蔬菜，

0～1岁宝宝需要的营养素

是让宝宝爱上蔬菜的重要方法。妈妈为宝宝准备的蔬菜类的辅食也要根据宝宝生长发育情况而改变，如：胡萝卜汤适合 6 个月的宝宝。

● **巧妙搭配各种蔬菜：**妈妈不要一味地准备单一的蔬菜类的辅食，可以将几种蔬菜混合制成蔬菜汁或菜泥，这样既能够增加新的蔬菜口味，又能够合理搭配蔬菜中的营养成分。食物的搭配不仅只局限于蔬菜间的搭配，当宝宝到了 12 个月的时候，妈妈可以将蔬菜与肉搭配，这样能够给宝宝提供更均衡的营养，而且还可以避免宝宝偏食。

❀ 海 鲜

宝宝多吃水产品或海鲜——既可以强化营养，又能让宝宝更聪明，而且还不用担心禽流感、疯牛病等疾病的威胁。所以，父母有必要充分了解关于鱼虾等各种海鲜是否适合宝宝食用以及食用方法。

◎ 鱼虾营养丰富

● **高生物价的蛋白质：**鱼虾的蛋白质含量高于禽畜肉类，且必需氨基酸丰富（包括：牛磺酸），吸收率高。

● **丰富优质的脂肪：**鱼虾富含卵磷脂、EPA、DHA 等，可以增强宝宝的记忆力及学习能力。

● **脂溶性维生素：**鱼虾是维生素 A 和维生素 D 的重要来源，可以促进宝宝骨骼、肺和肠功能的发育。

● **粘多糖类物质：**鱼虾含有粘多糖类物质，粘多糖类物质具有防癌抗癌功能。

● **矿物质：**鱼虾含有大量的钙、磷、锌、碘等微量元素，是宝宝全面丰富营养的重要来源。

◎ 食用鱼虾类海鲜的注意事项

● **首次"河"为先：**河鱼、河虾引发过敏的几率比海鲜相对小一些，可作为初次给宝宝添加鱼虾的选择。

● **警惕发生过敏**：宝宝初次尝试鱼虾时，微量即可，待确认没有过敏表现时方可逐渐加量。

● **死鱼、死虾不要碰**：细菌的滋生可不是从鱼皮开始的，除非确定鱼虾"刚刚过世"，否则不要给宝宝食用死鱼、死虾。

● **"小比大好"**：体积大、分量重的鱼体内容易蓄积更多的有毒重金属，小于2斤的鱼安全系数更高。

● **不要吃过量**：每周不多于3～4顿、每顿不超过20～30克是最适宜的量。过于频繁地吃鱼虾会导致营养失衡，同时也有重金属中毒的危险。

● **注意盐分含量**：有些海鲜类食品，为了增加其保存期限，在销售前会用盐去腌渍，这些食物应尽量避免给宝宝食用。

● **清洗有重点**：鱼头和鱼腹内的黑膜往往藏着寄生虫和重金属，一定要清除。

● **汤水要为辅**：鱼虾蛋白质、钙、钠的含量都很高，食后需要更多的水分来帮助消化，因此更适合安排在早午餐中，并搭配青菜汤食用；下午和傍晚则要注意给宝宝多喝清水。

水　果

香甜美味的水果一直深受宝宝欢迎，爸爸妈妈也因为水果中含有丰富的维生素和其他营养成分，也鼓励宝宝多吃。殊不知，水果固然营养丰富、味道甜美，但宝宝吃水果也有很多需要注意的地方。

◇ 水果的营养

水果是人体维生素和无机盐的重要来源之一。水果往往含有较多的糖分和维生素，而且还含有多种具有生物活性的特殊物质，因而具有较高的营养价值和保健功能。

◇ 当季挑选

挑选的水果品种应选择当季的新鲜水果。现在水果保存方法越来越先进，我们经常能吃到一些反季节品种。但有些水果，如：苹果和梨等，营养虽然丰富，可如果储存时间过长，营养成分也会流失得厉害。

因此，购买水果时应首选当季水果；每次买的数量也不要太多，随吃随买，防止水果霉烂或储存时间过长，降低水果的营养成分。挑选时也要选择那些新鲜、表面有光泽、没有霉点的水果。

◇ 清洗方法

宝宝吃了不干净的水果，就容易引起腹泻等疾病。最佳的做法是：吃水果前应将水果清洗干净，并在清水中浸泡30分钟或用淡盐水浸泡20分钟，再用流动水冲净后食用；水果能削皮的尽量剥去皮，有些水果在食用前要用毛刷刷干净，而不能因为图方便在水龙头下冲冲了事。

◇ 最佳时间

有的妈妈喜欢从早餐开始，就在餐桌上摆放一些水果，以供宝宝在餐后食用，认为这时吃水果可以促进食物的消化。这种做法对正在生长发育中的宝宝并不适宜。因为，水果中有不少单糖物质，极易被小肠吸收，但若是堵在胃中，就很容易形成胀气，引起便秘。所以，在饱餐之后不要马上给宝宝食用水果。而且，也不要在餐前给宝宝吃，因宝宝的胃容量还比较小，如果在餐前食用，就会占据一定的空间，影响正餐的营养素的摄入。

最佳的做法是：把吃水果的时间安排在两餐之间，或是午睡醒来后，这样可让宝宝把水果当做点心吃。根据宝宝的年龄大小及消化能力，把水果制成适合宝宝消化吸收的果汁或果泥，如1~3个月的小宝宝，最好喝果汁，4~9个月宝宝则可吃果泥。

◇ 水果不能随便吃

在喂宝宝食用水果之前要熟悉各种水果的特性。每天吃的水果不要超过 3 种，控制宝宝的水果摄入量。

◇ 与宝宝体质相宜

不是所有的水果宝宝都能吃。妈妈要注意挑选与宝宝的体质、身体状况相宜的水果。比如：体质偏热、容易便秘的宝宝，最好吃寒凉性水果，如：梨、西瓜、香蕉、猕猴桃等，它们可以败火。

如果宝宝体内缺乏维生素 A、维生素 C，那么就多吃杏、甜瓜及柑橘，这样能给身体补充大量的维生素 A 和维生素 C；如果宝宝患感冒、咳嗽时，可以用梨加冰糖熬水喝，因为梨性寒、生津润肺，可以清肺热，但在宝宝腹泻时不宜吃梨。对于一些体重超标的宝宝，妈妈要注意控制水果的摄入量，或者挑选那些含糖较低的水果。

最佳的做法是：了解自己宝宝的体质和水果的性质、营养成分，尽量给宝宝吃与体质相适宜的水果。

豆 类

豆类中含有蛋白质、碳水化合物、纤维和大量的维生素和矿物质，对宝宝的成长发育和智力发展都十分有益。

豆类包括许多种，根据其营养成分及含量大致可分为两类：一类是黄豆、黑豆及青豆，另一类是豌豆、蚕豆、绿豆等。

黄豆含有较高的蛋白质，黄豆蛋白质是最好的植物性优质蛋白质，含有丰富的赖氨酸。黄豆油脂中含不饱和脂肪酸高达 85%，其中亚油酸高达 50% 以上，这些油脂是人体必需的脂肪酸，自身不能合成，必须从食物中摄取。另外，油脂中还含有较多的卵磷脂、脑磷脂。除此以外，黄豆中的钙含量也极高，维生素 B_1、维生素 B_2 等的含量在植物性食物中也较高。除黄豆外，其他

的豆类含脂肪不多，但却含有较多的淀粉、蛋白质。

在食用豆制品时，注意要吃加热煮熟的食品，以免豆类中固有的抗营养物质对人体造成不良影响。在食用普通豆制品的同时，某些发酵的豆制品，如：豆腐乳，也可以食用。发酵的豆制品不但易于消化，有利于提高大豆中钙、铁、镁、锌等的生物利用率，促进吸收，而且能使不利物质降解。

虽然豆类食品具有丰富的营养，但是在给宝宝食用的时候不能过多。因为豆类中含有一种能致甲状腺肿的因子，可促使甲状腺素排出体外，使体内甲状腺缺乏，肌体为适应这一需要，使甲状腺体积增大，以增加甲状腺的分泌，因而脖子也就变粗了。而过多的分泌甲状腺素，还会导致碘的缺乏，因为碘是甲状腺素的合成原料。

 宝宝禁忌食品黑名单

工业化的产品充斥着我们的食品市场，加上一些"黑作坊"制作出来的食品，让我们深受其害。宝宝是我们的未来，身体娇弱的宝宝，受不了这些劣质食品的刺激。

 影响宝宝营养的危险因素

在生活中有许多因素会影响宝宝的营养和健康状况。要使宝宝营养充足、身体健康，就必须消除这些危险因素。这些因素有：

● 寄生虫：寄生虫会把宝宝需要的营养夺走，造成营养不良。预防寄生虫最重要的是注意饮食卫生。平时要做到饭前便后洗手，餐具要经常消毒，生吃的瓜果要洗净削皮等。

● 不良情绪：不只是宝宝本人的情绪不好会影响营养与健康，爸爸妈妈的情绪也会间接影响宝宝的情绪。因为不良的情绪会导致肠胃功能的紊乱，从而使营养受损。爸爸妈妈应注意在吃饭前后不要训斥宝宝，为进餐创造一个良好的情绪氛围。

● **不良生活习惯**：不良生活习惯包括：起居进餐无规律、不定时，暴饮暴食等。纠正的重点在于爸爸妈妈首先以身作则，以良好的生活习惯影响宝宝；其次应从平时一点一滴做起，培养宝宝良好的习惯，这会使宝宝受益终生。

● **偏食和挑食**：偏食和挑食会使宝宝得不到丰富均衡的营养，造成营养不良和发育迟缓。纠正的方法在于爸爸妈妈的正确引导。

损脑食品少给宝宝吃

当父母的都希望自己的宝宝健康聪明，要实现这一美好的愿望，就必须掌握一些生活中的科学知识。那么，有哪些"损脑食品"应尽量少给宝宝吃呢？

● **白糖**：白糖是典型的酸性食品，如果饭前多吃含糖分高的食物，害处尤其显著。因为，糖分在体内过剩，会使血糖上升，感到腹满胀饱。长期大量食用白糖会引起肝功能障碍。

● **过咸食物**：人体对食盐的生理需要极低，宝宝每天在 4 克以下。习惯吃过咸食物的人，不仅易发高血压、动脉硬化等疾病，还会损伤动脉血管，影响脑组织的血液供应，使脑细胞长期处于缺血缺氧状态而使智力迟钝，记忆力下降。

● **精米、白面类**：精米、白面类是日常主食，然而在制作的过程中，很多有益的成分已丧失殆尽，剩下的基本上只是碳水化合物；而碳水化合物在体内只能起到"燃料"的作用。因此，这些食物不是益脑食品，父母应多给宝宝吃粗粮。

● **肉类食品**：生活中，不少父母为了让宝宝身体健康，每天给宝宝吃多种肉类食品，几乎一日三餐都煮肉汤，或者是煮肉粥给宝宝吃。据科学分析，人体若呈微碱性状态是最适宜的，若偏食肉类，则会使体液趋向酸性，如长年累月地积累酸性便会导致大脑反应迟钝。科学试验证明，在宝宝的膳食中，食肉过多会严重影响宝宝的智力发育。

宝宝不宜多吃的水果

五花八门的水果引诱着宝宝的胃口，爸爸妈妈常认为水果对身体有好处，宝宝多吃点是好事，殊不知，有些水果宝宝不可多吃，否则会损害宝宝的健康。

● 桑葚：桑葚成熟后味甜多汁，但含有溶血物质、过敏物质以及透明质酸等，食用过多易发生出血性肠炎，严重者有致死的可能。

● 荔枝：荔枝汁多肉嫩，口味十分吸引宝宝，然而妈妈最好把握住宝宝食用的量。因为，大量吃荔枝不仅会使宝宝的正常饭量大为减少，影响对其他必需营养素的摄取，而且常常会在次日清晨，突然出现头晕目眩、面色苍白、四肢无力、大汗淋漓等症状。如果不马上就医治疗，便会发生血压下降、晕厥，甚至死亡的可怕后果。这是由于荔枝肉含有的一种物质可引起血糖过低而导致低血糖休克所致。

● 香蕉：由于香蕉含镁量高会造成体液中镁与钙的比值改变，空腹时若大量食用香蕉，会使血中镁大幅度增加，对心血管产生抑制作用，引起明显的麻木感觉，如：肌肉麻痹、嗜睡乏力等症状。

● 橙子：虽然橙子营养丰富，但是它却含有叶红素。如果吃太多橙子，可能会引发"叶红素皮肤病"、腹痛腹泻，甚至骨疾病。

● 柑橘：柑橘中含有大量的柠檬酸、苹果酸，不仅营养丰富，而且还可理气健脾、化痰止咳，有助于治疗呼吸道急慢性感染及消化不良。可是，父母经常会误认为吃得越多越好，然而柑橘如果吃得过多，就会使体内的胡萝卜素含量骤增，从而引发胡萝卜素血症。其表现为食欲不振、烦躁不安、睡眠不踏实，还伴有夜惊、啼哭、说梦话等，有时甚至手掌、足掌的皮肤都发黄。

宝宝不宜多吃的菜肴

俗话说：病从口入。由于宝宝机体发育不完善，因饮食而引起的负面反应会比成年人更为明显和激烈。所以，父母更需要在宝宝的饮食上多费心思、精心调理。下面介绍一些日常生活中宝宝不宜多吃的菜肴，父母们需要特别注意。

●菠菜：菠菜含有丰富的醋浆草酸，这种酸能够生产钙草酸盐和锌草酸盐，这两种盐是人体很难吸收的，因此会很容易就被人体排出。宝宝正处于发育阶段，需要大量的钙和锌，一旦缺少这两种元素，就会影响骨骼和牙齿的发育，同时也会损害智力发育。

●韭菜：韭菜是难消化之物，因辛辣温热，能刺发皮肤疮毒，宝宝不宜食用。

●扁豆：扁豆含有一种特别的元素，该种元素会造成人体甲状腺肿大，并促使人体排出甲状腺氨酸，进而造成甲状腺氨酸缺乏。当甲状腺氨酸缺乏的时候，人体会自动增加甲状腺的分泌。处于发育阶段的宝宝体质非常脆弱，因此不应该吃太多的扁豆。

●鸡蛋：鸡蛋吃得过多，会增加体内胆固醇的含量，容易造成营养过剩，导致肥胖，还会增加胃、肠、肝、肾的负担，引起功能失调。

●皮蛋：皮蛋在加工腌制的过程中，它的一些用料中含有氧化铅或盐铅，铅对人体的神经系统、造血系统以及消化系统都具有毒害作用，而宝宝对铅更为敏感，吸收率要远高于成年人。特别需要注意的是，由于宝宝的脑组织和神经系统尚未发育成熟，更容易受到铅的损害，从而影响智力发育。

●人参：目前市场上有很多的人参副产品，例如：人参汤、人参奶、人参奶糖、人参饼干、人参果冻等。人参能够促进人体性荷尔蒙分泌。如果宝宝吃太多人参，就会导致性激素分泌过多，进而发生早熟或者其他体型发育异常的情况。

●海鱼：海鱼都含有大量的二甲基亚硝酸盐。二甲基亚硝酸盐进入人体后，会转化成高浓度的致癌的二甲基亚硝胺。因此，宝宝不应该经常吃海鱼。

●咸鱼：各种咸鱼都含有大量的二甲基亚硝酸盐，这种物质进入人体后，会转化为致癌性很强的二甲基亚硝胺。所以宝宝也不宜常吃或多吃咸鱼。

●火烤、烟熏食品：食物在熏烤过程中会产生一种强致癌物，宝宝常吃或多吃这些焦化食品，致癌物质可在体内积蓄，成年后易发生癌症。

●动物脂肪：如果宝宝吃下太多的动物脂肪，不仅容易导致肥胖，同时也

会影响宝宝对钙的吸收。时间一长，可能会导致宝宝体内钙缺乏，并进而导致各种疾病。

● **动物肝脏**：动物肝脏中的有毒物质和气体化学物质的含量要比肌肉中多好几倍。如果过多地给宝宝食用，会对宝宝健康不利。另外，动物肝脏富含维生素 A，维生素 A 是一种脂溶性维生素，过多食用易在体内蓄积，从而引发不适症状。

宝宝的喂养原则

宝宝生长发育迅速，代谢旺盛，对能量和各种营养素需要量大，而另一方面宝宝的胃容量小，饮食结构简单，因此因营养缺乏而患病的比率也高。在喂养 0~1 岁的宝宝时，应尽量坚持母乳喂养，科学添加辅食，适量补水，保持膳食平衡。

母乳喂养是最好的喂养方法

母乳是宝宝最佳的天然食品，这是有一定原因的。

从营养价值来看，母乳中的营养价值远高于其他代乳品，而且各种营养素的比例搭配也十分适宜。

从营养成分来看，母乳中的蛋白质以乳清蛋白为主，这种母乳中特有的蛋白质不但容易被宝宝吸收，还能与需要铁的细菌竞争铁，从而抑制肠道中的某些依赖铁生存的细菌，防止宝宝腹泻；母乳中的乳糖在消化道中经微生物作用可以生成乳酸，对宝宝的消化道亦可起到调节和保护作用；母乳中的脂肪颗粒小，含不饱和脂肪酸多，均有利于宝宝消化吸收；母乳中钙、磷含量虽不高，但比例合适、易于吸收，因此母乳喂养儿发生缺钙的情况较人工喂养儿少；母乳中含有多种抗感染因子，使得母乳喂养的宝宝抵抗力强，呼吸道及肠道感染明显低于人工喂养儿；母乳中还含有丰富的牛磺酸，对宝宝脑神经系统发育起着重要作用；母乳近乎无菌，而且卫生、方便、经济。

母乳一般可满足宝宝出生后 4～6 个月的营养需求，但为确保宝宝发育的需要与预防佝偻病的发生，应在宝宝出生 1 个月后，在哺乳的同时，科学地给宝宝补充安全量的维生素 A 及维生素 D（或鱼肝油），但应避免过多。

给宝宝喂奶时，妈妈不要心急，将宝宝抱起来、头向斜上方躺在妈妈的怀里，妈妈一手托住宝宝背部、一手用拇指和其他四指分别放在乳房的上方和下方以托起整个乳房喂奶，如果奶流过急则可用拇指和食指分别放在乳头上、下方适当按住或夹住乳房以控制奶流速度。喂完之后把宝宝竖直抱起，头趴在大人的肩上，轻轻地拍背，直到把嗝打出来再把宝宝轻轻放下，并且保持侧卧。这样可以减少吐奶和吐出的奶被吸入呼吸道的危险。

科学地添加各类辅食

随着宝宝的成长，4～6 个月之后，母乳中的营养素已无法满足宝宝不断增长的需求，及时添加辅食可补充宝宝的营养需求，同时还能锻炼宝宝的咀嚼、吞咽和消化能力，促进宝宝的牙齿发育，另外也为今后的断奶做准备。因此，科学、适时地添加辅食非常重要。

世界卫生组织建议：纯母乳喂养的宝宝可在 6 个月以后添加辅食。而对于混合或人工喂养的宝宝，专家们建议在宝宝 4～6 个月时添加辅食。因为，此时宝宝已将母体中带来的营养储备消耗殆尽，如不适时地补充营养添加辅食，有可能引起营养不良，妨碍宝宝的生长发育。而出生后 4～6 个月正是宝宝味蕾发育最为敏感的时期，宝宝易于接受各种口味，如果错过了可能会造成断奶后的喂养困难。

决定开始给宝宝添加辅食后，就要遵循循序渐进的原则。有的母亲生怕宝宝营养不足影响生长，早早开始给宝宝添加辅食，而且品种多样，结果使宝宝积食不化，连母乳都拒绝了，这样反而会影响宝宝的生长。辅食添加要按照由软到硬、由细到粗的顺序。这样符合宝宝牙齿生长规律，可以逐步让宝宝学会

0~1岁育儿营养全方案

吞咽、咀嚼。

具体来说，应在不同的月份为宝宝添加适合的辅食：

4~6个月，宝宝的辅食应以泥糊状食物为主，以锻炼宝宝的吞咽、舌头前后移动的能力。食物性状从稀糊状过渡到稠糊状。例如：米糊、蛋黄糊、土豆泥糊等。

7~9个月，可以为宝宝添加一些比较软的食物，锻炼他的舌头上下活动和用舌头和上腭碾碎食物的能力。比如：菜末面片汤、烂面、苹果泥、鲜虾麦片粥等。

10~12个月，为宝宝选择一些能用牙床磨碎的食物，能用牙床咀嚼食物的能力，让他练习舌头左右活动。比如：馒头片、面包片、奶酪、豆腐、小馄饨、水果沙拉、苹果片等。

一般添加辅食最好采用以下步骤：

● 米粉糊：6个月后也可在晚上入睡前喂小半碗稀一些的掺牛奶的米粉糊，或掺半个蛋黄的米粉糊，这样可使宝宝一整个晚上不再因饥饿醒来，尿也会适当减少，有助于母子休息安睡。但初喂米粉糊时，要注意观察宝宝是否有吃糊后较长时间不思母乳现象，如果有，可适当减少米粉糊的喂量或稠度，不要让辅食影响了母乳的摄入。

● 菜汁：8个月后可在米粉糊中加少许菜汁、一个蛋黄，也可在两次喂奶的中间给喂一些苹果泥（用匙刮出即可）、西瓜汁、一小段香蕉等，尤其是当宝宝吃了牛奶后有大便干燥现象时，西瓜汁、香蕉、苹果泥、菜汁都具有软化大便的功效，也可补充新鲜维生素。

● 肉末：10个月后可增加一次米粉糊喂养，并可在米粉糊中加入一些碎肉末、鱼肉末、胡萝卜泥等，也可适当喂小半碗面条。牛奶上午下午可各喂一奶瓶，此时的母乳营养已渐渐不足，可适当减少几次母乳喂养（如：上午下午各减一次），以后随月龄的增加渐次减少母乳喂养次数，以让宝宝逐渐过渡到周岁后可完全摄食自然食物。

适当给宝宝补水

宝宝喝水应以不影响正餐为原则，可以通过观察宝宝每天的排尿状况来判断宝宝是否缺水。一般来说，1 岁以下宝宝每天应该换 6～8 次尿布，年龄较大的宝宝每天应该排尿 4～5 次。当宝宝出现以下 5 种状况时，就需要及时补水：尿味很重；尿的颜色很黄；便秘；嘴唇干裂；哭泣时没有眼泪。

◇ 宝宝需要补水的时间

● **两顿奶之间**：在两顿奶之间，可以适当喂宝宝一点水，尤其在干燥的季节；喝水还能起到清洁口腔的作用。

● **长时间玩耍以后**：运动量比较大，流失的水分也就更多，特别是对月龄大的宝宝，爸爸妈妈要注意及时给宝宝喂水。

● **外出时**：外出很容易流汗，所以妈妈应该随身准备一些水，在宝宝口渴的时候及时给他补充。

★ 育儿小·贴士　　　呕吐、腹泻宝宝补水须知

　　腹泻容易造成宝宝体内水分和电解质的流失，如果不及时补充水分，可能会造成脱水休克。宝宝腹泻以后，一般都会有不同程度的脱水，应补充水。但由于比较小的宝宝肠胃发育尚不健全，如果出现呕吐、腹泻的症状，还是应该到医院由专业医生来判断电解质水、葡萄糖的补充，不要在家盲目补充。

● **大哭以后**：哭泣可是一项全身运动，宝宝经历了长时间的激烈哭泣以后，不仅会流很多眼泪，还会出很多汗，所以需补水。

● **洗完澡以后**：洗澡对宝宝来说也是一种运动，会出很多汗。所以洗完澡以后应该给宝宝补充一些水分。

● **感冒、发烧**：感冒以后，由于体温升高，身体会流失很多水分，宝宝比成年人更容易脱水，所以一定要注意补水。母乳或者奶粉还是要正常喂，里面都含有宝宝需要的水分。另外，多给宝宝喂一些白开水，补充水分，有助于退热。大一点的宝宝，可以适当补充一些稀释后的果汁。

● **炎热干燥的季节**：在炎热干燥的季节，温度高、湿度低，宝宝比平时更容易流失水分，所以要特别注意及时补水。每天多喝一些温凉的白开水，能迅

速为人体补充水分，调节体温，帮助身体散热。喂水要少量多次，不要在饭前给宝宝喂水，这样容易稀释胃液，影响消化功能，降低食欲。

❀ 平衡膳食是宝宝健康的保障

几乎没有一种天然食物所含有的营养素能全部满足人体的生理需要，只有进食尽可能多样的食物，才能使人体获得所需的全部营养素，这就是人们常说的均衡膳食，它是营养充足的保证。

宝宝生长发育迅速，代谢旺盛，需要的能量和各种营养素相对比成年人高。正是由于一方面宝宝对营养物质需要量大，而另一方面他的胃容量小，饮食结构简单，因此宝宝因营养缺乏而患病的比率非常高。

为了达到均衡膳食，营养学家们形象地表述了食用各类食物的比例关系。有一个"平衡膳食宝塔"可以形象地说明膳食的关系。

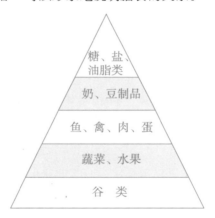

平衡膳食宝塔

平衡膳食宝塔的最底层是谷类食物，每天应吃得最多；从底层往上数的第二层表示蔬菜、水果的进食量，每天应吃的量与底层相当；第三层是鱼禽肉蛋等动物性食品，包括：鱼虾类、畜禽肉和蛋类；第四层是奶类和豆制品，这两层对于儿童膳食的质量，即营养物质是否充足十分关键；最上层塔尖是糖、盐和油脂类，每天摄入量不宜过多。

第二篇

0~1岁宝宝喂养同步方案

第二篇

对于 0～1 个月的宝宝，母乳是最理想的食品，其所含的各种营养物质最适合宝宝消化吸收，而且具有较高的生物利用率。在母乳不足时再给宝宝进行人工喂养。

 新生宝宝的发育状况

宝宝从出生之日起，满 28 天为止称为新生儿。正常新生宝宝的胎龄大于或等于 37 周，体重在 2.5 千克以上。胎龄未满 37 周出生的宝宝，被称为早产儿。若胎龄满 37 周，但体重不足 2.5 千克，一般被称为低体重儿。我们平时所说的新生宝宝是指正常足月产的宝宝。

	男宝宝	女宝宝
体重	平均 5.1 千克（3.8～6.4）	平均 4.8 千克（3.6～5.9）
身长	平均 56.9 厘米（52.3～61.5）	平均 56.1 厘米（51.7～60.5）
头围	平均 38.1 厘米（35.5～40.7）	平均 37.4 厘米（35.0～39.8）
胸围	平均 37.3 厘米（33.7～40.9）	平均 36.5 厘米（32.9～40.1）
身体特征	除了吃奶之外，一整天睡觉；听到巨响身体会颤抖；当他人手指触及其嘴角，嘴巴就会开始吸吮起来。	
智力特征	交流技巧有了发展，主要还是用哭声表达他的饥饿、痛苦或不舒服等感觉；以气味和声音来分辨父母，父母抱时，会乖乖地蜷缩在他们怀里，而别人抱时就不一样了；抓握仍然是反射性的，而非有意识的行动，如果让东西挨到手，会抓住。	

明星营养素

新生宝宝需要补充的营养素有很多，其中有两种营养素对新生宝宝的发育非常重要：

a-乳清蛋白

a-乳清蛋白能强化宝宝的免疫机能，增加细胞内的抗氧化物质，以对抗自由基。

母乳中含有丰富的a-乳清蛋白，其含量占整个蛋白质含量的27%，宝宝可以通过母乳来补充a-乳清蛋白。母乳中丰富的a-乳清蛋白能让宝宝充分消化吸收，而且a-乳清蛋白含有丰富的色氨酸，色氨酸有助于促进宝宝的神经发育，是调节睡眠、食欲情绪的重要因子。色氨酸被认为是调节婴儿睡眠、情绪和食欲的重要营养素。

AA

AA为花生四烯酸，是构成脑部的重要脂肪酸。大脑中的脂肪酸占60%，其中AA为15%，所以AA对宝宝脑部发展十分重要。AA主要的食物来源包括：肉类、蛋、单细胞藻类油脂等。

母乳中含有丰富的AA。对于新生宝宝特别是早产儿或出生时体重过轻宝宝，由于各方面身体系统尚未成熟，喝母乳对于宝宝发育及智能都有很大的帮助，且能增强免疫能力。此外，如果母乳不足或是因故无法进行母乳喂养，牛奶也是宝宝获取AA的营养来源之一。但是AA并不是摄取得越多越好，宝宝摄入过多易造成肥胖、拉肚子等问题，所以还是应该以接近母乳比例为原则，这样才可以使宝宝获得充足且安全的营养素。

喂养特点

 母乳喂养

新生儿时期的喂养关系到宝宝的正常生长发育，也是儿童时期健康的基础。母乳是新生儿最理想的食物，实践证明，任何代乳品都不能真正代替母乳喂养，多数人工喂养的宝宝都不如母乳喂养的健康，母乳是最佳和最经济的宝宝食品。

因此，只要有条件进行母乳喂养的妈妈，都应从新生儿开始，对宝宝实施母乳喂养。对宝宝进行母乳喂养不仅可为宝宝提供充足的营养，而且母乳还具有以下优点：人乳中的蛋白质大部分是乳清蛋白，遇胃酸形成较小的凝块，易消化；人乳的脂肪球较小，易吸收，并含有多种不饱和脂肪酸；人乳乳糖含量较高，有利于大脑发育和消化；人乳中钙和磷的含量虽略低，但比例适宜，易吸收。

此外，母乳中还含有免疫球蛋白、溶菌素，可提高宝宝对疾病的抵抗力并减少过敏反应。同时，母乳喂养还可促进宝宝和妈妈之间的关系，也有利于宝宝心理的健康发展。所以宝宝的营养主要来源于母乳。

人工喂养

妈妈因各种原因不能喂哺宝宝时，可选用牛、羊乳或其他代乳品喂养宝宝，称为人工喂养（也常被称为牛奶喂养）。虽然人工喂养不如母乳喂养，容易引起营养不良和消化紊乱，但如能选用优质乳品或代乳品，调配恰当，供量充足，注意消毒，也能满足宝宝的营养需要，使其生长发育良好。人工喂养所选择的代乳品主要有：

● 配方奶：配方奶是通过高科技手段对牛奶进行改造之后的产物，其成分接近母乳，故以前也称为母乳化奶粉，其营养价值是鲜奶、酸奶或其他代乳品无法比拟的，这是较为适合 4～6 个月以内宝宝食用的母乳替代品。

● 鲜牛奶：鲜牛奶与人乳相比，所含的蛋白质量和矿物质量都高出 2～3 倍，因此鲜牛奶不宜用于直接喂养 4 个月内的宝宝。为了矫正以上缺点，需将鲜牛奶稀释、加糖，煮沸消毒后再喂给宝宝。

混合喂养

由于母乳分泌量不足而采用混合喂养的妈妈，应按照"先母乳后代乳"的原则，先按宝宝的需要给宝宝哺喂母乳，然后再喂其他代乳品补充不足的量。

每天妈妈给宝宝直接喂哺母乳最好不少于 3 次。因为如果妈妈每天只喂 1～2 次奶，乳房会因得不到足够的吸吮刺激而使乳汁分泌量迅速减少，这对宝宝是不利的。

宝宝每天或每次需补充的奶量，要根据宝宝的月龄和母乳哺喂的情况而定。一般来说，在最初的时候，可让宝宝从奶瓶里自由吸奶，直到宝宝感到吃饱和满意为止。这样试几天，如果宝宝一切正常，消化良好，就可以确定宝宝每天每次该补多少奶了。

随着宝宝月龄的增加，其所补充的奶量也要逐渐增加。若宝宝自由吸乳后有消化不良的表现，应略稀释所补充的奶或减少吸奶量，待宝宝一切正常后再逐渐增加。

新生宝宝的必需营养素

对于新生宝宝来说，一旦某些营养素摄入不足或过量，短时间内就可明显影响其发育的进程。除了 a-乳清蛋白和 AA 外，宝宝还需要补充以下营养素：

● 水：正常宝宝每天每千克体重需水 150 毫升。

● 热量：宝宝初生时需要的热量约为每天每千克体重 100～120 千卡，以后随月龄的增加逐渐减少，在 1 岁左右时为 80～100 千卡。

● 蛋白质：母乳喂养时蛋白质需要量为每天每千克体重 2 克；牛奶喂养时为 3.5 克；主要以大豆及谷类蛋白质供给时则为 4 克。

● 脂肪：宝宝初生时脂肪占摄入的总热量的 45%，随月龄的增加，逐渐减少到 30%～40%。脂肪酸提供的热量不应低于总热量的 1%～3%。

● 碳水化合物：新生宝宝摄入的碳水化合物以占总热量的 50%～55% 为宜。

● 矿物质：4 个月以前的宝宝应限制钠的摄入，以免增加其肾脏负荷并诱发成年后的高血压等疾病。宝宝出生时体内的铁储存量大致与出生体重成正比。铁缺乏是宝宝最常见的营养缺乏症。

● 乳糖：在消化道内变成乳酸，具有促进消化的作用，有利于钙、铁等矿物质的吸收，并能抑制大肠杆菌的生长，减少宝宝患消化道疾病的几率。

● 鱼肝油：鱼肝油可以补充宝宝所需的维生素 D 与维生素 A。刚出生的宝宝虽然还太小，但生长发育较快，需要添加维生素 D 来满足营养需求。妈妈在给宝宝添加鱼肝油前，最好先向医生询问好合适的用量。

● 维生素：对母乳喂养的宝宝，除维生素 D 供给量会偏低外，正常母乳含有宝宝所需的各种维生素。新生宝宝对维生素 B_1、维生素 B_2 和烟酸的需要量是随热能供给量而变化的。每摄取 1000 千卡热能，供给维生素 B_1 和维生素 $B_2$0.5 毫克，烟酸的供给量为其 10 倍，即 5 毫克/1000 千卡。

母乳喂养的重要性

母乳是宝宝最理想的天然食品，母乳含有宝宝生长发育所必需的各种营养元素，对宝宝的生长、发育、健康和营养都有着极为重要的作用。

◇ 母乳的成分

● 母乳的营养成分：母乳的营养成分在产后不同时期有所不同，初乳指产前及产后 7 天内的乳汁，产后 7 ~ 14 天为过渡乳，15 天以后为成熟期乳。初乳除具有很高的营养价值外，还含有多种宝宝迫切需要的活性成分。母乳中乳糖成分有利于钙的吸收，乳铁蛋白含量虽然不高，但其吸收率为 50%，所以母乳喂养的宝宝患贫血的少。总的来看，母乳中营养成分最适宜宝宝消化吸收，并可促进宝宝生长发育。

● 母乳中的抗感染物质：乳汁中至少有 50 种成分具有免疫特性。母乳中乳铁蛋白可与宝宝肠道中的微生物竞争铁元素，使其因得不到必要的铁而停止生长和增殖，为机体抗感染机制清除微生物创造条件。

● 母乳中的生长因子和激素：母乳中有许多具有调节新生儿成长功能的生长因子和激素，如：表皮生长因子、生长激素释放因子、前列腺素等。这一类支持机体生长的重要成分，可促进机体内部各系统，如：神经系统、内分泌系统、消化系统等的生长发育，以及纤维细胞增殖成熟。纤维细胞具有促进增殖新生细胞、建立组织以及帮助机体修复受损组织等功能。

◇ 母乳喂养对宝宝的益处

● 母乳喂养能够促进宝宝生长发育：母乳喂养可以大大促进宝宝生长发育，4 ~ 6 个月纯母乳喂养宝宝的体重、身长、头围、胸围显著优于非母乳喂养

0~1岁宝宝喂养同步方案

的宝宝。

- 母乳喂养有助于促进宝宝认知发育：母乳中含有丰富的长链多不饱和脂肪酸和氨基酸比例适宜的蛋白质，这些都是促进宝宝大脑发育所必需的物质。

- 母乳喂养降低感染性疾病的发生：母乳喂养对于防止宝宝腹泻具有积极作用。

- 母乳喂养可以降低特异反应和哮喘的发生：母乳喂养减少了摄入其他食物（可能是潜在的致敏原）的可能性，同时母乳还可以为宝宝提供免疫调节、抗炎和其他营养物质来预防哮喘的发作。

> **＊育儿小·贴士＊**　　　　母乳充足的表现
>
> 以下情况可视为母乳充足：
> ●喂奶时伴随着宝宝的吸吮动作，可听见宝宝咕噜咕噜的吞咽声。
> ●哺乳前妈妈感觉到乳房胀，哺乳时有下乳感，哺乳后乳房变柔软。
> ●两次哺乳之间，宝宝感到很满足，表情快乐，眼睛很亮，反应灵敏。入睡时安静、踏实。
> ●宝宝每天更换尿布6次以上，大便每天2~4次，呈金黄色、糊状。
> ●宝宝体重平均每周增加150克左右。满月时总体重可增加600克以上。

 不宜母乳喂养的情况

尽管母乳是宝宝最理想的天然食品，但对一些有特殊情况的妈妈和宝宝却是不宜进行母乳喂养的。这里主要是指母婴各方患有某种疾病时，或在疾病的某一时期，考虑到母婴的健康和安全，不能用母乳喂养。因此，妈妈在做出选择和决策前应先咨询医生，权衡利弊，不可简单地采取"凡是有病一概停止哺乳"的做法。若遇到以下情况中的一种，则不能进行哺乳。

◇ 妈妈方面

- 各种传染病的急性传染期，如：妈妈正患有各型急性肝炎或活动期肺结核等。

- 患有心血管疾病且合并严重功能性障碍者，如：妈妈为心脏病患者，心功能在 3、4 级或伴心力衰竭者；妈妈是严重肾功能不全患者；妈妈为高血压、糖尿病伴有重要器官的功能损害者，等等。

- 妈妈为精神病、先天代谢性疾病患者。

- 妈妈患病需用有害于宝宝的药物治疗时，如：抗癌药等。

- 妈妈孕期或产后有严重并发症需进行抢救时，应暂停或延迟哺乳。可在病情允许情况下，由医护人员帮助挤奶，以保持泌乳，待妈妈病愈后再给宝宝哺乳。

- 妈妈患有严重乳头皲裂和乳腺炎等疾病时，应暂停母乳喂养，及时治疗，以免加重病情。但可以把母乳挤出，用滴管或勺子喂哺宝宝。应尽量不用奶瓶，以避免宝宝产生乳头错觉，也可以试用仿照妈妈乳头形状制作的仿生奶嘴。如果宝宝能用奶嘴吃奶，也不会因此拒绝母乳，这是最理想的。

- 妈妈有一些不健康的生活习惯，如：吸烟、喝酒、喝咖啡等。

◇ 宝宝方面

- 患有先天性畸形的新生宝宝，如：唇腭裂等，或吸吮困难的早产宝宝，可暂不进行母乳喂养，而用挤出的母乳以胃管、滴管或小勺进行喂养。

- 确诊为先天性代谢性疾病的患儿，如：苯丙酮尿症、枫糖血症和半乳糖血症等，不宜进行母乳或其他乳类的喂养，必须在医生指导下选择乳类以外的适宜营养品。

★ 育儿小·贴士　　　妈妈掌握正确的挤奶方法

　　挤奶，最简单的就是使用挤奶器。不过也可以练习用手来挤。

　　方法是：先洗干净双手，并准备好消过毒的容器。用拇指放在乳晕上方，其他四指放在下面托住乳房，握成一个 C 形，然后做有规律的一挤一放的动作，挤放时手指不要滑动，以免磨损皮肤，要绕着乳房周围挤，使所有的奶都能挤出。一边挤 3～5 分钟，然后再换另一边挤 3～5 分钟，如此交替。

　　新手妈妈不要因为母乳在刚开始挤时量比较少而灰心。掌握了技巧，很多人在 15 分钟内能挤出数十毫升，而且每次挤出的量也未必都一样。

0～1岁育儿营养全方案

 牛初乳给宝宝增强抵抗力

牛初乳是指母牛分娩后7天特别是3天内所分泌的乳汁。20世纪50年代以来，由于生理学、生物化学、医学及分子生物学的发展，研究人员发现牛初乳中不仅含有丰富的营养物质，而且含有大量的免疫因子和生长因子，如：免疫球蛋白、乳铁蛋白、溶菌酶、类胰岛素生长因子、表皮生长因子等，具有免疫调节、改善胃肠道、促进生长发育、改善衰老症状、抑制多种病原微生物等一系列生理活性功能，因而被誉为"21世纪的保健食品"。

宝宝由于免疫系统发育尚未成熟，所以需要借助外力提高免疫能力。医学研究指出初乳活性免疫球蛋白（lgG）是唯一能通过胎盘传送给胎儿的抗体。妈妈在孕期通过胎盘及在哺乳期通过乳汁使宝宝得到最初的抗感染力，但这种抗体将在宝宝出生后6个月内逐渐耗尽。之后宝宝会出现免疫力断层，抵抗力降低的情况。

所以，在这段时期需要适当补充免疫球蛋白来提高免疫力、预防感染、增强体质、助长发育。牛初乳除了含有lgG外，还富含铁蛋白、乳清蛋白等免疫物质，还有大量的生长因子和乳钙，可以促进宝宝骨骼生长，帮助身体机能健康发育。

 让妈妈奶水充足的办法

哺乳不仅是喂养宝宝最好、最自然、最经济的方式，也是最方便的方法。哺乳对妈妈和宝宝都很重要，哺乳不但能为宝宝提供充足的营养，还能促进妈妈产后子宫收缩，帮助恶露排出，降低患乳腺癌的几率，而且还是产后瘦身的最佳方法。

哺乳的妈妈，最担心的就是奶水不足。其实，哺乳的关键时期就在产后一两天时间里。由于妈妈产后刚开始时没有奶水，宝宝尽管一直在用劲吮吸，"使出了吃奶的劲"，却总是无法吃饱时，宝宝就会哭个不停，很多妈妈会因此放弃哺乳。怎样才能让哺乳顺利开始呢？

● **均衡饮食**：哺乳妈妈要注意营养的摄取。基本上要做到均衡饮食。妈妈在喂奶时，每天大约要消耗 2100～4200 焦耳的热量。此外，妈妈所摄取的食物种类，也会直接影响到乳汁的分泌与质量。因此，均衡摄取各种食物是很重要的，它们包括：糖类、脂肪、蛋白质、维生素、矿物质等 5 大营养元素。哺乳妈妈要特别注意钙质与铁质的吸收，这些营养元素可从奶类或豆制品中摄取。民间食疗，如：猪蹄、麻油鸡、鲫鱼汤等，也都是下奶的食物，可以吃，但不可过量，以免造成肥胖。

● **尽量不用代乳品补充**：哺乳妈妈自身若无特殊状况发生，如：腮腺炎、发烧、乳头皲裂等状况，应尽量让宝宝吃母乳。宝宝吃了糖水或牛奶后会缺乏饥饿感，从而减少吮吸母奶的机会。这样一来，妈妈的奶水自然就会减少。

● **足够的休息**：有些妈妈会因产后激素的大量改变而引起产后忧郁症。如果再加上喂母乳的疲倦及压力，会使奶水量减少。因此哺乳妈妈要多休息，保持心情愉快，才能产出充足的奶水。

● **按时哺乳**：宝宝吸吮乳头会使催乳素分泌增加，妈妈可以每 3～4 个小时哺乳一次。哺乳后如有多余乳汁，可用吸乳器或用按摩的方法将它挤净。

● **重视水分的补充**：哺乳妈妈对水分的补充也应充分重视。由于妈妈常会感到口渴，可在喂奶时补充水分，或是多喝鲜鱼汤、鸡汤、鲜奶及开水等汤汁饮品。水分补充适度即可，这样乳汁的供给才会既充足又营养。

早产宝宝母乳喂养技巧

世界卫生组织将胎龄小于 37 周、出生体重小于 2500 克的新生儿称为早产儿。早产儿皮肤鲜红，呼吸浅、快而不规则，吸吮力差，体温调节功能和各种反射差，觉醒程度低。他们有可能会因为合并一些严重的疾病，或由于体重过轻而住院治疗。宝宝住院与妈妈分离，就会影响哺乳的正常进行。而对于早产儿来说，他们更需要母乳喂养，提高机体的免疫能力。但是怎样才能坚持母乳喂养早产儿呢？

● 妈妈一定要想办法让宝宝吃到母乳，或者想办法让宝宝出院后吃到母乳。

● 妈妈尽可能地多与早产儿接触，如果宝宝住院的医院有母婴同室病房，妈妈一定要陪伴宝宝住入母婴同室病房。

● 对不能吸吮或吸吮力弱的宝宝，妈妈要按时挤奶（至少每3个小时挤1次），然后将挤出来的奶喂宝宝。

对于有吸吮能力的早产儿，可以尽早让宝宝直接吸吮妈妈的乳头。喂奶时要注意正确的喂奶姿势，帮助宝宝含吸住乳头及乳晕的大部分，这样可有效地刺激妈妈泌乳，使宝宝能够较容易吃到乳汁。

对于吸吮能力差的早产儿，妈妈应当把奶挤出来喂宝宝。妈妈可用滴管或小匙喂给宝宝，不管是选用滴管或瓷匙、不锈钢匙，都要将乳汁从早产儿的嘴边慢慢地喂入，切不可过于急躁而使宝宝将乳汁吸入气管中。

由于很多早产儿的吸吮力不足，每次的摄入量不会太多，所以要坚持多次给早产儿喂养。一天应给早产儿喂12次奶左右。

如果宝宝住院暂时不能吃到妈妈的乳汁，妈妈也要坚持挤奶，让宝宝出院后能吃到母乳。

早产宝宝的营养缺乏症

胎儿的肝脏储铁和骨骼储钙机能皆在胚胎生活的最后2个月进行。于妊娠7~8个月出生的早产儿，由于先天的铁和钙皆未储备充足，因而出生不久就有可能出现缺铁性贫血和佝偻病等。

预防方法有：在早期给宝宝补充维生素A和维生素D制剂、铁制剂。同时，早产婴儿还常有缺乏维生素E的问题。妈妈可在医生的指导下给宝宝补充适量的鱼肝油（维生素A、维生素D）、维生素E、铁制剂等。但要注意过早给宝宝补充铁制剂有破坏红细胞的可能，所以给宝宝补充营养素一定要在医生指导下进行。

此外，早产儿都更易发生脐炎、腹泻、肺炎等新生儿多发疾病，因此妈妈在护理早产儿时应保持清洁卫生，防止感染，除妈妈及护理人员，尽量不要让宝宝与外人接触。

给宝宝喂奶的时间和次数

现在，越来越多初为人母的妈妈更愿意让宝宝吃自己的奶水。但什么时候开始喂奶好呢？

● 新生宝宝早喂奶：为了利于乳汁早分泌，在分娩后半小时内即可以喂奶，让母婴进行直接的皮肤接触。宝宝每次吸吮乳头应持续 30 分钟以上，以刺激乳头促进乳素的分泌。

● 喂奶时间：以母乳来说，

★育儿小·贴士★ 觅食反射

宝宝出生半小时内，其觅食反射最强烈，以后逐渐减弱，24小时后又开始恢复。分娩后应尽早让母婴接触，及早开奶，不仅有利于妈妈乳汁分泌，也可让宝宝通过吸吮和吞咽促进肠蠕动及胎便的排泄。

因为奶水较稀、易吸收，平均每隔 3 ~ 3.5 个小时，宝宝就会饿，这属于正常现象。如果宝宝在 2 个小时内又要喝奶，就表示宝宝在上一餐的时候没有吃饱。喂食配方奶粉的宝宝，由于配方奶粉不如母乳那么好消化，同时也比母乳更具饱足感，一般每隔 3.5 ~ 4 个小时吃 1 次奶即可。

● 喂奶的次数与间隔：一般说来，乳汁在宝宝胃内排空时间约为 2 ~ 3 个小时，所以每隔 3 个小时左右喂 1 次奶比较合理。如果喂奶过于频繁，宝宝上一餐吃进的乳汁还有部分存留在胃里，这必然影响下一餐的进奶量，或者引起胃部饱胀，以致吐奶。

躺着喂奶宝宝易呛奶

一些妈妈听说躺着喂奶可以避免乳房下垂，给宝宝喂奶时就采取躺着的姿势。这种做法是不正确的。

很多宝宝呛奶的原因就是因为妈妈喂奶姿势不当，比如：躺着喂奶，容易导致宝宝呛奶造成吸入性肺炎，所以妈妈不要躺着给宝宝喂奶。同时，也不要

让宝宝躺着吃奶。如果用奶瓶喂养宝宝，要注意不要让奶瓶里留有空气，最好将奶瓶装满，使空气排出，这样可以降低宝宝呛奶的几率。

对于吃奶性急的新生宝宝，妈妈在哺喂时要注意让他先吃几口后，将奶头拔出，稍停片刻再喂。每次喂奶后应抱起宝宝拍背排嗝，让宝宝打嗝后再放下侧卧，这样既减少吐奶的机会，又可避免吐奶吸入气管而发生窒息的可能。

宝宝一旦出现呛奶，要迅速将宝宝侧过身来，轻轻拍背。如果拍背后，宝宝仍然没有哭声，爸爸妈妈就要迅速拨打120送宝宝去医院急救。因为宝宝呛奶后几分钟内就可发生窒息，所以一定要争分夺秒以免贻误时机。平时爸爸妈妈也要掌握一些窒息复苏常识，当宝宝发生呛奶窒息时，首先要清理呼吸道，然后进行人工呼吸。

轻微的溢奶、吐奶，宝宝自己会调适呼吸及吞咽动作，不会吸入气管，只要密切观察宝宝的呼吸状况及肤色即可。如果大量吐奶，须按照以下步骤实施急救：

• 应立即让宝宝侧过身卧在你的腿上，头的位置低于身体的位置，用手轻轻拍打其后背数次，让呛入的奶汁咳出来。

• 如果第一步无效，就用力刺激宝宝的足底（如果知道涌泉穴更好，在足的上中三分之一的中点），使宝宝因疼痛而哭出声，这样宝宝就会自主呼吸了。检查宝宝的口腔及鼻孔中有无残留的奶汁或奶块，用干净的棉签或纱布拭去。

• 如果呛奶后宝宝的呼吸很顺畅，最好还是想办法让他再用力哭一下，观察宝宝哭时的吸氧及吐气动作，看有无任何异常，比如：声音变调微弱、吸气

⭐ **育儿小·贴士**　　　　如何让宝宝不在吃奶时睡着

一个有经验的妈妈在喂奶时会不断刺激宝宝吸吮，当感觉到宝宝停止吸吮了，就轻轻动一下乳头或转动一下奶嘴，宝宝又会继续吸吮了，必要时还可轻捏宝宝的耳廓或拍一拍脸颊、弹一弹足底，给宝宝一些觉醒刺激，延长兴奋时间，使宝宝吃够奶。在宝宝吃饱后再让他好好睡一觉，培养他养成良好的喂养习惯。

困难、严重凹胸等，如有则要立即送往医院。如果宝宝哭声洪亮、中气十足、脸色红润，则表示无大碍。

 防止宝宝漾奶和吐奶

宝宝漾奶是指喂奶后从口边溢出奶液，量不多。少数宝宝在喂奶后片刻因更换尿布等改变体位会引起漾奶。如果宝宝的情况良好，不影响生长发育，随年龄增长漾奶逐渐减少，至出生后 6 个月漾奶自然消失，属正常现象。呕吐和漾奶不同，呕吐时宝宝吐出的奶水多为急速从嘴里涌出，呕吐也是宝宝常见现象，与宝宝消化道解剖和生理特点有关。

宝宝的胃容量小，位置比较横，上口贲门括约肌发育比较差，下口幽门通向肠道的括约肌发育较好，因此宝宝胃的出口紧而入口松，奶液容易反流引起呕吐。正常宝宝如果喂养或护理不当均可引起呕吐。

常见的原因有：喂奶次数过多、喂奶量过大，或奶头的孔径过大、出奶过快等；喂奶时奶瓶中奶没有完全充满奶头，吃奶时同时吃进空气；喂奶后过多变动体位等。如果妈妈经常注意下列几点，吐奶是完全可以防止的：

● 让宝宝不要吃得过急：吃奶的时候不要让宝宝吃得太急，可以用一种剪刀式的哺乳方式，将母乳的乳腺导管压住几个，奶流速度就慢了。

● 给宝宝拍嗝：在宝宝吃奶中间可以停一下，给宝宝拍拍背，因为有的宝宝胃里积气比较多，吃奶不舒服，就会有大量吐奶的情况。宝宝吃完奶之后妈妈再做一个拍嗝是很重要的，用中空的手掌给宝宝拍背、轻轻振动，宝宝会很舒服。有的宝宝吃奶 20 分钟、半个小时以后还会吐奶，这种宝宝吃完奶以后要进行一到两次甚至三次的拍嗝，一次拍嗝可能不会完全有效果，如果宝宝没有很好的打嗝，对没完没了的拍嗝，宝宝会有疲劳感。宝宝一般会使劲地扭动身体，面部发红，上肢使劲，这个时候把宝宝及时抱起来，宝宝一般都会打出一个很大的嗝。

● 把宝宝的身体侧过来：这样做的目的是让宝宝口内的奶可从嘴角尽快流出来。如果宝宝采用仰卧的姿势，在吐奶之后，给他擦拭的过程中嘴里还有残

留的奶，如果这个时候宝宝一呼吸，容易将奶呼吸到肺里面。所以喂奶后应该让宝宝侧卧，然后再清理干净，这样才能避免宝宝受到任何损伤。

● 观察宝宝是否吃饱：宝宝在吃奶的时候，如果是自动停止吃奶的，而且面容表情很舒服，情绪、状态都不错，自动松开奶头，一般来说就说明宝宝吃饱了。

● 多注意观察宝宝的状况：在宝宝躺着时要把宝宝头部垫高，或把宝宝竖着抱起来。吐奶后，宝宝的脸色可能会不好，但只要稍后能恢复过来就没有问题。另外，根据情况可以适当地给宝宝补充一些水分。

● 补充水分要在呕吐后30分钟进行：宝宝吐奶后，如果马上给宝宝补充水分，可能会再次引起呕吐。因此，最好在吐后30分钟左右用勺先一点一点地试着给宝宝喂一些白开水。

● 每次喂奶数量要减少到平时的一半：在宝宝精神恢复过来，又想吃奶的时候，可以再给宝宝喂一些奶。但每次喂奶量要减少到平时的一半左右，不过喂奶次数可以增加。在宝宝持续呕吐期间，应只给宝宝喂奶，而不要喂其他食物，包括辅食。

如何选择安全的配方奶粉

宝宝从出生那一刻起就意味着再也不能依靠妈妈的胎盘获得营养了，他要为自己的生存开始努力！作为家长你该如何为宝宝提供最佳食品呢？

现在，市场上的"洋奶粉"非常热销，其原因主要有四：

● 不少人认为"洋奶粉"质量好，高价格等于高质量。

● "洋奶粉"厂家为消费者提供了周到的服务，例如：举办育儿知识讲座、开辟专家热线、赠送宝宝营养食谱、育儿手册等，使家长感到亲切、可信。

● "洋奶粉"的包装、口味、溶解性确实比国产的好。

● 宝宝对第一口奶有很强的适应性，吃了第一种奶粉后会导致宝宝对该产品的依赖性。

为了能让宝宝吃上安全的奶粉，下列建议可供妈妈参考：

• 在选购时要看清包装上标示的奶粉类别，要选择与宝宝年龄相符的奶粉。现在市场上主要有以下几类婴儿配方奶粉：

→早产儿奶粉：专门针对早产宝宝的特殊奶粉，一般仅食用 20 ~ 30 天。

→0 ~ 6 个月奶粉：针对 0 ~ 6 个月的宝宝。

→6 ~ 12 个月奶粉：针对 6 个月以上至 1 岁的宝宝。

→1 岁 ~ 3 岁奶粉：针对 1 岁以上的宝宝。

→抗过敏奶粉：针对对牛奶、鸡蛋、大豆等过敏的宝宝，及患腹泻的宝宝。

• 在选购品牌时，不要只听广告或"撬边"的，不要贪贵求洋。国内著名大企业生产的配方奶粉也可以是你的最佳选择。

• 看清生产日期及保质期，以选择离生产日期越近，距保质期越远的奶粉为好。尤其是袋装奶粉更应如此。

科学调配宝宝奶粉

选择好了宝宝的奶粉后，就需要科学地进行调配。只有掌握了科学的方法，才能调配出适合宝宝饮用的奶粉来。在调配的过程中，需要注意以下几个方面：

• 先准备好洁净的温开水（40℃左右），量好需要的量。

• 用奶粉罐内特殊量勺取出所需的奶粉量，每取一勺要用消毒刀背刮平，勺中奶粉不要堆高也不要压实，过多地加入奶粉会使调配出的奶过稠，易导致腹泻、便秘或肥胖，甚至损伤肾脏。而长期把奶冲得太稀，会使宝宝的体重增长缓慢，同样影响其生长发育。

• 把匙内奶粉倒入准备好的量杯中。

• 用消毒过的匙搅拌奶粉，至完全溶解。

• 量杯内的奶经消毒漏斗倒入奶瓶，即可食用。

• 如需加热时，可用热水给调配好的奶加热。最好不要用微波炉加热，因为用微波炉加热，虽然奶瓶外面摸起来不热，但瓶内的奶已经非常烫了，容易烫伤宝宝。

0～1岁育儿营养全方案

- 如果宝宝一顿没吃完配好的奶，千万不可留到下一顿吃，可倒掉或让大宝宝、成人喝掉。

- 宝宝的食品、食具一定要保持干净。所以爸爸妈妈应注意对消毒好的奶瓶、奶嘴等的存放，还应在给宝宝调配奶之前，将自己的双手彻底洗净。

按比例科学冲调配方奶

有的妈妈因为各种原因，需要人工喂养新生儿，此时最好给新生宝宝喂配方奶粉。如果没有配方奶粉，也可用牛奶、全脂奶粉代替，但喂新生儿配方奶，并不是调得越浓，营养成分就越好。

因为若太浓，新生儿不容易消化，还会经常引起腹泻。而且奶粉中含有较多的钠离子，若这些钠离子没有适当地稀释，被新生儿大量吸收，就会使其血液中钠含量升高，对血管的压力增强，致使新生儿血压增高，易引起新生儿脑部毛细血管破裂出血，出现抽筋、昏迷等问题。因此，给新生儿喂奶，不可过浓，也不可太淡，太淡也会造成营养成分不足。

给新生儿配制奶粉的比例：

- 按重量应该是1:8，即1克奶粉加8克水。
- 按容量1:4计算，即1份奶粉加4份水。

这样配制出的奶液相当于新鲜奶的浓度。

调奶粉时要先放在碗里，用40℃左右的温开水调成浓浆状，再加热开水稀释到要求的总量。使用时，再按新生儿不同阶段对浓度的需要，决定应加的水量，晾温后喂给新生宝宝。

宝宝拒绝吸奶的原因

妈妈在哺乳宝宝的时候，有时宝宝会拒绝吸奶，其中有什么原因呢?

- 没有及时开始母乳喂养：如果宝宝出生后没有及时开始用母乳喂养，他就可能不愿意吸吮乳房了。为了妈妈和宝宝，越早开始用母乳喂养越好。宝宝在最初几小时内很快就能学会吸吮乳房，如果延误了开奶的时间，他就难以学会吸吮乳房了。但是，这并不意味着宝宝将永远不会吸吮乳房，而是需要妈妈耐心并坚持下去。例如：如果宝宝是早产儿，妈妈可以要求用自己挤出来的乳汁喂他，当出院回家时便可直接用乳房哺乳。

● 宝宝烦躁不安：如果宝宝醒来，很想吃奶，但却发现他不理不睬、烦躁不安或动来动去，那么也许宝宝是由于太累而不吸吮乳房。在这种情况下，应把他紧抱怀中，轻轻说话加以安慰，而不要试图哺乳，直到他安静下来。

 ＊育儿小·贴士＊ 　　妈妈生病时如何喂养宝宝

　　妈妈患一般疾病，如：感冒、肠胃不适等，原则上并不影响母乳喂养。此时妈妈体内的抗体可以通过乳汁传给宝宝，也可提高宝宝抵抗疾病的能力。这种情况下妈妈用药应慎重，要告诉医生你正在哺乳。请医生帮助选择对宝宝无不良影响的药物。

 人工喂养的注意事项

　　人工喂养宝宝的时候，除了需要正确地选择适合宝宝的奶粉外，也要重视在喂养过程中的一些不可忽视的事项。

◇ 奶瓶的选择

● 奶瓶的基本要求：选择奶瓶的原则是内壁光滑，容易清洗干净，开水消毒不易变色或变形，带奶瓶帽。

● 奶瓶的个数：最好与宝宝每日喂奶、喂水的总次数相等。因为对于宝宝来讲，奶瓶、奶嘴的彻底清洁与消毒很重要。如果准备的奶瓶太少，每用过一两个就需彻底消毒准备下次用，这样一天就要消毒许多次奶瓶。多备几个奶瓶就可以抽一定时间消毒一批，对人力物力都是节约。

● 奶嘴：不宜过硬，过硬的奶嘴不利于宝宝吸吮，但也不可过软，过软时会由于负压而变瘪，奶不易被吸出。

● 奶嘴的孔：可以在奶嘴顶端正中剪一个小十字口，也可用烧红的针在奶嘴顶部穿 3 个小孔，使 3 个小孔呈三角形分布。孔的大小以倒立奶瓶时，每秒钟流出一滴奶为宜。

◇ 奶瓶的消毒

清洗奶瓶时：

● 用冷水冲掉残留在奶嘴、奶瓶里的奶，再把奶瓶、奶嘴放入温水中，用奶瓶刷把奶瓶内部刷洗干净。

● 将刷毛放于奶瓶口处，旋转刷子，彻底刷洗瓶口内部螺纹，之后抽出刷子，洗刷瓶口外部螺纹处和奶嘴盖的螺纹部。

● 用毛刷尖部清洗奶嘴上部的狭窄部位。

需要注意的是，有螺纹或凸凹的地方容易残存奶垢，要格外留心清洗。把洗过的奶瓶奶嘴用清水冲洗干净，然后放入开水中烫或锅内蒸（煮）5 分钟左右，蒸（煮）塑料奶瓶时勿让奶瓶与锅壁接触，否则奶瓶可能变形。

◇ 奶粉的选择

● 辨别包装纸揉捏的声音：用手指捏住奶粉包装袋揉两下，同时把耳朵凑过去，你如果听到"吱吱"声，说明粉质细腻，是好奶粉。而假奶粉由于掺有绵白糖、葡萄糖等成分，颗粒较粗，质地较硬，会发出"沙沙"的声音。

● 闻一下奶粉中有没有异味：打开包装，纯正的奶粉有天然乳香气，浓厚醇香。劣质奶粉或者没有乳香味，或者香甜刺鼻。如果奶粉中有比较明显的异味，就不要让宝宝食用了。

● 尝尝奶粉的味道：把少许奶粉放进嘴里，好奶粉细腻发黏，容易黏在牙齿和上颚部，不易溶解，且无糖的甜味（加糖奶粉除外）；劣质奶粉放入口中溶解速度相对较快、不黏牙、甜味大。

● 比较一下奶粉的溶解速度：好奶粉溶解起来比较慢，劣质奶粉相对容易溶解。把奶粉倒入一杯凉开水中，那些不易溶解，在水面上有漂浮，液体挂杯壁的属于好奶粉；而那些不经搅拌即能溶解，杯底出现沉淀的奶粉质量一般不佳。

●注意一些个别性原则：比如：有哮喘、腹泻和皮肤问题的宝宝，可选择抗过敏奶粉；缺铁的宝宝，可补充高铁奶粉；而早产儿则应选择易消化的早产儿奶粉；如果宝宝腹泻，最好能立即换用不含乳糖的配方奶粉。当然，这些具体选择最好是在儿科医生指导下进行。

●不要过于追求奶粉的品牌：品牌与品牌之间没有特别大的差异。基本上，所有的国产奶粉都处于同一水平线上，价格虽略有高低，但从营养成分的角度分析，相差无几。同样，进口奶粉或合资奶粉，品质上的差异也并不是很大。

◎ 喂养时的注意事项

●乳品和代乳品的量和浓度应按宝宝年龄和体重计算，按宝宝食欲调整，切忌过稀或过浓。

●每日喂哺次数和间隔时间与母乳喂哺相近，晚间间隔时间可略长，约3.5～4小时。

●每次喂哺前可将乳汁滴几滴于手背或手腕处试乳汁温度，以不烫手为宜。

●喂奶时，妈妈先坐好，让宝宝紧贴胸前，妈妈用一只手持握奶瓶使之倾斜，保持奶嘴及瓶颈部充满奶液，这样宝宝就不会因吸入大多空气而胀肚、溢奶。

●切不可把奶瓶单独留给宝宝，或把奶瓶保持在一定位置让宝宝自己吃奶，妈妈离开去做其他的事，这样做宝宝有被呛的危险。

●每次喂完奶都应把宝宝竖直抱起，或让宝宝骑坐在妈妈腿上，轻扣宝宝背部，使其打嗝，把吸到胃里的空气排出，有时随着打嗝，宝宝会吐出一些凝结的奶块，这是正常现象。

 育儿 Q&A

新鲜奶水如何存储

Q：我工作的单位离家比较远，白天12个小时都在单位，奶胀得厉害，我就利用休息时间挤了200毫升的奶出来想拿回去给宝宝第二天吃，请问怎样储存才不会使奶水变坏？

A：为保持母乳分泌量，每日哺乳应不少于3次。上班地点离家较近的妈妈，中午可回家哺乳。如果妈妈上班离家较远，且连续工作时间超过6个小时，其间一定要挤一次奶。可将挤出的奶盛在干净容器中，在室温下8小时不会变质。如果有条件可放入冰箱冷藏，下班带回家存入冰箱，可以让宝宝第二天食用，但要注意奶水一定要先冷却才可放进冰箱。同时妈妈一定要注意，做好泥糊状食物和母乳的合理搭配，安排好进食时间和间隔，这是上班后坚持母乳喂养的必要条件。

宝宝没吃多少怎么办

Q：我家的宝宝刚刚出生，每次总是吃不了多少就不吃了，会不会吃不饱？

A：宝宝的胃容量小，新生宝宝为30~35毫升，3个月时为100毫升，1岁为250毫升。

喂养宝宝时，每次的喂奶量和食物量不宜过多。判断宝宝吃的量够不够的最好方法是看宝宝身高和体重的增长情况，是不是持续增长，是否在正常范围之内。

另外，判断宝宝是否吃饱有下面这些方法：

喂奶前乳房丰满，喂奶后乳房较柔软；喂奶时可听见吞咽声；妈妈有下乳的感觉；尿布24小时湿6次或6次以上；宝宝大便软；在两次喂奶之间，宝宝很满足、安静；宝宝体重平均每天增长8~30克或每周增加25~210克。

给妈妈的催乳药膳

药膳是药物与食物的结合，既营养又催乳，可谓一举两得。下面就给妈妈介绍 5 种实用、美味的催乳药膳。

莴苣子粥

● 原料：莴苣子 15 克、甘草 6 克、粳米 100 克。

● 制作方法：将莴苣子捣碎，加甘草，再加水 200 毫升同煮，煮至水剩 100 毫升时，滤汁去渣。将滤汁、粳米一同入锅，加水同煮，米烂即成。

● 功效：莴苣子是菊科植物莴苣的种子，以颗粒饱满、干燥无杂质者为佳。它性味苦寒，能下乳汁，通小便。甘草性味甘平，能和中缓急，调和诸药。粳米粥被誉为"世间第一补人之物"。三物合用，是很好的催乳药膳。

山甲炖母鸡

● 原料：老母鸡 1 只、穿山甲（炮制）60 克，葱、姜、蒜、五香粉、精盐等适量。

● 制作方法：母鸡去毛及内脏，穿山甲砸成小块，填入鸡腹内。入锅，加水及调味料，炖至肉烂脱骨即可食用。

● 功效：穿山甲性味咸凉，通经下乳。李时珍在《本草纲目》中写道："穿山甲、王不留，妇人食了乳长流，亦言其迅速也。"鸡肉营养丰富，性味甘温平，既补气，又补血。

花生粥

● 原料：花生米 30 克、通草 8 克、王不留行 12 克、粳米 50 克、红糖适量。

● 制作方法：先将通草、王不留行煎煮，去渣留汁。再将药汁、花生米、粳米一同入锅，加水煮煮。待花生米、粳米煮烂后，加入红糖即可食用。

● 功效：通草性味甘淡凉，入肺经胃，能泻肺、利小便、下乳汁。王不留行是石竹科植物麦蓝菜的种子，性味苦平，二药合用治疗乳汁不足，疗效更佳。

炒黄花猪腰

● 原料：猪肾（腰子）500 克，黄花菜 50 克，淀粉、姜、葱、蒜、味精、白糖、植物油、精盐各适量。

● 制作方法：将猪肾一剖为二，剔去筋膜腺体备用。锅烧热后，放植物油，烧至 9 成热时，放葱、姜、蒜入锅煸香，再放入腰花爆炒片刻，至猪腰变色熟透时，加黄花菜、盐、糖再炒片刻，加淀粉勾芡推匀，最后加味精即成。

● 功效：猪肾性味咸平，主治肾虚腰痛，身面水肿。黄花菜性味甘平，能补虚下奶，利尿消肿。另外，黄花菜亦有催乳作用。本药膳适合于肾虚导致的缺乳。

王不留行炖猪蹄

● 原料：猪蹄 3～4 个、王不留行 12 克、调味料若干。

● 制作方法：将王不留行用纱布包裹，与洗净的猪蹄一起放进锅内，加水及调味料煮烂即可食用。

● 功效：猪蹄性味甘咸平，常用于治疗乳汁不足。加上王不留行，对缺乳具有良好的疗效。

1~2个月:
良好的喂养习惯很重要

　　1~2个月的宝宝吮吸能力明显提高,对外界环境也越来越适应。此时,喂养宝宝已比新生儿时顺利很多。如果妈妈是采用母乳喂养仍应继续坚持母乳喂养。只要宝宝体重、身高持续增长、精神状态良好,就说明宝宝营养充足。1~2个月的宝宝可加少量的菜水和果汁。

 1~2个月宝宝的发育状况

	男宝宝	**女宝宝**
体重	平均6.1千克（4.7~7.6）	平均5.7千克（4.4~7.0）
身长	平均60.4厘米（55.6~65.2）	平均59.2厘米（54.6~63.8）
头围	平均39.6厘米（37.1~42.2）	平均38.6厘米（36.2~41.3）
胸围	平均39.8厘米（36.2~43.4）	平均38.7厘米（35.1~42.3）
身体特征	活动时间增长,可做出许多不同的动作;面部表情逐渐丰富,在睡眠中有时会做出哭相,有时又会出现无意识的笑;皮肤感觉能力比成人敏感得多;两只眼睛的运动还不够协调,对亮光与黑暗环境都有反应。	
智力特征	一逗会笑;对妈妈说话的声音很熟悉了,如果遇到陌生的声音会吃惊,如果声音很大会感到害怕而哭起来;很喜欢周围的人和他说话,没人理时会因感到寂寞而哭闹。	

 明星营养素

人类80%以上脑组织的生长发育是在出生后第一年内完成的，早期的营养对大脑发育会产生持久的影响。

DHA

DHA是宝宝大脑与智力发育不可缺少的营养成分，对于提高宝宝的智力和视敏度大有裨益。对于1～2个月的宝宝，妈妈应以母乳作为宝宝的主食，因为母乳中含有均衡且丰富的DHA，可以帮助宝宝大脑最大程度发育。但如果妈妈因为种种原因无法进行母乳喂养而选择用宝宝配方奶粉哺喂宝宝时，应该选择含有适当比例DHA的奶粉，以便为宝宝日后的健康成长做最佳的准备。

维生素D

1个月大的宝宝一般1天要喂6～7次奶。如果宝宝每隔3个小时就想吃奶，每次吃10分钟左右就自动松开奶头，这说明母乳充足。如果宝宝老是吸吮着乳头不放，吃完奶一会儿又想吃，体重增加很少，就有可能是母乳不足。这种情况就应该在医生的指导下，采用混合喂养，但尽量让宝宝每天早、中、晚三次能吃到母乳，千万不要轻易放弃母乳喂养，因为这是对宝宝非常有好处的。无论母乳喂养还是人工喂养，从第4周起就应加添维生素D，每日服维生素D应该达到400国际单位。

 喂养特点

宝宝 1 个月过后，吮吸能力大大加强，对外界环境的适应能力也逐渐增强，在喂养上无论是采用母乳喂养还是人工喂养，都比新生儿时期顺利得多。此时，应该怎样喂养宝宝呢？

母乳喂养

2 个月的宝宝仍应坚持母乳喂养，可以适当延长喂奶间隔，一般可每 3～4 个小时喂 1 次，每天喂奶 5～6 次。

不宜因宝宝的活动能力增加而使其养成吃吃停停的不良习惯。

如果母乳不足，最好每天早上、中午、晚上睡觉前以及夜里都要让宝宝吃到母乳。

混合喂养

如果母乳很好，哺乳次数应逐渐稳定，只要每周体重能增加 150～200 克，说明喂养效果很理想；如果每周体重增加不足 100 克，说明母乳不够，此时宝宝会经常哭闹，需要适当增喂一次牛奶。时间最好安排在妈妈下奶量最少的时候（下午 4～6 点之间）单独加 1 次，每次加 120 毫升。如果加牛奶后，妈妈得到适当休息，母乳分泌量增加，或者宝宝夜间啼哭减少了，就可以这样坚持下去。如果加喂 1 次牛奶后，仍未改变宝宝夜间因饥饿啼哭的问题，而妈妈母乳又不多，那就把夜间 10～11 点妈妈临睡前的一次哺乳改为喂牛奶，以保证妈妈的夜间休息。

总之，是增加一次还是两次牛奶，都应根据宝宝的体重来决定。此外，在这个月里妈妈还要注意保护乳头，不要让宝宝在一侧乳头上连续吮吸 15 分钟以

上。保持乳头清洁，防止宝宝过分吮吸将乳头吸伤，细菌侵入导致乳腺炎。

 人工喂养

妈妈如果采用人工喂养的方式喂养宝宝，应注意对哺喂工具的清洗消毒和使用正确的方法调配奶粉。对于 1～2 个月的宝宝，每天的喂奶量应在 800 毫升左右。如果分成 7 次喂，每次 120 毫升左右，如果分成 6 次喂，每次 140 毫升左右。同时，可以给宝宝喂食一些菜水和果汁。

 喂养注意事项

 鲜牛奶喂养的基本常识

牛奶在挤取、储存、运送和发售过程中均有可能遭到细菌污染，牛的某些疾病也可能使牛奶带菌，因此，牛奶食用前必须消毒，否则容易发生腹泻、食物中毒、肠结核等问题。

常用的消毒方法是煮沸消毒，办法最简单——直接加热，但应注意在加热时，不要奶锅内的奶一沸腾便立即熄火，这不符合要求，因为沸腾瞬间只能杀死一部分细菌，达不到消毒目的。一般要煮沸 3～5 分钟。

牛奶不及人奶好消化，宝宝消化功能弱，所以应加以稀释。未满月的新生儿消化吸收能力弱，对牛奶有时不大适应，一般加 1/3 水就可，也就是 2 份奶加 1 份水。吃牛奶的宝宝要维持正常的生长发育，每天每千克体重需要蛋白质 3～4 克，因为吃奶量正好为每千克体重 100 毫升，也就是每 100 毫升牛奶至少要含蛋白质 3～4 克。

市场上售出的牛奶相当于稀释过的奶。过度稀释的奶，含蛋白质不足，如将奶稀释一半，就使每 100 毫克牛奶所含蛋白质 3.5 克下降为 1.7 克，这样喂养的宝宝会因缺乏蛋白质而至营养不良，生长发育都会受到严重影响。

牛奶要加糖，目的是增加热量，因为每 100 毫升的淡牛奶只能给宝宝提供 2 千焦热量，这样缺少的热量只能用糖来补充。所以按科学计算，每 100 毫升的牛奶需加糖 5 ~ 8 克。牛奶不加糖不对，但加多了也于宝宝身体不利。过多的糖被吸收，会导致宝宝体内大量水的潴留，肌肉及皮下组织变得松软无力，发生虚胖。这种宝宝的体质被称为泥膏型，外强中干、抵抗力差。过多的糖贮留在体内，还会成为一些疾病的诱发因素，如：龋齿、糖尿病、肥胖病。

判断宝宝的营养是否充足

妈妈对宝宝的营养状况总是特别在意，不过，在意归在意，却很少有人知道该怎样来判断宝宝的营养状况是否良好。有时候，即便宝宝营养状况很好，妈妈也常常感觉心里没底，因为心里没底，就很容易为了保险拼命往宝宝的小肚子里瞎填塞食物。结果往往是事与愿违，好心的妈妈常常因此办了坏事，使宝宝的营养状况越来越糟糕。要判断宝宝营养状况如何，妈妈可掌握一些简单的衡量办法，掌握了这些办法，就不必再瞎着急了。

● 观察宝宝的精神状态：如果宝宝看起来很愉快，吃东西很香，睡眠也很好。每次睡醒后，精神状态不错，眼睛灵活有神，活泼好动，不磨人，不没完没了哭闹，那就说明他的营养足够。

● 观察宝宝的体格发育：体重和身高的增长，尤其是体重的增长，是衡量宝宝营养状况是否正常的最可靠的依据。妈妈可观察宝宝的这两项指标是否符合正常标准，如果符合，那宝宝一般都不会有什么问题。

● 观察宝宝的外貌：如果宝宝的小脸红润，头发浓密、黑而有光泽；皮肤细腻有质感、不粗糙；嘴唇、眼皮的内面以及指甲是淡红色的，那就表明他的营养是足够的。

● 测量宝宝皮下脂肪厚度：皮下脂肪厚度，是体现宝宝营养状况好坏的一个重要标志。当宝宝营养不良时，他的皮下脂肪变薄。通常消减的顺序先是腹部，然后是躯干、小胳膊和小腿，最后是面部。妈妈可经常用拇指和食指，将

宝宝的腹部皮肤捏成一个皱褶，如果这个皱褶厚度大约在 1 厘米以上，那就说明宝宝营养足够。当然也不能大于 1 厘米太多，脂肪太多，宝宝可能就偏胖了。除了测量脂肪厚度之外，妈妈还可以摸摸宝宝的肌肉，看看是否结实、有弹性。如果肌肉松弛缺少弹性，宝宝就可能营养不良。

宝宝便秘与奶粉有关

很多父母很疑惑，平时喂养宝宝很用心了，宝宝怎么还会便秘呢？引起宝宝便秘，饮食原因不容忽视。

当宝宝饮用了大量蛋白质，而碳水化合物不足，肠道菌群继发改变，肠内发酵过程少，大便易呈碱性、干燥；如果食物中含有较多的碳水化合物，肠内发酵菌增多，发酵作用增加，产酸多，大便易呈酸性、次数多而软；如食物脂肪和碳水化合物都高，则大便润利。

人工喂养的宝宝较母乳喂养的宝宝容易便秘。这是因为牛奶中含有较多的钙和酪蛋白，而糖和淀粉含量相对减少，食入后容易形成钙皂引起便秘；如果糖量不足，肠蠕动弱，更易便秘。

因此，父母应选用添加了低聚果糖（双歧杆菌增殖因子）的奶粉喂养宝宝。低聚果糖能促进双歧杆菌增殖，产生的短链脂肪酸，能刺激肠道蠕动，增加粪便湿润度，并保持一定的渗透压，从而防止便秘。同时，双歧杆菌在人体肠内发酵后可产生乳酸和醋酸，并能提高钙、磷、铁的利用率，促进铁和维生素 D 的吸收；双歧杆菌发酵乳糖产生的半乳糖，是构成脑神经系统中脑苷脂的成分，对宝宝出生后脑的迅速生长有重要作用。

用白开水给宝宝冲奶粉

随着生活水平的提高，矿物质水、纯净水等逐步替代了自来水，成为现代家庭必备饮用水。那么到底用什么水冲配方奶粉最好呢？什么温度最合适呢？如果用矿物质水冲奶粉会造成结石吗？

冲配方奶粉最好选用白开水。不用矿物质水冲奶粉，不是因为用矿物质水冲奶粉能造成结石，而是因为会引起消化不良和便秘等问题。

目前家庭用自来水都经过了科学的处理，质量符合标准。自来水煮沸后，放凉至40℃左右，最适合冲奶粉。因为水温过高，超过50℃就会破坏配方奶粉的营养成分，特别是一些含活性免疫成分（如含：双歧杆菌）的奶粉。

纯净水失去了普通自来水的矿物元素，而人从水中对钙的吸收率可以到90%以上，所以也不宜用纯净水冲奶粉。

那么，富含矿物质的矿泉水呢？是不是最适宜给宝宝冲奶粉饮用呢？专家指出含矿物质的矿泉水本身矿物质含量比较多，且复杂，宝宝肠胃消化功能还不健全，摄入磷酸盐、磷酸钙过多，会引发消化不良和便秘等问题。

让宝宝科学地吃鱼肝油

妈妈对于补充营养素往往易走入误区，以为鱼肝油是营养素，补充鱼肝油多多益善。要知道缺乏维生素会致病，但补充需有度，补充过量也会致病。

◇ 鱼肝油补充维生素 A 和维生素 D

维生素 A 的主要功能是维持机体正常生长、生殖，促进视觉、上皮组织健全发育，增强抗感染免疫功能。维生素 A 缺乏时可引起宝宝骨骼发育迟缓，影响牙齿牙釉质细胞发育，使牙齿生长不健全，导致上皮组织结构受损，降低免疫功能，引起呼吸道、消化道和泌尿道的各种感染。

维生素 D 的主要功能是促进小肠黏膜对钙、磷的吸收；促进肾小管对钙磷的吸收。维生素 D 缺乏时可引起：钙磷经肠道吸收减少，骨样组织钙化障碍；佝偻病，表现为易惊、多汗、烦躁和骨骼改变。

维生素 A 和维生素 D 都是脂溶性维生素。维生素 A 存在于动物的肝脏，尤其是鱼肝中，其次是乳类和蛋类中。维生素 A 的另一种存在形式是以胡萝卜素的形式存在于食物中，如：胡萝卜、西红柿、豆类和绿叶蔬菜等，在肝脏中胡萝卜素会转变为维生素 A。

维生素 D 主要存在于动物的肝脏，尤其是海鱼的肝脏中。另外，皮肤中

7－脱氢胆固醇在紫外线作用下也能转变成维生素 D。人体可从日光照射和食物中摄取维生素 D。

可见，鱼肝油并非宝宝维生素 A 和维生素 D 的唯一来源。

◇ 补充鱼肝油的条件

虽然服用鱼肝油可以预防和治疗佝偻病，但这并不意味着每个宝宝都需要服用，因为维生素 A 和维生素 D 并不是多么难以补充的维生素，如果在日常生活中足够重视，宝宝完全有可能不需服用的。有以下情况需要服用鱼肝油：

- 妈妈母乳不足，属于混合喂养的宝宝。
- 断奶后辅食中没有及时添加蛋黄、动物肝脏等富含维生素 A、维生素 D 以及富含胡萝卜素的蔬菜、水果等。
- 缺少维生素 A 导致的呼吸道和消化道感染，如：干眼症、角膜软化及皮肤干燥等。
- 足不出户，少晒太阳。

◇ 不能过多地补充鱼肝油

维生素 A 和维生素 D 的每日推荐摄入量，分别为 2500～5000 单位和 400～800 单位。如果短时间内摄入大剂量，或者长时间每日摄入过量维生素 A 和维生素 D 都可引起中毒。表现为食欲下降、体重不增、烦躁、多汗、头疼、呕吐、嗜睡、关节痛、肌肉痛等。市售浓维生素 AD 滴剂（浓鱼肝油滴剂）每克含维生素 A 和维生素 D 分别为 5 万单位和 5 千单位，1 克约 30 滴，所以每日 3～5 滴已足够。

因此，妈妈在喂哺各种宝宝配方奶粉及强化食品时，一定要仔细阅读配方中维生素 A 和维生素 D 的含量，应注意宝宝每日摄入的总量，包括来自各种维生素强化食品中的含量，避免用量过大，引起中毒。

夜间喂奶应避免的危险

忙碌一天的妈妈，到了夜间，特别是后半夜，当宝宝要吃奶时，妈妈睡得正香，蒙蒙眬眬中给宝宝喂奶，很容易发生危险，尤其是躺着给宝宝喂奶，就更容易发生意外。

夜间喂奶和白天喂奶有什么不同呢？

● 夜间光线暗，视物不清，不易发现宝宝皮肤颜色异常和是否溢奶。

● 妈妈困倦，容易忽视乳房是否堵住宝宝的鼻孔，使宝宝发生呼吸道堵塞。

● 妈妈处于蒙眬状态，宝宝含着乳头睡着了，这时有可能发生乳头堵住宝宝的鼻孔而造成窒息，也有可能发生溢乳而导致窒息。

● 妈妈怕半夜影响其他人的睡眠，宝宝一哭就立即用乳头哄，结果半夜宝宝吃奶的次数越来越多，养成不好的夜间吃奶习惯。喂奶次数多会影响宝宝的睡眠。

从以上几点来看，妈妈应该像白天一样坐起来喂奶，喂奶时光线不要太暗，要能够清晰地看到宝宝的皮肤颜色。喂奶后仍要竖立抱起，并轻轻拍背，待宝宝打嗝后再放下。观察一会儿，如果宝宝安稳入睡，再关掉亮灯。但是，一定要保留暗一些的光线，以便当宝宝出现溢乳时及时发现。

 临睡时不要给宝宝吃奶

有些妈妈为了让宝宝睡得快一点，特别喜欢给宝宝在临睡时吃奶。其实这是个错误的做法，而且对宝宝的影响很大。

● 容易造成乳牙龋齿：睡眠时唾液的分泌量对口腔清洗的功能原本就会减少，加上奶水长时间在口腔内发酵，会破坏乳齿的结构。要避免此后遗症可在吸完奶水后再塞一瓶温开水给宝宝吸两口，稍微清洗口腔内的余奶。

● 容易吸呛：宝宝意识不清时，口咽肌肉的协助性不足，不能有效保护气管口，易使奶水渗入造成吸呛的危险。

● **降低食欲**：因为宝宝肚子内的奶都是在昏昏沉沉的时候被灌进去的，宝宝清醒时脑海里没有饥饿的感觉，所以以后看到食物会降低欲望。

● **养成被动的心理行为**：人类因有需求才会去谋取，因饿所以要吃，因冷所以要穿衣，因不了解所以要求知。心理行为模式就是这样逐步发展而成的。所以要养成宝宝主动觅食的习惯，而非被动给予。

鉴于以上的原因，在宝宝临睡时，妈妈不要给宝宝喂奶。

 ## 宝宝营养不良的症状

人们通常把消瘦、发育迟缓乃至贫血、缺钙等营养缺乏性疾病作为判断宝宝营养不良的指标。这一方法虽然可靠，但病情发展到这一步，宝宝的健康已经受到一定程度的损害，只能起到"亡羊补牢"的作用，这显然不是上策。

其实，宝宝营养状况滑坡，往往在疾病出现之前，就已有种种信号出现了。父母若能及时发现这些信号，并采取相应措施，就可将营养不良扼制在"萌芽"状态。专家的最新研究表明，以下信号特别值得父母们留心：

◇ 情绪变化

美国儿科医生的大量调查研究资料显示，当宝宝情绪不佳、发生异常变化时，应考虑体内某些营养素缺乏。

→宝宝郁郁寡欢、反应迟钝、表情麻木提示体内缺乏蛋白质与铁质，应多给宝宝吃一些富含铁、高蛋白质的食品。

→宝宝忧心忡忡、惊恐不安、失眠健忘，表明体内 B 族维生素不足，此时补充一些 B 族维生素丰富的食品大有益处。

→宝宝情绪多变，爱发脾气则与摄糖过多有关，医学上称为"嗜糖性精神烦躁症"。除了减少糖分摄入外，多安排点富含 B 族维生素的食物也是必要的。

→宝宝固执、胆小怕事，多因维生素 A、B 族维生素、维生素 C 及钙质摄取不足所致，所以应多吃一些富含这三类维生素的食物。

◇ 过度肥胖

我们通常将肥胖笼统地视为营养过剩。最新研究表明，营养过剩仅是部分"小胖墩儿"发胖的原因。另外一部分胖宝宝则是由于营养不良而发胖的。具体说来就是因挑食、偏食等不良饮食习惯，造成某些"微量营养素"摄入不足所致。"微量营养素"不足导致体内的脂肪不能正常代谢为热量散失，只得积存于腹部与皮下，宝宝自然就会体重超标。

因此，对于肥胖儿来说，除了减少高脂肪食物（如肉类）的摄取以及多运动外，还应增加食物品种，做到粗细粮、荤素食之间的合理搭配。

育儿 Q&A

宝宝大便干结，怎么办

Q：一转眼宝宝已经要满2个月了。他经常2～5天排大便1次，而且每次排便都非常费力。宝宝往往一边排便一边哭闹，排便结束之后才会停止哭闹，排出的大便通常很坚硬，有时还有肛裂的现象。不知道该怎么办？

A：2个月的宝宝经常发生便秘是很正常的事情，妈妈不用太担心，可以采取以下方法来帮助宝宝：在牛奶中添加5%～10%米汤；在两次喂奶之间，适量地喂一些果汁、菜水等；每次喂奶后，轻轻按摩宝宝的肠部。要注意，不要随便给宝宝吃泻药，实在要服用药物，可以在医生的嘱咐下口服石蜡油。给宝宝做宝宝操，也可帮助宝宝增加腹肌收缩力。

宝宝睡得正香，要不要叫醒宝宝喂奶

Q：该到宝宝吃奶的时候，宝宝仍然在睡觉，而且看上去睡得很香的样子。

想问一下，要不要叫醒宝宝给他喂奶？还是就让宝宝一直睡下去呢？

A：当然要叫醒宝宝给他喂奶。早产、体重低或稍弱的宝宝，觉醒能力差，如果一直让宝宝睡下去，有可能发生低血糖。所以，如果宝宝睡眠时间超过3小时仍然不醒，就要叫醒他，给他喂奶。如果宝宝仍然不吃，就要看看宝宝是否有其他异常情况，是否生病了。当然，如果是在后半夜，就不要主动去叫醒宝宝，除非时间超过6个小时宝宝一直都没有吃奶。

2个月吃油条，宝宝咳嗽近半月

Q：给1个多月的宝宝喂食了半根油条之后，宝宝经常出现剧烈咳嗽还吐了几次血性的液体。是不是这个时期的宝宝还不宜吃油条呢？

A：1个多月的宝宝，吞咽功能还不完善，父母应根据宝宝的年龄给予合理科学的喂养。一般来说，宝宝因吃瓜子、坚果类食物造成气管异物的事例比较多，但给1个多月的宝宝喂食油条造成气管异物的病例也时有发生，为避免出现不良后果，父母还是不要给宝宝吃油条。

 给1～2个月宝宝的食谱

1～2个月人工喂养的宝宝，可适当哺喂一些菜水和果汁。

鲜橙汁

• 原料：新鲜橙子1只，绵白糖5克。

• 制作方法：将橙子洗净，横切成两半，放在挤果汁器上压出果汁，再加入2倍的温开水，放入绵白糖调匀，即可饮用。

• 功效：橙汁含有丰富的维生素C、维生素B$_1$、维生素B$_2$、铁、钙、磷、尼克酸等，有利于宝宝补充乳类的维生素不足，可促进消化，增加抵抗力。

西红柿苹果汁

• 原料：西红柿1个，苹果1个，白糖5克。

● 制作方法：将西红柿用水煮开约2~3分钟，剥去皮，用消毒纱布把汁挤出。另将苹果削皮切成块状，用榨汁机榨汁，取苹果汁兑入西红柿汁中，再将白糖加入，用温开水1倍量冲调饮用。

● 功效：西红柿、苹果含有丰富的维生素C、维生素B_1、维生素B_2等，还含有钙、铁、铜、碘等矿物质。西红柿所含的西红柿红素有抗氧化作用，对宝宝生长发育非常有益。

胡萝卜菠萝汁

● 原料：胡萝卜1个，菠萝半个，白糖5克，食盐少许。

● 制作方法：将菠萝去皮切成小块用淡盐水浸泡1小时取出，用榨果汁机榨汁备用。将胡萝卜放入炖锅内，加水煮沸，再用小火煮15分钟后用纱布过滤，其汁兑入菠萝汁中加糖及1倍温开水调匀饮用。

● 功效：菠萝清香味酸甜，可去除胡萝卜的特殊气味。菠萝还含有大量有机酸和菠萝蛋白酶，有助于宝宝消化。胡萝卜含有大量胡萝卜素，可促进上皮组织生长，增强视网膜的感光力。

2~3个月：大脑发育的黄金期

2~3个月的宝宝，生长发育迅速，食量增加，是脑细胞发育的第二个高峰期，也是身体生长发育的高峰期。此时应该根据母乳的质和量来决定喂养方式，可以给宝宝适当添加一些果汁、菜水、少量果泥等以补充营养及维生素。

 2~3个月宝宝的发育状况

	男宝宝	女宝宝
体重	平均6.9千克（5.4~8.5）	平均6.4千克（5.0~7.8）
身长	平均63.0厘米（58.4~67.6）	平均61.6厘米（57.2~66.0）
头围	平均41.0厘米（38.4~43.6）	平均40.1厘米（37.7~42.5）
胸围	平均41.4厘米（37.4~43.5）	平均39.6厘米（36.5~42.7）
身体特征	眼睛变得有神，能有目的地看东西；脸部皮肤变得干净，乳痂消退，湿疹减轻；肢体活动频繁，力量增大，学会了踢被子；几乎可以自己竖头，俯卧位时能够用两前臂把头支撑起来；带把的小玩具放到宝宝手中，能够抓住，但还不会主动张开手指。	
智力特征	笑的时候更多，见到妈妈会很着急，会做出积极的响应，并且会用两上肢上伸，做出要妈妈抱的样子；喝牛奶的宝宝，见到奶瓶会表现出很兴奋的样子；对外界的反应更加强烈，喜欢到亮的地方，如果被抱到室外，会非常高兴。	

明星营养素

这个月的宝宝不仅身体的生长发育特别迅速，而且大脑的发育也进入了第2个高峰期，宝宝大脑的发育与智力发育的高低有着密切的关系，因此一定要保证各种营养素的充足摄取，特别是以下两种营养素的摄取。

维生素 C

维生素 C 又称抗坏血酸，属于水溶性维生素，容易从体内流失，必须每天从富含维生素 C 的物品中摄取来满足身体的需要。在所有的维生素中，维生素 C 是人体每天需要量最多的维生素，因为维生素 C 比其他维生素和矿物质更多地参与人体各种机能。其主要作用有：生成胶原蛋白，促进微血管健康，帮助铁的吸收，防治坏血病，增加免疫力，预防心血管疾病等。

维生素 C 主要来源于新鲜蔬菜和水果，因为宝宝不能直接食用蔬菜，所以容易造成维生素 C 的缺乏。一般每 100 毫升母乳含维生素 C 2～6 毫克，但牛奶中维生素 C 含量较少，经过加热煮沸，又会被破坏一部分，就所剩无几了。所以，要注意给宝宝添加一些绿叶菜汁、西红柿汁、橘子汁和鲜水果泥等，这些食物中都含有较丰富的维生素 C。维生素 C 在接触氧、高温、碱或铜器时，容易被破坏，因而给宝宝制作这些食品要用新鲜水果和蔬菜，现做现食，既要注意卫生，又要避免过多地破坏维生素 C。

B 族维生素

B 族维生素由多种水溶性维生素所组成，包括：维生素 B_1、维生素 B_2、维生素 B_6、叶酸等，它们无法储存于体内，大多随尿液排出体外，也容易随着食品加工的过程而流失。虽然 B 族维生素不像其他维生素容易在体内保

留，可它却能帮助宝宝智力发育，能让热量代谢顺畅，促使神经系统传导正常。

如果宝宝缺乏 B 族维生素，会造成神经系统功能紊乱，宝宝会出现厌食、烦躁或注意力不集中等问题，当摄入严重不足时，会引起精神障碍、易烦躁、思想不集中、难以保持精神安定等问题。

食物中肝脏称得上是 B 族维生素的宝库，全谷类、酵母、酸酪、小麦胚芽、豆类、牛奶、肉类等也都是重要的 B 族维生素来源。

 喂养特点

宝宝在 2~3 个月时，生长发育迅速，食量增加，是脑细胞发育的第二个高峰期，也是身体生长发育的高峰期，在喂养的时候要注意：

 母乳喂养

如果妈妈母乳充足，应继续坚持母乳喂养，但需适当延长喂奶间隔，每 3 个小时喂一次；夜里间隔一次，停喂 6 个小时，每天保持 7 次，这样做对母子都有利。此时，不但要注意宝宝奶量的多少，还要注意妈妈母乳的质量。妈妈在此时应加强饮食营养，以提高母乳的质量。

 混合喂养

如果在哺乳时，妈妈发现宝宝很少吞咽或突然放弃乳头而啼哭，宝宝体重停滞增长或增长缓慢，大便量少，小便不足 6 次等，应考虑母乳量是否存在不足，是否需要选择混合的方式喂养宝宝。

 人工喂养

从本月开始选择人工喂养的方式喂养宝宝的家庭，在选择代乳品时应根据习惯和生活条件选择。由于宝宝的活动量、食量各不相同，因此喂奶的量要根据宝宝的具体情况而定，不能强求。通常3个月以下的宝宝，每天需乳量不应超过1000毫升，根据宝宝月龄每天可分5~10次喂哺。

🌸 辅食喂养

如果宝宝能够适应蔬菜水和鲜果汁，可在两次喂奶中间添加少量鲜果汁或蔬菜水，添加时要注意从单一品种、少量开始，在宝宝逐渐适应后才可继续。

人工喂养的宝宝在两餐之间应适当地补充水，但不能用奶瓶给宝宝喂水，应用小勺、小杯或滴管给宝宝喂水。

喂养注意事项

🌸 人工喂养宝宝有高招

2~3个月的宝宝在人工喂养的时候，可能会出现各种各样的问题，这个时候妈妈可以借鉴以下方法：

◇ 添加牛奶*的依据

判断母乳是否充足，最好是根据宝宝体重增长的情况来判断。如果宝宝一周的体重增长低于200克，那么就可能是母乳量不足了，妈妈就需要考虑给宝宝添加一次牛奶了，一般在下午4：00~5：00给宝宝喂一次牛奶，具体加多少，可根据宝宝的需要。

---

* 此处的牛奶是对配方奶粉冲配的配方奶、鲜牛奶调配的牛奶等给宝宝食用的代乳品的总称。以下用法同，不再另做解释。

具体办法是：可以先给宝宝准备150毫升。如果宝宝一次都喝完了，而且好像还不饱，下次就可以冲180毫升；如果喝不了，再减下去，但最多不要超过180毫升。如果宝宝一次喝得过多，就会影响下次母乳的喂养，还有可能会引起消化不良。如果宝宝不再半夜起来哭了，或者不再闹人了，体重每天增加30克以上，或一周增加200克以上，就可以一直这样加下去。如果宝宝仍然饿得直哭，夜里醒的次数增加，体重增长不理想，那就可以一天加2~3次，但不要过量。给宝宝过量添加牛奶，会影响宝宝对母乳的摄入。

◇ 让宝宝接受橡皮奶头或奶粉

3个月以后的宝宝，不接受橡皮奶头或牛奶的情况比较多见。为了避免宝宝不吃奶瓶，不喝牛奶，妈妈有必要提前锻炼宝宝习惯吸橡皮奶头。如果妈妈的母乳充足，就可以用奶瓶给宝宝喂一点水或果汁，也可偶尔给宝宝吃牛奶，让宝宝熟悉牛奶的味道。

◇ 不要想方设法地给宝宝喂牛奶

有的宝宝一开始很爱吃牛奶，突然有一天就不喜欢吃牛奶了。这时，有的妈妈就爱和宝宝较劲，宝宝不吃牛奶，就不给宝宝喂母乳，以为宝宝饿了，就会吃牛奶了。这种做法是没有用的，宝宝照样会不吃。还有的妈妈等到宝宝睡得迷迷糊糊的时候，把奶瓶塞进宝宝嘴里，结果宝宝吸了起来。可是，等到宝宝醒了，就会更加不喜欢吃牛奶了。

◇ 宝宝对母乳不感兴趣，怎么办

有些宝宝，当妈妈给宝宝添加牛奶后，宝宝就喜欢上了牛奶。因为奶瓶的奶嘴孔大，吸吮很省力，吃得痛快。而母乳流出比较慢，吃起来比较费力。宝宝对母乳不感兴趣了，而对牛奶表现出了极大的兴趣。这时，妈妈不要随宝宝的兴趣，因为如果不断增加宝宝的牛奶量，母乳分泌就会减少。在产后2~3个月母乳的营养成分一般都大于牛奶，妈妈应该在给宝宝喂食的时候先给宝宝吃母乳，并且要限制宝宝的牛奶量。

 喂宝宝菜水有技巧

3个月大的宝宝还没有长牙，消化功能不成熟，妈妈可以给宝宝喂一些菜水。

具体做法是：先将200毫升的水烧开，再将洗净切碎的嫩青菜叶约100克左右放入沸水中，待再次煮沸后，离火带盖静置一会儿，稍凉后弃渣留水即成。可加少许白糖（浓度低于5%）。注意即做即吃，因为菜水中维生素C的性质极不稳定，遇空气很容易被氧化受到破坏。

同时，妈妈一定要注意，为了防止宝宝亚硝酸盐中毒，一定不要将过夜的菜水喂给宝宝。妈妈可以在两次喂奶之间给宝宝喂菜水，每次50～60毫升，每天1～2次。随着宝宝年龄的增加可以逐渐增量到每次100毫升左右。

妈妈特别要注意不要用奶瓶给宝宝喂菜水（宝宝吸奶瓶较吸母乳容易），以免造成宝宝吸奶无力。

 如何给宝宝喂果汁

宝宝2个多月后，妈妈就可以给他们喂果汁了。果汁可以给宝宝补充维生素C，同时对宝宝的大便有着独特的作用。

如果宝宝有轻微腹泻，可喂一些西红柿或苹果汁，这两种水果有使大便变硬的功能；如果宝宝有些便秘，可喂一些柑橘、西瓜、桃子等果汁，因为这些水果有使大便变软的功能。给宝宝喂果汁，可使他习惯各种口味，习惯用匙子吃东西。

• 果汁的做法：将手、水果及各种工具洗干净，将苹果、梨、桃等捣碎，葡萄、草莓、樱桃保持原样，西红柿、西瓜等切成小块，柑橘等可切成小圆圈，或捣或挤压，最后将果汁过滤出来即可。

• 果汁的喂法：妈妈刚开始给宝宝喂果汁的时候，应将果汁用凉开水稀释1倍，第1天每次只喂1汤匙，第2天每次3汤匙，然后逐渐增加，1天喂3

0～1岁宝宝喂养同步方案

★ **育儿小·贴士**　　什么情况下要中止给宝宝喂果汁

宝宝腹泻时要中止给宝宝喂果汁。喂果汁以后大便会发绿或发黑，只要宝宝情绪好精神好，这种变化就是正常现象，因为果汁能使大便变成酸性，故而发绿；吃了苹果汁后大便会发黑，妈妈不要误以为宝宝生病了。如果宝宝因为吃果汁而不好好吃奶，妈妈应酌情减少果汁量，必要时不要再给宝宝吃了。

次，每次 30 ~ 50 毫升。注意不要在宝宝吃奶前后喂，可以在洗澡、日光浴、户外活动以后喂。如果宝宝不愿意吃或吃进去就吐，可以过一段时间再尝试慢慢喂宝宝。如果宝宝实在不吃，也不要勉强宝宝。

 宝宝米粉不能"当饭吃"

米粉，顾名思义就是以大米为主要原料制成的食品。其主要成分包括：碳水化合物、蛋白质、脂肪和 B 族维生素等。宝宝在生长阶段，最需要的就是蛋白质，米粉中含有的蛋白质不但质量不好，而且含量少，不能满足宝宝生长发育的需要。

如果只用米粉类食物代替乳类喂养宝宝，宝宝就会出现蛋白质缺乏症。具体表现有：宝宝生长发育迟缓，神经系统、血液系统和肌肉成长受到影响，抵抗力下降，免疫球蛋白不足，并且还容易生病。

长期用米粉喂养的宝宝，身高增长缓慢，但体重并不一定减少，反而又白又胖，皮肤被摄入过多的糖类转化成的脂肪充实得紧绷绷的，医学上称为"泥膏样"。这些宝宝常患有贫血、佝偻病，易感染支气管炎、肺炎等疾病。

宝宝 3 个月以后可以适当食用米粉类食品，但不能只用米粉喂养。可以与牛奶混合喂养，但在喂养的时候也应以牛奶为主，米粉为辅。

 3 个月的宝宝忌食味精

有些妈妈为了激发宝宝的食欲，在宝宝的饭菜中加入了一些味精，以为这样就会增加食物的美味，但这种做法常常会适得其反，甚至会造成宝宝厌食。

一般来说，12周以内的宝宝，如果妈妈吃了过量的味精，乳汁中就会使谷氨酸钠进入宝宝体内。谷氨酸钠对宝宝生长发育有不良影响，它能同宝宝血液中的锌发生特异性结合，生成不能被机体吸收的谷氨酸锌，随尿排出体外，导致宝宝缺锌，进而造成宝宝味觉变差、智力减退、厌食、生长发育迟缓及性晚熟等。因此，3个月的宝宝应忌食味精。母乳喂养的妈妈也应少食味精。

不要过早给宝宝吃固体食品

教会宝宝吃东西是宝宝成长过程中一个重要的里程碑。当时机对的时候，宝宝就会自然而然地学会，当然，这也需要妈妈从旁帮助。当然，让宝宝逐步学会吃一些宝宝早期的食品，能够帮他们补充营养和提高健康。

妈妈在开始为宝宝添加其他食品之前，要谨记：慢慢从流质食品转到非流质的食品。在3个月前，如果宝宝只吃牛奶和一些营养食品，妈妈用勺子给宝宝喂其他东西吃的时候，他硬是把勺子拔出来、紧闭嘴唇、不肯吃，妈妈也不要勉强他，他可能还没有准备好吃固体食品。即使当宝宝准备好要吃固体食品，他也需要时间慢慢去适应新的食品。

当妈妈首次给宝宝吃以前从未吃过的食物时，喂1～2勺就足够了，让宝宝尝试一下新的东西究竟是什么味道，让他觉得吃这种东西是有趣的。

给宝宝吃固体食品的最佳时期是4～6个月。有时候，即使迟一点也是没有问题的。但是，不要过早地给宝宝吃固体食品，这是因为：如果给宝宝喂固体食物，他自然的反应是把舌头顶出来，就可能导致他第一次吃硬物的经验并不是很好，而当宝宝到4～6个月的时候，吐舌反射会渐渐消失。

判断宝宝是否缺钙

宝宝身体内缺钙的主要原因是缺乏维生素D，维生素D可以促进钙的吸收和利用。当宝宝体内维生素D不足时，钙的吸收就会减少，就会影响宝宝骨骼

的生长发育，甚至有患佝偻病的危险。

判断宝宝是否缺钙，可从以下几个方面观察：

● 出汗：缺少维生素 D 会使宝宝出现与室温、季节无关的多汗，宝宝出汗多在入睡后的后半夜，多为头部出汗。宝宝因汗多而头痒，躺着时喜欢磨头止痒，时间久了，后脑勺处的头发被磨光了，就形成枕秃圈（医学上称环形脱发）。

● 精神烦躁：宝宝烦躁磨人、不听话、爱哭闹，对周围环境不感兴趣，不如以往活泼、脾气怪等。

● 睡眠不安：宝宝不易入睡，易惊醒、夜惊、早醒，醒后哭闹难止。

● 骨骼异常表现：方颅、肋缘外翻、胸部肋骨上有像算盘珠子一样的隆起，医学上称作"肋骨串珠"；胸骨前凸或下缘内陷，医学上称作"鸡胸"和"漏斗胸"。当宝宝站立或行走时，由于骨头较软，身体的重力使宝宝的两腿向内或向外弯曲，就是所谓的"X"形腿或"O"形腿。

● 免疫力变差：宝宝容易发生上呼吸道感染、肺炎、腹泻等疾病。

给宝宝科学补钙

钙是医学中最常谈到的营养素，它对发育中的宝宝起着非常重要的作用，钙是人体含量最多的矿物质，人体骨骼需要钙来发育及增强。

◇ 婴儿期应多摄取钙

由于人体中的钙大部分都是存在于骨头及牙齿之中，一旦钙质不足，骨头就会变得易碎且不够坚固，易产生骨折现象。骨质疏松症虽是成人疾病，但发生原因可远溯至童年及青少年期的钙质摄取不足，所以婴儿期应尽可能多地摄取钙质，才能保存骨钙。

◇ 牙齿发育也需要钙

足够的钙可保持宝宝的牙齿及牙龈的健康，并减少日后蛀牙的机会。除了骨骼及牙齿外，还有剩余 1% 的钙质分散于各种软组织和体液中，这些钙质在成人体内虽不超过 10 克，却担负着极重要的作用，这些钙与神经传导、肌肉兴奋与收缩、血液凝固等作用息息相关。因此，人的生命中不能缺钙。

◇ 钙质的食物来源

鲜乳是钙质的最佳来源，除了牛奶之外，一些特别针对宝宝设计的含钙饮料也是宝宝摄取钙质的极佳来源。

◇ "喝" 足钙质小秘诀

• 鼓励宝宝多喝富含钙质的饮料，如：鲜奶、酸奶、添加钙的饮料等。因为饮料是宝宝接受度最高的高钙食品。

• 选择蔬菜时，妈妈每天应挑选 1 ~ 2 种含钙量高的蔬菜，如：小白菜、油菜、西蓝花等深绿色蔬菜等，制作菜水。

• 苹果中含有丰富的钙及维生素，妈妈应让宝宝多吃苹果泥、多喝苹果汁。

育儿小·贴士   "白补锌晚补钙" 最科学

宝宝补钙要根据具体情况而定。一般来说，宝宝只要不偏食，且日常饮食营养均衡，一般不需要额外补锌。

但对于生长发育快的宝宝，对钙、铁、锌的需要量会不断增加，于是很多妈妈为了图方便，就把钙锌放在一起补。钙和锌的吸收原理很相似，同时补充容易使两者产生 "竞争"，互相受到制约。因此，这两种微量元素最好分开补。

在补锌时，除了要和钙制剂分开外，也要和富含钙的牛奶和虾皮等分开。补充这两种微量元素的顺序最好是 "先锌后钙"，白天补锌，晚上补钙，这样吸收效果更好。

0～1岁育儿营养全方案

 育儿 Q&A

宝宝睡觉易惊醒是缺钙吗

Q：我家的宝宝3个半月了，在白天睡觉的时候很容易被声音惊醒。夜里睡觉比较沉，但有惊吓、扭动、尖叫的情况。请问，这样的情况是不是缺钙？2个半月的宝宝应该如何补钙呢？

A：一般宝宝是要补钙的。宝宝睡觉的情况要具体讨论，是不是大人也容易被惊醒；房间的住房、光线情况也很重要。首先要排除环境的因素，然后再看宝宝的身体状况的原因。

若宝宝3个月的时候缺钙，也是初期缺钙，妈妈不用太紧张。在3个月以内，可以在医生指导下给宝宝每天补一点鱼肝油。母乳喂养的宝宝，还可以加一点钙片。只要方法得当，宝宝缺钙初期是可以弥补过来的。

3个月宝宝可以喝蔬菜水吗

Q：我家的宝宝3个月16天了，从出生起一直牛奶喂养，两顿奶之间喝水。最近宝宝喝水越来越多，几乎和宝宝喝奶的量差不多，大概800～900毫升，尿和汗也特别多。有的人说喝水多会造成肾的负担，所以现在我给宝宝喝蔬菜水，不知道这种做法对不对？

A：宝宝3个月16天，宝宝每天的奶量应该在1000毫升左右。宝宝如果是男孩，这个奶量就稍微少了些，如果是女孩奶量已经够了。宝宝现在水喝得多，可能是因为天气热了。但是水多了，不会增加肾的负担，只要有尿，肾脏就不会增加太大的负担，水可以利尿、利肾，解决肾功能代偿的问题。2个月以上的宝宝，完全可以喝蔬菜水了，比如：菠菜水、胡萝卜水、芹菜水、芥兰水等。

第二篇

给 2~3 个月宝宝的食谱

苹果汁

● 原料：苹果。

● 制作方法：选用熟透的苹果洗净之后切成两半，将苹果皮、核去掉，用擦菜板擦好，用纱布挤出汁液。

● 功效：苹果汁含有碳水化合物、蛋白质、脂肪、多种矿物质、维生素和微量元素，可补充人体足够的营养。

糖水樱桃

● 原料：熟透的樱桃 100 克。

● 制法方法：将樱桃洗净，去把，掏核，放入锅内，加入水 50 克，用小火煮 15 分钟左右，煮烂备用。然后将锅中樱桃搅烂，将水倒入小杯中，晾凉后喂食。

● 功效：此食品酸甜适口，色泽鲜红，含有丰富的铁、钙、胡萝卜素、B族维生素和维生素 C 等多种营养素。

胡萝卜汁

● 原料：胡萝卜、温开水。

● 制作方法：取新鲜的胡萝卜洗净，削去外皮，再用开水烫洗一下，切成小块。把切好的胡萝卜块放进榨汁机中榨取汁液。往胡萝卜汁里加适量的温开水稀释一下，即可倒入奶瓶摇匀后喂食宝宝。

● 功效：往胡萝卜汁里加些水稀释，是为了防止宝宝有肠胃不适的反应，等其慢慢适应后，再以原汁给宝宝喝，给宝宝适当喂一点果菜汁，对他的健康发育和情绪调节有很好的作用，会让宝宝更开心。

油菜汁

● 原料：油菜。

● 制作方法：嫩油菜洗干净，挑取嫩的部分切成小段。将锅内加水，菜与水的比例是 1:3，烧开后放入油菜段，煮 5～7 分钟。滤去油菜渣，倒出菜水，装入奶瓶即可。

● 功效：油菜的营养价值很高，其中钙、磷、钾等矿物质含量丰富，是绝对安全的食物，也不用担心过敏。给宝宝喂食菜水有利于其身体的发育和肌肤的水嫩，特别是帮助上皮组织的发育。

西红柿汁

● 原料：西红柿 1 个、白糖 10 克、适量温开水。

● 制作方法：将成熟的新鲜西红柿洗净，用开水烫软后去皮切碎，再用清洁的双层纱布包好，把西红柿汁挤入小盆内。取西红柿汁，将白糖放入汁中，再用适量温开水冲调后即可。

● 功效：西红柿汁可以补充胡萝卜素、维生素 B_1、维生素 B_2、维生素 C、维生素 P、钙、磷、铁等物质。

3～4个月：为宝宝初加辅食

3～4个月的宝宝消化器官及消化机能逐渐完善，而且活动量增加，消耗的热量也增多，因此就需要给宝宝增加喂奶量和添加其他辅食了。如果妈妈准备重返职场，应从现在开始调整宝宝喂养习惯。同时妈妈要注意，重返职场并不意味着一定要断奶。

3～4个月宝宝的发育状况

	男宝宝	女宝宝
体重	平均7.5千克（5.9～9.1）	平均7.0千克（5.5～8.5）
身长	平均65.1厘米（59.7～69.5）	平均63.4厘米（58.6～68.2）
头围	平均42.1厘米（39.7～44.5）	平均41.2厘米（38.8～43.6）
胸围	平均42.3厘米（38.3～46.3）	平均41.1厘米（37.3～44.9）
身体特征	头能够随自己的意愿转来转去，眼睛随头的转动而左顾右盼；妈妈扶着腋下和髋部时，能够坐着；趴在床上时，头已经可以稳稳当当地抬起，下颌和肩部可以离开床面，前半身可以由两臂支撑起来。	
智力特征	逗笑时，会非常高兴并发出欢快的笑声；开始对颜色产生分辨能力，对黄色最为敏感，其次是红色，见到这两种颜色的玩具很快能产生反应，对其他颜色反应要慢一些；已经认识奶瓶了，一看到大人拿着奶瓶就知道要吃饭或喝水，会非常安静地等待着；在听觉上，已具有一定的辨别方向的能力，听到声音后，头能顺着响声转动180度。	

 明星营养素

这个月的宝宝要注意补充铁、硒、锌，除了果汁和新鲜蔬菜以外，还可以用菜泥来代替菜水，以锻炼宝宝的消化功能。

 铁

宝宝出生4个月开始，体内储备的铁逐渐用尽，而母乳或牛奶中的铁又不能满足宝宝的营养需求，所以就需要及时给宝宝补铁，以防宝宝患缺铁性贫血。而且，如果宝宝机体缺少运输氧气的铁，机体将无法产生足够的热量，很容易感到寒冷。因此要在辅食中注意增补含铁量高的食物，如：蛋黄等。

 硒

硒是维持人体健康的必需矿物质元素。硒可以抵抗自由基、提高免疫力，保护宝宝抵御外来有害物质，还可以提高宝宝的视力。如果宝宝出现缺硒的情况，应该注意摄入含硒的食物，如：动物内脏、虾、蛋黄、海带、香菇、木耳、瘦肉等。

锌

锌是维持人体生命必需的微量元素之一，锌对宝宝的生长发育、智力发育起着重要的作用。缺锌的宝宝普遍存在食欲不好，爱吃奇怪的东西（如：生米、墙皮、泥土等）等症状，比同龄的宝宝长得矮，特别容易生病，如：经常感冒发烧，反复呼吸道感染等。

在饮食上给宝宝补充富含锌的食物，是最安全的补锌方法。因为，人体可自行调节过多的锌，不致造成锌中毒。生活中，保证宝宝摄入丰富而均衡的营养；食谱安排上注意多样化，多给宝宝吃富含锌的食物，这样就可避免宝宝缺锌。含锌较多的多为动物类食物，如：牡蛎、瘦肉、猪肝、鱼类、鸡蛋等。此外，植物类食物中的黄豆、玉米、小米、扁豆、土豆、南瓜、白菜、萝卜、蘑菇、茄子、核桃、松子、橙子、柠檬等，也含有较多的锌。妈妈可以为宝宝选择适合的食物。

 喂养特点

宝宝到了 3 个月后，消化器官及消化机能逐渐完善，而且活动量增加，消耗的热量也增多，因此就需要给宝宝增加喂奶量和添加其他辅食了。尤其是对于此时不肯吃母乳的宝宝，如果不及时添加辅食，可能会使宝宝出现体重增加缓慢或停滞的现象，从而导致营养不良。

 母乳喂养

对于 3 ~ 4 个月的宝宝仍主张坚持母乳喂养，母乳喂养的宝宝此时还不宜给宝宝增加其他代乳辅食。至于母乳的量是否能满足宝宝的需要，仍然可以用称体重的方法来衡量。如果体重每天能增加 20 克左右，10 天称 1 次，每次增加 200 克，说明母乳喂养可以继续，不需加其他代乳品。当宝宝体重平均每天增加小于 10 克时，或夜间经常因饥饿而哭闹时，就可以再增加一次哺乳。一般情况下，在这个月中宝宝吃奶的次数是规律的，除夜间以外，白天只喂 5 次，每次间隔 4 小时，夜间只喂 1 次母乳即可。

混合喂养

由于此时很多职业妈妈准备重返职场，如何在上班后喂养宝宝成为妈妈们需要特别考虑的问题。职业女性如何一边坚持工作，一边坚持母乳喂养一直是

一个难以解决的问题。职场条件允许的妈妈可以在上班时将奶挤出保存好带回家给宝宝吃。如果条件不允许，妈妈可在回家后坚持母乳喂养，上班时采用人工喂养。但要注意每天哺乳次数不应少于3次。

 人工喂养

人工喂养的宝宝每次的食用量约为200毫升，1天喂5次。如果每天喂6次，则每次的量以180毫升较为适宜，不得超过200毫升。每天的总奶量保持在1000毫升以内，如果超过1000毫升容易使宝宝发生肥胖，有时还会导致宝宝厌食牛奶。宝宝一旦出现这种情况，妈妈不要着急，可试试换一种奶粉，或把牛奶冲淡一些，或把牛奶晾凉些再喂，也可以另换一个奶嘴试试。

 辅食喂养

3~4个月的宝宝除了吃奶以外，要逐渐增加半流质的食物，为以后吃固体食物做准备。宝宝随年龄增长，胃里分泌的消化酶类增多，可以食用一些淀粉类半流质食物，先从1~2匙开始，以后逐渐增加，宝宝不爱吃，妈妈就不要喂，千万不能勉强。妈妈可以给宝宝适当地增加蛋黄、菜泥、胡萝卜泥、果酱等辅食，以补充维生素A、B族维生素、维生素C、维生素D及无机盐等，并可开始用匙给宝宝喂食。

 喂养注意事项

 给宝宝正确补铁

营养的补充最好通过饮食补给，食补是最为天然、安全的方法。而铁元素最合理、安全的来源就是天然的食物。

◇ 食物选择

尽可能选择含铁丰富的食物，如：动物肝脏、精肉、鱼、鸭血、蘑菇、菠菜、蛋黄、黑木耳、大枣、乳类及豆制品等。

◇ 烹调选择

最好使用铁锅、铁铲，尽量避免煎烤，多采用炖、煮、炒等方法，多补充汤水，御寒同时，抵抗干燥。

◇ 补铁误区

误区 1：蛋黄铁质足够补给

鸡蛋虽然含铁，但其中某些蛋白质反而会抑制铁的吸入，所以要适量进食，每天 1～2 个即可。

误区 2：水果维生素 C 不利补铁

其实果蔬里的有机酸会与铁结合，更加有助于铁质的吸收。

让宝宝爱上吃辅食

辅食的添加会给宝宝带来很多的营养成分，可是有些宝宝却拒绝吃辅食。如何使宝宝喜欢上吃辅食呢？可以借鉴以下方法：

◇ 给宝宝做好吃的辅食

• 品尝各种新口味：常常吃同一种食物，会让宝宝倒胃口。饮食有变化，才能刺激宝宝的食欲。妈妈可以在宝宝原本喜欢吃的食物中，加入新的材料，分量和种类均由少而多，这样便可增加食物摄取的种类，同时找出更多宝宝喜欢吃的食物。

• 改变烹调的方法：宝宝讨厌某种食物，有时不在于食物的味道，而是烹调的方法。如宝宝长牙之后喜欢有咬嚼感的食物，色彩鲜艳的食物可促进宝宝

的食欲，太冷或太热的食物也会使宝宝感觉害怕。此外，食物的切割方式也应容易让宝宝入口，形状也必须经常变化。

● **注意食物的质与量**：点心的分量不可太多，吃的时间不能与吃奶相距太近，以免奶吃不下。妈妈要为宝宝选择营养价值高的食物。

● **学会食物代换原则**：如果宝宝真的不喜欢某些食物，就试着找出营养成分相似的替换食物。对宝宝而言，辅食是新鲜的东西，目前不接受的食物以后可能会接受，因此妈妈要有耐心多尝试一些，只要宝宝健康，且生长发育正常，即使有时吃得少一点也无须担心，只要顺其自然就好了。

◇ **给宝宝正确地喂辅食**

● **示范如何咀嚼食物**：当宝宝将食物用舌头往外推时，妈妈可以示范给宝宝看，如何咀嚼食物然后吞下去。妈妈不妨多做几次，让宝宝有更多的学习机会。

● **不要喂得太多或太快**：妈妈应按照宝宝的食量来喂，喂的速度不要太快，喂完食物后，应让宝宝休息一下，不要让宝宝做剧烈的运动。

● **从一勺开始**：每添加一种新食物都要从一勺开始。可用小勺舀一点食物，轻轻放入宝宝舌中部，待宝宝吞咽完后再舀第 2 勺。

● **不可强迫宝宝吃辅食**：添加一些辅助食品对宝宝牙齿的萌发、肠胃功能锻炼是有好处的，但是如果强迫宝宝吃他不喜欢的辅食会给以后添加辅食增加难度。

● **形成愉快的进食气氛**：在喂宝宝辅食的时候，妈妈要用亲切的态度和欢乐的情绪感染宝宝，从而使宝宝乐于接受辅食。

◇ **给宝宝添辅食的注意事项**

● **时间安排**：若宝宝不愿意吃辅食，可在每次喂奶前，先给辅食，再喂奶。宝宝适应辅食后，可先喂奶，再补给辅食。可先在傍晚一次喂奶后喂淀粉类食物，以后逐渐减少这一次喂奶的时间而增加辅食的量，直到完全由辅食代替，然后在午间依此法进行。

● 隔一段时间再尝：如果宝宝对某一项食物感到讨厌，可能只是暂时性不喜欢，可以试着隔一段时间再让他吃吃看。

● 观察大便：宝宝吃辅食前几天，可能会将新加食物从大便中原样排出，此时不可加量，待宝宝大便正常后，即可增量。

❀ 给宝宝添加泥糊状辅食的原则

宝宝每吃一种新食物，都可能会有一些不习惯，而且他们的消化和吸收功能尚未成熟，容易出现功能紊乱。

因此添加泥糊状辅食要遵循以下原则：

● 按一定顺序，从少量渐进：添加米、面类食品可先从每天 1 次加起，每次 1 ~ 2 小勺；宝宝适应后可增至 2 ~ 3 次。蛋黄开始只吃 1/4 个，3 ~ 4 天后没有不良反应，可增至 1/3 个，再渐增至 1/2 个，直至 1 个。

● 从稀到稠：宝宝的食物要逐渐增加稠度。

● 从细到粗：开始时可从青菜汁加起，逐渐加到菜泥再到碎菜，以适应宝宝的吞咽和咀嚼能力。

★ 育儿小·贴士　　　　　宝宝忌食冷饮

在炎热的夏天，当宝宝看到大人在吃雪糕、冰激凌等冷饮的时候肯定会眼馋，这个时候妈妈可能会让宝宝舔一下或者吃一小口来满足好奇心，其实婴儿期宝宝是不能吃冷饮的。

宝宝因胃肠道发育尚不健全，对冷饮的刺激极为敏感，会引发腹泻、腹痛、咽痛、咳嗽等病症，还会诱发扁桃体炎、咽炎等。6个月以内的婴儿，更应禁食冷饮。

夏季温度高，细菌滋生快，喂养宝宝更要严防"病从口入"，为了宝宝的健康，妈妈最好不要让宝宝对冷饮产生好奇心。

❀ 宝宝辅食添加第一步

对需要添加辅食的宝宝来说，宝宝米粉相当于成人的主粮，它的主要营养成分碳水化合物，是人体所需能量的主要来源。

◇ 自制米粉易缺营养

有些妈妈认为亲手给宝宝做的辅食才最放心，就尝试给宝宝做米粉，可是从营养和安全的角度来说，自制米粉有可能存在一定的问题：

• 配方米粉中强化了宝宝所需的各种维生素和矿物质，营养更全面；而自制米粉成分单一，蛋白质等营养成分的供应可能跟不上。

• 宝宝所吃的米粉必须经过很好的均质处理，才能保证消化吸收。如果自制米粉磨得不均匀，反而不利于消化。

• 自制米粉口味较为单一，宝宝容易厌倦。

◇ 宝宝营养米粉的分类

宝宝营养米粉主要分为宝宝配方粉、宝宝补充谷粉、宝宝辅助食品、宝宝补充食品等几大类：

• 宝宝配方粉：适于0～12个月宝宝食用的食品，能满足0～6个月正常宝宝生长发育的需要。

• 宝宝补充谷粉：是适合4个月以上的宝宝食用的补充食品，如作为主食易导致宝宝营养不良，但是很多补充谷粉内不含有被称为"聪明元素"的碘，如果父母不注意给宝宝另外添加碘的话，可能导致宝宝碘缺乏。

• 宝宝辅助食品和宝宝补充食品：是为4个月以上的宝宝生产的食品，二者的不同在于前者营养素含量全面，能满足宝宝生长发育的需要，而后者只能作为补充食品，可以在宝宝缺乏某种营养素或变换口味时有针对性地选择。

◇ 选择米粉的妙招

• 在选择宝宝营养米粉时，要注意看清包装上标示的食品类别，也可以将营养素含量进行比较，以便挑选适合宝宝食用的品种。

• 留意米粉是否为独立包装，因为独立包装不仅容易计量、估计宝宝每次的用量，而且更加卫生，不易受潮。

• 选择与宝宝月龄相适应的宝宝营养米粉。

● 选择品牌产品，这些产品售后服务好，质量有保证。

● 有些宝宝对乳糖过敏或对牛奶蛋白过敏，妈妈在选购时应特别留意配料表中是否含有牛奶。

米糊调制的方法

给宝宝添加辅食时，除了稀释的蔬菜汤或果汁外，用宝宝米粉调制的米粉糊是最佳的选择。因为此时宝宝的味觉系统渐渐发展成熟，唾液淀粉酶也可以开始消化淀粉类的食物。

那为什么要从米粉开始添加呢？因为米粉要比麦粉更容易被人消化、吸收，而且麦类制品中，含有容易引起宝宝过敏的氨基酸。所以为了避免引发宝宝的过敏恶性循环体质，最好由米粉作为开始添加的辅食为宜。

一般米糊的调制方法有以下两种：

米粉加水

直接以一匙（一般的宝宝奶粉匙即可）宝宝米粉加30～60毫升温水的方式，调制成糊状。需要注意的是，在第一次添加的时候，可以稍微调制得稀薄一些，以增加宝宝对米糊的接受性，并降低宝宝肠胃不适或是过敏的发生。

牛奶、米粉加水

将宝宝牛奶及宝宝米粉，以1:1（即：一匙宝宝配方奶粉加一匙米粉，以30毫升的温水调匀即可）或2:1的方式喂给宝宝吃。这种方式不但可以丰富牛奶的风味，同时还可以增加奶粉营养价值。

此外，妈妈要尽量将辅食盛装在碗或杯，并以汤匙来喂食宝宝，不要以奶瓶喂食。这样可以让宝宝及早适应成人的饮食方式，减少对母乳或牛奶的依赖；同时也可以让米糊和唾液中的唾液淀粉酶充分混合均匀，以利淀粉质的吸收。以免用奶瓶喂食时，因通过的速度太快，而使唾液淀粉酶无法完全作用。

培养宝宝的咀嚼能力

4个月以后，宝宝的吸吮及吞咽液体食物的动作已经很成熟了，可以顺利喝进奶类食物，而不容易流出来。

同时，宝宝的舌头也变得比较灵活，会尝试利用舌头及口腔的动作，吞咽嘴中的糊状食物或果汁，不过，宝宝的动作还不是很协调，有时会把食物推出来或是只吃进去少量的食物。

培养宝宝咀嚼能力的时候要注意以下几点：

● 从4个月开始（如果有过敏体质可从6个月开始），妈妈就要给宝宝提供糊状或泥状等奶类之外的食物，让宝宝有机会训练口腔的动作。

● 为了配合宝宝的嘴巴大小，妈妈可以使用小型、材质安全且较浅的汤匙来喂食。

● 刚开始宝宝或多或少会将食物顶出或吐出，妈妈不要灰心，也不要心急，只要坚持每天尝试，就会发现宝宝吃进食物的几率越来越高。

● 对于果汁或菜水类的食物，妈妈可以用小汤匙来给宝宝喂食。

碱性食物有利于宝宝的智商

人体的体液呈微碱性，有利于身体对物质的吸收和利用。如果宝宝体内缺少碱性物质，就会影响激素的分泌和神经活动，使宝宝智商偏低。妈妈可以通过改善宝宝的饮食结构，让宝宝多吃一些碱性食物来提高智力。

一般来说，绿色蔬菜、坚果、水果、低脂牛奶、各种菌菇、豆制品、海带等都属于碱性食物。妈妈可以选择适合宝宝吃的食物。

观察大便添加辅食

粪便是由食物残渣、肠道分泌物以及细菌三部分组成。粪便的形状、颜色、气味与宝宝的年龄、食物的种类及其消化、吸收功能有着密切的关系，它是反映宝宝胃肠道功能的一面镜子，妈妈可以通过观察大便来了解宝宝有没有异常，从而有针对性地添加辅食。

喂母乳的宝宝，其大便的颜色呈金黄色软状；喂牛奶的宝宝，大便呈浅黄色发干。如果大便臭味很重，说明蛋白质消化不好；如果大便中有奶瓣，则可能由于未消化完全的脂肪与钙或镁化合而形成的皂块发生的气味；如果大便发散，不成形，妈妈就要考虑是否给宝宝添加的辅食量过多了或辅食不够软烂，从而影响了宝宝的消化吸收。如果粪便呈灰色、质硬、有臭味，则表示牛奶过多，糖分过少，需要改变奶和糖的比例。人工喂养的宝宝，如果发现粪便呈深绿色黏液状，就表示供奶不足，宝宝处于半饥饿状态，这时就需要给宝宝加喂糖、米汤、牛奶等。

当宝宝生病时，也要酌情减少或停止添加辅食。如果宝宝大便很干，可以适当加些菜泥，或蔬菜水、水果汁。此外，妈妈也要注意宝宝大便的颜色，如果给宝宝吃了绿叶蔬菜，大便可能会有些发绿；如果给宝宝吃了西红柿，大便有可能会有些发红。这些都是正常的代谢反应，妈妈不必过于担心。

但是，当大便中出现黏液、脓血，大便的次数增多，大便稀薄如水，则说明宝宝可能吃了不卫生或变质的食物，有感染肠炎、痢疾等肠道疾病的可能。这时，妈妈不能掉以轻心，应该留一些宝宝的大便，以便能到医院及时得到化验。

 育儿小·贴士　　观察宝宝营养状况的方法

观察宝宝营养状况的方法很简单，就是要注意观察宝宝的皮肤颜色、光泽等。宝宝的面颊、背部、腹部、胳膊上部、大腿内侧都含有一定厚度的皮下脂肪。当宝宝发生营养不良时，皮下脂肪层会立即消减，其消减的次序首先是腹部，其次是躯干、四肢，最后是面颊部。

如果宝宝发生了贫血，面色、指甲、眼睑都会苍白，有些宝宝皮肤上还会出现疙瘩或湿疹，这往往是消化不好或对某种食物过敏引起的。

 育儿 Q&A

🌼 宝宝4个月内不要吃盐

Q：宝宝现在已经4个月了，我开始给他添加一些辅食了。请问一下，辅食中需要添加一些盐吗？

A：4个月内的宝宝并非不需要盐，但是宝宝从母乳或牛奶中吸收的盐分对他来说已经足够了。4个月后，随着宝宝生长发育，他的肾功能逐渐健全，盐的需要量就会逐渐增加，这个时候可以给宝宝适当吃一点盐。

🌼 西瓜汁稀释后再给宝宝喝

Q：宝宝4个月了，我每天给他喂一些西瓜汁，没想到他出现了腹泻，一天要拉上7~8次。西瓜汁还能不能给宝宝喝？如果可以的话，需要注意些什么？

A：为了给宝宝增加维生素C，有些妈妈在给宝宝添加辅食时，常常将西瓜榨成汁喂给宝宝喝。西瓜的糖分含量属于水果中较高的，由于宝宝的胃肠功能没有发育完全，糖分浓度过高，会造成肠黏膜无法吸收消化，刺激消化道，就容易导致高渗性腹泻。因此，妈妈最好将西瓜汁用水稀释后再喂给宝宝喝。

给 3～4 个月宝宝的食谱

鲜雪梨汁

• 原料：雪梨 1 个。

• 制作方法：将雪梨洗净去皮、去核，切成小块。将雪梨块放入榨汁机榨成汁即可。雪梨一定要新鲜，兑入一定量的水，每次饮用 1～2 匙。

• 功效：雪梨味甘性寒，含苹果酸、柠檬酸、维生素 B_1、维生素 B_2、维生素 C、胡萝卜素等，具有生津润燥、清热化痰的功效。

蛋黄泥

• 原料：鸡蛋 1 个。

• 制作方法：将鸡蛋煮得老一些，取出适量蛋黄放在小碗内。用小勺将蛋黄压碎。在压碎的蛋黄中加少许开水，调成糊状即可。

• 功效：补充宝宝逐渐缺失的铁，蛋黄中的铁含量高，同时维生素 A、维生素 D 和维生素 E 与脂肪溶解容易被机体吸收。

菜水和菜泥

• 原料：新鲜蔬菜（如：菠菜、小白菜、菜花、莴苣叶等）。

• 制作方法：将蔬菜洗净、切碎，加入沸水中煮约 5 分钟，上层的清液即菜水，可直接给宝宝食用，下面的蔬菜以刀背剁碾，再用牙签挑出粗纤维，即成菜泥。

• 功效：含钙、铁、铜等营养素，有利于宝宝的骨骼与牙齿的发育，具有预防宝宝食欲不振、贫血等作用。

牛奶蛋黄米汤粥

• 原料：米汤半小碗，奶粉 2 勺，鸡蛋黄 1/3 个。

• 制作方法：在煮大米粥时，将上面的米汤盛出半碗。将鸡蛋煮熟，取蛋黄 1/3 个碾成粉。将奶粉冲调好，放入蛋黄、米汤，调匀即可。

● 功效：富含蛋白质和钙质，蛋黄中还含有丰富的卵磷脂，有助于宝宝生长和大脑发育。

什锦果泥

● 原料：哈密瓜、西红柿各适量，香蕉 1 根。

● 制作方法：将所有材料洗净、去皮。用汤匙刮取果肉，然后压碎成泥状。搅拌均匀即可。

● 功效：含有有机酸、果胶、维生素 C 等营养成分，能促进消化、增进食欲，还有预防便秘的作用。

胡萝卜山楂汁

● 原料：新鲜山楂 1 ~ 2 颗，胡萝卜半根。

● 制作方法：山楂洗净，每颗切四瓣，胡萝卜半根洗净切碎。将山楂、碎胡萝卜放入炖锅内，加水煮沸，再用小火煮 15 分钟后用纱布过滤取汁。

● 功效：山楂富含有机酸、果胶质、维生素及矿物质等。其中维生素 C 含量比苹果高 10 多倍。与胡萝卜搭配的山楂汁可健胃消食生津，增进宝宝食欲。

4~5个月：断奶准备第一步

4~5个月的宝宝，由于活动量增加，热量的需求也随之增加。此时，宝宝开始对乳汁以外的食物感兴趣了。即使5个月以前完全采取母乳喂养的宝宝，到了这个时候也会开始想吃母乳以外的食物了。妈妈可以考虑给宝宝添加一些辅食，为将来断奶做准备。

 ## 4~5个月宝宝的发育状况

	男宝宝	女宝宝
体重	平均8.0千克（6.2~9.7）	平均7.5千克（5.9~9.0）
身长	平均67.0厘米（62.4~71.6）	平均65.5厘米（60.9~70.1）
头围	平均43.0厘米（40.6~45.4）	平均42.1厘米（39.7~44.5）
胸围	平均43.0厘米（39.2~46.8）	平均41.9厘米（38.1~45.7）
身体特征	开始抓东西；开始认识妈妈；开始起坐；俯卧时，会把头抬起来或放下；由仰卧姿势扶起时，能不再垂头；能把手伸向身边的玩具并抓住；会马上伸手抓住递给的玩具；会用双手把各种东西往嘴里送。	
智力特征	在看到熟悉的人或玩具时，能发出咿咿呀呀，像是说话般的声音；会对声音做出反应，头会转向声源；有时会以笑或出声的方式，对人或物做出"说话"的社交活动。	

明星营养素

无论是吃牛奶还是吃母乳的宝宝，从 5 个月开始都应逐渐开始添加辅食，让宝宝从辅食中获取更多的营养素。

 维生素 A

维生素 A 能维持宝宝机体的正常生长发育，促进体内组织蛋白质的合成；维持正常的视觉功能，增强暗光；维持骨骼、肌肉、牙齿的正常生长；维持上皮组织的健康，增强对抗各种疾病的抵抗力。

在给宝宝添加辅食时，应科学、合理地给宝宝添加富含维生素 A 的食物，如：菠菜、西红柿、胡萝卜等，以保证宝宝生长发育的需要。

喂养特点

4～5 个月的宝宝，开始对乳汁以外的食物感兴趣了。即使 5 个月以前完全采用母乳喂养的宝宝，到了这个时候也会开始想吃母乳以外的食物了。宝宝看到大人吃饭时会伸手去抓，或者动起嘴唇来，或者开始流口水。这个时候，妈妈就可以考虑给宝宝添加一些辅食，为将来的断奶做准备。

 母乳喂养及混合喂养

只要宝宝的体重正常增长，也就是宝宝平均每天增长 15～20 克时，妈妈就不用急于给宝宝增加各类辅食。如果母乳越来越少，宝宝与以前相比，体重在

10 天之内只增加 100 克，妈妈就需要给宝宝添加牛奶或其他辅食了。

但是，在实际喂养中，如果到这个月的时候才开始加牛奶，宝宝很可能已经不肯吃了，因为宝宝不习惯吸吮与妈妈乳头感觉完全不同的塑胶奶嘴。无论妈妈用什么办法，宝宝都不肯吃，这时就应添加其他代乳食品，否则宝宝就会体重增加在平均水平以下，导致营养不良。

 人工喂养

牛奶的喂养量与上个月相比不用增加得太多，可仍维持在每天 1000 毫升左右。因为宝宝在 4～5 个月时体重增加情况与 3～4 个月期间的区别不大，可给予同样水平的喂养。到了这个月的宝宝活动量大，消耗的热能多，可以从其他代乳品的糖分中来弥补。

辅食喂养

宝宝 4 个月后，奶中所含的成分已经难以满足宝宝生长发育的需要，加上宝宝体内来自母体的铁已消耗尽了，母乳或牛奶中的铁又远远赶不上宝宝的需要，如果不及时补充，就有可能出现缺铁性贫血。为此，在这个月里应及时给宝宝添加蛋黄。

蛋黄的主要作用是补充铁质和蛋白质。开始时可先加 1/4 个蛋黄，以后逐渐增加，到 6 个月就可以逐渐喂整个蛋黄了。此外，还可以添加一些乳儿糕，主要作用是供给热能，乳儿糕属淀粉类食品，5 个月的宝宝唾液腺已经逐渐发育，淀粉酶已具备，而且此时婴儿活动量加大，所需热量相应增多，可以适量喂一些优质及强化矿物质、维生素的乳儿糕。另外，还可以喂一些土豆泥，主要用来补充维生素及矿物质。

喂养注意事项

纯母乳喂养的宝宝易缺铁、锌

纯母乳喂养5个月的宝宝易造成宝宝缺铁和缺锌。

母乳含铁量很低，100克母乳含铁量一般只有0.5毫克，宝宝也不易吸收母乳里的锌元素，因此，宝宝最容易缺的微量元素便是铁和锌，缺铁可发生缺铁性贫血，缺锌可造成宝宝智力发展缓慢。

宝宝5个月的时候，如果没有给宝宝补充辅食的话，就有可能会影响到宝宝的咀嚼能力，使宝宝对食物的味嗅觉无法适当发展，还有可能会间接影响宝宝的语言发展能力。

为了避免宝宝的营养不均，妈妈应当给4个月以上的宝宝添加一些辅食。妈妈可以每天给宝宝吃一些鱼泥、蛋黄等以补充铁和锌，让营养搭配更均衡。

让宝宝学会"吃"辅食

当母乳喂养4~5个月的时候，由于宝宝生长发育迅速，母乳中的营养成分已不能满足宝宝的需要，这个时候就到了宝宝的"换乳期"。

换乳期是宝宝由液体食物喂养为主向固体食物喂养为主过渡的发育时期。从4~5月后开始至1~2岁宝宝应逐渐习惯食物性状的转化。添加换乳期食品可以补充宝宝不足的营养，锻炼胃肠道的消化、吸收能力，让宝宝学会吞咽、咀嚼、学会"吃"。

针对这个时期宝宝的发育情况，妈妈在给宝宝添加食物的时候，要掌握以下要点：

• 顺序：从强化谷类食物开始到蔬菜、水果，以后再添加肉类、鱼类、蛋类。

- 食物类型：米粉、果汁、菜汁、菜泥等。
- 习惯：宝宝要开始学习用小勺或杯子来吃东西。
- 时间：辅食可以安排在两餐奶之间。每天 2 ~ 3 次。全天有 6 次奶。奶量最高不要超过 1000 毫升。

爱护宝宝的口腔和牙齿

一般情况下，这个月的宝宝还没有长出乳牙，但已经出现长牙前的征兆，如：爱流口水、爱吐泡泡、爱咬硬物等。虽然宝宝的乳牙还没有长出来，但妈妈也要注意宝宝的口腔卫生，以防止宝宝由于口腔不卫生而引起其他疾病及日后龋齿的发生。

宝宝长牙之前，妈妈可以在每次喂完奶之后，马上用干净无菌的纱布，蘸水清洁宝宝的口腔，也可以在喂奶后让宝宝喝些水。

宝宝睡觉时，不要让宝宝嘴里含着乳头或奶嘴，因为口腔内的细菌会以奶汁中的糖为原料，制造出大量的酸，腐蚀宝宝的牙床。如果宝宝嘴里不含着奶嘴就哭闹，妈妈可以给宝宝准备一款奶嘴形状的牙胶，这样既可以让宝宝安静下来，又能为即将到来的牙齿生长期做好准备。

教宝宝吃勺里的东西

妈妈经常会遇到这种情况：用勺子给宝宝喂食物的时候，宝宝一口都不肯往下咽。即使是已经喂到嘴里，也会用舌头顶出来。

原因在于：宝宝以前一直都是吃奶，他已经习惯了用嘴吸吮的进食方式。改成硬邦邦的勺子，宝宝就会感到别扭，也会不习惯用舌头接住成团的食品再往喉咙里咽，所以用舌头把食物顶出来也是在所难免的。

妈妈可以在喂奶之前或在吃饭时，先用小勺喂一些汤水，让宝宝对勺子熟悉起来。等宝宝对勺子感到习惯并且明白勺子里的食物也很好吃时，自然就愿意接受用勺子喂食了。

正确喂食促进宝宝的食欲

要想吸引宝宝的食欲，妈妈正确的喂食也是很重要的。一般来说，妈妈在喂食的时候需要注意以下几个方面：

- 宝宝每天吃多少次要符合宝宝的生理需要。

- 妈妈需要给宝宝定时喂食，而不要随着宝宝的食欲来给宝宝喂食。

- 宝宝喂食的时间要固定，不要延长也不要缩短。

- 喂给宝宝的食物，各种营养素要平衡摄取。简单来说就是肉和菜类占一餐分量的 1/3 ～ 1/4。

喂食辅食的禁忌

另外，妈妈还要注意喂食辅食的禁忌，以免由于不恰当的喂食方式造成宝宝营养不良，影响健康发育。

- 不要强迫喂食。

- 不要延长喂食。

- 不要少量多餐。

- 不要给零食。

- 不要追逐喂食。

- 不要只给液体餐。

- 不要只在碗中加排骨汤。

★ **育儿小·贴士**　　　　宝宝不宜多饮豆奶

研究人员研究发现：哺乳期的宝宝如果过量饮用豆奶，将可能令青春期提前，或出现体内微量元素含量超标等不良问题。

由于豆奶中含有类黄酮物质，它的植物雌性激素会使长期服用豆奶的女孩出现青春期提前和性早熟。此外，长期喝豆奶的宝宝体内锰、铝元素含量分别是喝母乳或牛奶宝宝的80倍和100倍，这可能对宝宝的神经系统产生不良影响。

解决宝宝厌奶问题

在宝宝的生长发育过程中并不存在厌奶期的问题。宝宝出现厌奶，多半与宝宝味觉发育过早有关。妈妈在给宝宝喂食的时候，过早用较重的甜味、酸味、咸味等刺激宝宝，都可能造成宝宝味觉过早发育，从而出现厌恶牛奶、米粉等味道较淡的食物的现象。

对于已经出现厌奶问题的宝宝，妈妈可以暂时不要直接给宝宝喂果汁，而是将果汁加到宝宝的牛奶中，恢复宝宝对牛奶的兴趣。然后，逐渐降低宝宝牛奶中果汁的含量，最后恢复到纯奶的喂养，中断果汁喂养。以后，再添加淡淡的果泥，以补充来自水果的营养。

 喂蛋黄的步骤

蛋黄中含有丰富的营养成分，能补充宝宝所需要的铁质，而且较易消化吸收，因此妈妈可以喂宝宝一些蛋黄，具体步骤如下：

- 生鸡蛋洗净外壳，放入锅中煮熟后，取出冷却，剥去蛋壳。
- 用干净小匙弄破蛋白，取出蛋黄，将蛋黄用小匙切成 4 份或更多份。
- 取其中的一份蛋黄用开水或米汤调成糊状，用小匙取调好的蛋黄喂宝宝。

宝宝吃后如果没有腹泻或其他不适感，可以逐渐增加蛋黄的量。

 ∗育儿·小贴士∗　　　　蛋黄的制作方法

给宝宝吃蛋黄的时候，妈妈可以把蛋黄做成蛋黄泥和蛋黄粥，这样更有助于宝宝提高食欲。具体的做法如下：

● 蛋黄泥：将鸡蛋放入冷水中煮，等水开后再煮5分钟，取出蛋黄。可直接用少量水或米汤，也可用熟牛奶，把蛋黄捣成泥状，用小勺喂食。

● 蛋黄粥：大米2汤匙洗净，加水120毫升，浸泡1～2小时，然后用微火煮40～50分钟，再把适量蛋黄研磨后加入粥锅内，再煮10分钟左右即可食用。这个方法适用于5个月后的宝宝喂养。

多喝蔬菜汁有助发育

蔬菜汁含有丰富的膳食纤维，膳食纤维能刺激肠道蠕动，缩短粪便在结肠的停留时间，这对宝宝尤为重要。有些宝宝不爱喝水、不喜欢食用粗糙食物，就容易导致大便干燥造成便秘，这时就更需要多喝一些蔬菜汁。

蔬菜中的西红柿，特别适合生长发育期的宝宝食用。因为西红柿中除了含有丰富的膳食纤维外，所含有的西红柿红素、糖、维生素 A、B 族维生素、维生素 C、维生素 D 以及有机酸和酶等，都对宝宝的身体健康十分有益。

西红柿汁的制作很简单，将新鲜西红柿洗净切成小块，放入榨汁机中即可自动生成，饮用时也可加入适量的糖或蜂蜜调味。

各种蔬菜汁一定要兼顾食用，千万不能让宝宝偏食，可以选西红柿汁、胡萝卜汁、芹菜汁、白菜汁等交替给宝宝食用，如果气温不高，妈妈一定要给蔬菜汁加温后再给宝宝饮用。

此外，蔬菜汁能控制宝宝肥胖，可使食物在胃内滞留时间增加，延缓食物的消化吸收。

辅食中添加胡萝卜泥

在给宝宝添加的辅食中，胡萝卜是一种营养成分丰富的食品。胡萝卜性甘平，归肺脾，具有健脾化滞、清凉降热、润肠通便、增进食欲等功效，营养价值丰富。近代研究发现，胡萝卜含有丰富的胡萝卜素，在体内可转变成维生素 A，对促进宝宝的生长发育及维持正常视觉功能具有十分重要的作用。此外，胡萝卜还含有一些膳食纤维和维生素 B_2、维生素 C 等营养素，具有增加肠胃蠕动的作用，非常适合宝宝吃。

那么，妈妈该如何做一些宝宝爱吃的胡萝卜辅食呢？其实，胡萝卜泥就是一种很好的选择，其做法简单，只要去皮切丝，蒸熟后捣烂成泥就可以了。

育儿小·贴士　　　给宝宝添加辅食的小窍门

- ●宝宝辅食一般只能在冰箱里存放2天。生熟食品要分开保存。
- ●宝宝是否健康，不是以吃的多少判别，而要看他的精神和成长状态是否良好！
- ●吃饭是一门艺术，妈妈必须专心喂食，养成宝宝固定时间、独立进食的习惯。
- ●宝宝吵着吃零食时，马上准备辅食给他，这时是锻炼吃辅食的好时机。
- ●宝宝性格温和、吃东西较慢，千万不要责备催促，以免引起他对进餐的厌恶。

　　胡萝卜除了做胡萝卜泥外，煲胡萝卜水给宝宝喝也很好，做法也简单。首先准备胡萝卜和蜜枣适量，将胡萝卜去皮，洗净切片；蜜枣洗净。然后，把适量的水煲滚，放入蜜枣、胡萝卜。煲滚后慢火再煲1小时便出味，隔去渣。最后，把胡萝卜水装入暖水壶内保温，用以冲奶粉或米糊。胡萝卜已有少许甜味，加糖或不加随意。

 宝宝一日营养方案

　　5个月宝宝的一日营养方案：

早上 6:00	母乳喂哺 10～15 分钟或给予牛奶 150 毫升
上午 8:00	果汁（鲜橙汁或西红柿汁）80 毫升
上午 10:00	营养米粉（鸡蛋米粉）10 克，鸡蛋黄 5 克，白糖适量；宝宝鱼肝油滴剂（参照说明书服用或遵医嘱）
中午 12:00	新鲜蔬菜汁或水果泥 80 毫升
下午 2:00	母乳喂哺 10～15 分钟或给予豆奶 150 毫升
下午 5:30	新鲜水果泥或蔬菜汁 20 克
晚上 10:00	母乳喂哺 10～15 分钟或给予牛奶 150 毫升
凌晨 2:00	母乳喂哺 10～15 分钟或给予牛奶 150 毫升

 育儿 Q&A

 母乳宝宝腹泻还能吃辅食吗

Q：我家的宝宝 5 个月了，一直是母乳喂养。最近我给他添加了一些米粉，他吃后一连腹泻了几天，吃药也不管用，拉出来的是泡泡状粪便。我还能否继续给他喂辅食？

A：给 5 个月的宝宝添加少许米粉类辅食，可以训练他的吞咽能力、嗅觉能力以及味觉能力。不过如果有充足的母乳喂养，妈妈在给宝宝添加辅食的时候，就要注意宝宝辅食的摄入量的多少，特别是给宝宝初次添加要从少量开始，不可过急。

就宝宝目前腹泻的情况，可以在医嘱下给宝宝加服一些益生菌类的药物，如：乳酶生、益生源、妈咪爱等，适当减少宝宝辅食的喂食量，多给宝宝喝水，宝宝就会逐渐适应的。

辅食添加后宝宝变瘦了

Q：我的宝宝已经 5 个月了，最近给他添加了辅食，发现宝宝比原来没添加时瘦了，不知道是为什么？

A：宝宝添加辅食以后反而比没有添加的时候瘦了，可能是妈妈给宝宝添加的辅食过多了，如：添加过多的米粉或者添加过多的水果泥等。添加的辅食多了，就会影响宝宝对乳类食物的摄入量。辅食的能量不如乳类，吃同等量的东西进去，但是宝宝的能量没有得到相应满足，因此宝宝可能会在一段时间内出现体重增长不良，也就是看着宝宝不长或者比原来还瘦。妈妈应了解一下宝宝的实际体重情况，到专业的医生那里进行详细咨询。

宝宝掉发是缺少营养吗

Q：4个多月的宝宝有脱发现象，每天在他的枕头上都能发现很多头发，尤其是后脑勺部分掉得很厉害。这是缺乏营养造成的吗？

A：宝宝一般在6个月前都会掉胎发。宝宝出生后的一段时间，所有的毛囊都进入间歇阶段，此时就易导致毛发脱落，但以后头发就会慢慢重新长出。所以，宝宝掉头发不是营养缺失，不用太担心。不过，营养不良确实也会导致头发生长缓慢或者变黄。

给4~5个月宝宝的食谱

粳米油

- 原料：粳米100克。
- 制作方法：粳米淘洗好，加水大火煮开，调小火慢慢熬成粥。粥熬好后放3分钟，然后用勺子舀取上面不含饭粒的米汤，放温即可喂食。
- 功效：粳米富含淀粉、维生素B_1、矿物质、蛋白质等。

挂面汤

- 原料：儿童挂面100克。
- 制作方法：将挂面在开水中煮约15分钟，舀汤凉温后喂食。
- 功效：挂面汤富含蛋白质，易于消化吸收，有增强免疫力、平衡营养吸收的功效，注意要买婴儿专用挂面。

红薯奶泥

- 原料：红薯、配方奶粉。
- 制作方法：红薯削去外皮洗净，切成小块。把红薯放入锅内，加适量水煮至熟透软糯。将煮熟的红薯块捞出，用勺子压成泥状，把配方奶放入红薯泥中，搅拌均匀即可。

- 功效：红薯中的粗纤维可促进肠胃蠕动，防治宝宝便秘和肠胃不适。

菠菜汁

- 原料：菠菜（油菜、白菜均可）500 克，精盐 8 克，清水 500 克。
- 制作方法：将菠菜洗净，切碎。将锅放在火上，加入清水、碎菜，盖好锅盖烧开，稍煮，将锅离火，用汤匙压菜取汁，加入精盐少许，即可食用。
- 功效：用上述蔬菜制成的菜汁，含有丰富的钙、铁和维生素。

米汤

- 原料：大米。
- 制作方法：将锅内水烧开后，放入淘洗干净的 200 克大米，煮开后再用文火煮成烂粥，取上层米汤即可食用。
- 功效：米汤汤味香甜，含有丰富的蛋白质、脂肪、碳水化合物及钙、磷、铁、维生素 C 和 B 族维生素等。

5~6个月：
宝宝长高的营养方案

5~6个月的宝宝，开始对乳汁以外的食物感兴趣了，完全母乳喂养的宝宝也会这样。这段时间宝宝的喂养在整体上应该减少哺乳量，宝宝的正餐主要由"母乳或牛奶＋辅食"组成。妈妈可以每天有规律地哺乳4～5次，同时逐渐增加辅食量，减少哺乳量，并在哺乳前喂辅食，为将来断奶做准备了。

 5~6个月宝宝的发育状况

	男宝宝	女宝宝
体重	平均8.5千克（6.6～10.3）	平均7.8千克（6.2～9.5）
身长	平均68.6厘米（64.0～73.2）	平均67.0厘米（62.4～71.6）
头围	平均44.1厘米（41.5～46.7）	平均43.0厘米（40.4～45.6）
胸围	平均43.9厘米（39.7～48.1）	平均42.9厘米（38.9～46.9）
身体特征	想将各种东西放进嘴里，喜欢跳动；可以自己更换睡觉姿势；开始认识别人；靠着能坐稳，可以坐在大人腿上；俯卧时在前臂的支撑下能抬胸，能翻身；手眼逐渐协调，伸手抓物从不准确到准确，能拍、摇、敲玩具，可以同时拿2个东西。	
智力特征	眨眼次数增加；手眼能协调，能准确看到面前的物品，会将其抓起，在眼前玩弄；会定位声源，从房间的另一边和他说话，会把头转向你；记忆力得到加强，对物体也有了一个完整的概念；尚无自我意识，分不清自己和别人；妈妈的存在使他有安全感、信任感；对周围的事物都有强烈的好奇心；会用表情表达自己的想法。	

 明星营养素

妈妈在给宝宝添加辅食的过程中，要特别注意宝宝对碳水化合物和蛋白质这两种营养素的摄取。

碳水化合物

碳水化合物能促进宝宝的生长发育，如果供应不足会出现低血糖，容易发生昏迷、休克，严重者甚至死亡。碳水化合物的缺乏还会因增加蛋白质的消耗而导致蛋白质营养素的不良利用。但是饮食中糖类的摄取过量也会影响蛋白质的摄取，使宝宝的体重猛增，肌肉松弛无力，常表现为：虚胖无力、抵抗力下降、易患各类疾病等。

碳水化合物含量丰富的食品有很多，如：米类、面粉类、红糖、白糖、粉条、黑木耳、海带、土豆、红薯等。妈妈应该注意选择适合宝宝的食物以补充不足的碳水化合物，而且要注意与脂类、蛋白质及其他类食品搭配食用，做到营养均衡。

蛋白质

蛋白质一般包括动物性蛋白质和植物性蛋白质。鱼虾、禽肉、畜肉等都含有动物性蛋白质，大豆及豆制品、米面类、坚果等都含有植物性蛋白质。最好的食用办法是将几种食物适当地混合食用，这样各种食物蛋白质的氨基酸就可以在人体内互相取长补短，使蛋白质的质量得到提高，这种现象称为蛋白质的互补作用。

充足的蛋白质供应能够满足人体需要，可维持正常代谢，生成抗体，抵抗感染，这样即使生病也易恢复。相反，蛋白质供给不足时，宝宝就容易生长发育迟缓，出现贫血、表情淡漠等问题，而且容易感染疾病。但是，蛋白质摄入过多也会成为肾脏负担，还会增加肝脏负担、胃肠负荷，引起肝肾受累以及消化不良等症状。

日常生活中，妈妈可以用玉米、小麦混合制成馒头给宝宝吃，也可以经常给宝宝吃些土豆炖牛肉、黄豆排骨汤等，这种搭配可以很好地发挥蛋白质的互补作用。

 喂养特点

这段时间宝宝的喂养在整体上应该减少哺乳量，宝宝的正餐主要由"母乳或牛奶＋辅食"组成。妈妈可以每天有规律地哺乳 4～5 次，同时逐渐增加辅食量，减少哺乳量，并在哺乳前喂辅食。如果宝宝已经开始吃辅食，可以每天喂 2 次辅食，并逐渐略微增量；如果宝宝辅食吃得少，那么母乳的比重可以相应增大。

 母乳喂养

母乳喂养的宝宝如果每天平均增加体重 15 克以下或 10 天之内只增重 120 克左右，就应该给宝宝添加 200 毫升的牛奶。

 人工喂养

用牛奶喂养的宝宝，要适当控制饮奶量。如果让宝宝任意食用的话，宝宝就会长得过胖。妈妈要控制宝宝食用牛奶的奶量，可以以宝宝体重的增长为依据。如果 10 天内增加体重保持在 150～200 克之间，就比较适宜，如果超出 200 克就一定要加以控制了。一般来说，每天牛奶总量不要超过 1000 毫升，不足的部分用代乳食品来补充。

❁ **辅食喂养**

　　5~6个月的宝宝已经准备长牙了，有的宝宝已经长出了1~2颗乳牙了。此时，可以给宝宝添加一些以粗颗粒食物为主的辅食，以便宝宝通过咀嚼食物来训练咀嚼能力。同时，这一时期也是宝宝进入离乳的初期，妈妈可以给宝宝吃一些鱼泥、全蛋、肉泥、猪肝泥等食物，以补充铁和动物蛋白，也可给宝宝吃烂粥、烂面条等补充热量。如果宝宝对吃辅食很感兴趣，妈妈可以酌情减少一次喂奶。

 喂养注意事项

❁ **正确认识辅食添加的重要性**

　　5~6个月的宝宝，肠胃道功能已经越来越成熟，能逐渐接受普通的食物了，此时妈妈可以给宝宝添加辅食了。

◇ 添加辅食的重要性

　　随着宝宝的增长，宝宝对营养素的需求越来越大，但营养素的不足却日益明显，严重影响了宝宝的正常发育，如：缺铁性贫血、佝偻病等。所以，为补充这些营养素的不足，妈妈应开始着手给宝宝添加辅食。

　　另外，随着宝宝的增长，各种消化酶的分泌也有所增加。5~6个月的宝宝身体中淀粉酶的活力增强，妈妈可以给宝宝添加一些淀粉类辅食，以刺激宝宝的胃肠道，促进消化酶的分泌，增加胃肠道的消化功能，同时还可以锻炼宝宝的咀嚼和吞咽功能，为以后断奶做好准备。

◇ 添加辅食的目的

添加辅食的主要目的有以下几点：

• 提供生长所需的均衡饮食：随着宝宝月龄的增加，母乳或牛奶已经无法适应宝宝的生长需求，尤其是铁、蛋白质、维生素等营养素必须通过添加辅食来补充。

• 训练吞咽和咀嚼的能力：妈妈可以通过逐渐改变食物的形态，如：从液态到半固态，再到固态等，让宝宝练习吞咽和咀嚼，以便日后进食。

• 为断奶做准备：此处指的是断奶瓶，也就是逐渐从奶瓶转换成用杯子、汤匙、筷子等来给宝宝喂食。

◇ 丰富的辅食营养才更充足

给宝宝添加的辅食要尽可能避免过于单一。辅食过于单一，一方面可能会造成宝宝的营养补充不够，另一方面宝宝的饮食习惯大多从小就会养成，单一的辅食容易使宝宝养成偏食的习惯。

另外，6 个月的宝宝辅食还可以增加一些鱼类，如：平鱼、黄鱼、马鱼等，鱼肉富含磷脂，蛋白质高，并且细嫩易消化，适合宝宝发育所需要的营养。

◇ 辅食添加的时机

宝宝慢慢长大，母乳已经无法提供宝宝生长所需的完整营养，此时就需要添加辅食，以补充所需的均衡营养。添加辅食的时间，可依据下列 3 点来判断：

• 宝宝已经 5 ~ 6 个月大。

• 宝宝每天的奶量达到 1000 毫升以上。

• 宝宝的体重已达到出生时的 2 倍。

◇ 耐心喂食

宝宝在接触辅食以前，都只是用吸吮的方式喝奶，当妈妈用汤匙给宝宝喂辅食时，一开始宝宝会因感到不习惯而排斥，不停地将食物往外吐。这是因为

0～1岁宝宝喂养同步方案

宝宝舌头和嘴巴的肌肉协调能力尚未发展完善，此时父母更应该多给宝宝提供练习的机会，要有耐心地喂食，让宝宝慢慢适应。

妈妈不妨在宝宝肚子饿的时候先给宝宝喂辅食，以增加宝宝进食的意愿。千万不要先喂奶再给辅食，这样做宝宝进食的意愿就会降低。

喂母乳的宝宝不用常喂水

一般来说，出生6个月的宝宝用纯母乳喂养时，最好不要额外喂水。

一方面，母乳中含有宝宝成长所需的一切营养，特别是母乳80%的成分都是水，足以满足宝宝对水分的要求。另一方面，如果过早、过多地给宝宝喂水，会抑制宝宝的吮吸能力，从妈妈乳房主动吮吸的乳汁量就会减少，这样不仅对宝宝的成长不利，还会间接造成母乳分泌减少。

当然，这也不是说一点都不能给宝宝喂水，偶尔给宝宝喂点水是不会有不良影响的，特别是当宝宝生病发烧的时候；夏天常出汗，而妈妈又不方便喂奶时；或吐奶时，他们都比较容易出现缺水的问题，此时喂点儿白开水就非常必要了。

人工喂养宝宝的正确补水方法

对于牛奶喂养和混合喂养的5～6个月的宝宝，应在2次哺乳之间适量补充水分。

宝宝肾功能未发育成熟，而牛奶中的钙、磷、钾、氯比母乳高出3倍，需要一定量的水分把多余的元素从肾脏尿中排出体外。正常宝宝每天每千克体重需水150毫升，若扣除牛奶的水分，即为每天的喂水量。喂水以白开水为好，也可给宝宝适量喂一些新鲜果汁、菜汁，但不宜喂过多的糖水，更不宜喂茶水。在宝宝患发热、呕吐、腹泻时，不论母乳喂养还是牛奶喂养，都应适当补充一些淡盐水或糖水。

另外，在宝宝两餐之间适量补充水分，这不仅对宝宝的健康成长有好处，也对宝宝以后的断奶有帮助。

宝宝的身体比大人更需要水分，除了日常从妈妈的奶水中获取水分，还需要额外的水分补充。而且宝宝身体新陈代谢快，即使口不干，身体内还是需要补水的。那么宝宝需要在什么时候补水呢？

● **两顿奶之间：** 在两顿奶之间，可以适当喂宝宝一点儿水，尤其在天气炎热的夏天，或是干燥的秋天，或者宝宝出汗多、咳嗽、鼻塞时，都需要多补水，这样做还能起到清洁口腔的作用。

● **吃离乳食时：** 在吃离乳食的时候可以给宝宝喝一点水，但是要注意量，不能影响到宝宝的食欲，而且最好是白开水，这样就不会影响宝宝吃正餐了。

● **长时间玩耍以后：** 宝宝长时间玩耍以后，通常都会感到口渴。这个时候，妈妈应该给宝宝补充一些水分。运动量越大，流失的水分也越多，要补充的水分也越多。

● **外出时：** 在干燥炎热的季节，宝宝外出时容易流汗，妈妈应随身准备一些水，在宝宝口渴的时候及时补充。

● **大哭以后：** 宝宝哭泣以后，不仅会流眼泪，还会流很多汗，需要及时补水。

● **洗完澡以后：** 洗澡对宝宝来说是一种运动，会出很多汗。给宝宝洗完澡以后要给宝宝补充一些水分。

给宝宝换奶粉不要太频繁

宝宝奶粉的品牌很多，有的妈妈为了让宝宝营养更均衡，经常买好几种品牌的奶粉搭配着给宝宝吃，如：上午一种，下午一种，中间还要加……专家指出："宝宝一天之内吃几种奶粉的做法是不可取的。"

各个品牌的奶粉添加的营养成分可能各不相同，适当更换几次奶粉品牌，会让宝宝的营养更均衡。但更换品牌不等于随意"混搭"，如：一天中几顿吃不同品牌的奶粉、一顿里混合吃不同品牌的奶粉等，这些做法都是不科学的。

给宝宝更换奶粉需要慢慢过渡，可以参照以下方法：

从 A 品牌更换到 B 品牌：最开始冲泡时 A 和 B 的比例为 7∶3（同一杯内），

让宝宝吃2~3天看看有没有不适；然后到5:5，再吃2~3天；再到7:3，再吃2~3天……让宝宝逐渐适应，最后完全冲泡B品牌，这期间要注意观察宝宝的大便和精神状态。

另外，宝宝吃一个品牌的奶粉也应维持一段时期比较好。

给宝宝换奶粉的原则和方法

在给宝宝换奶粉的时候，需要遵循一些原则和方法：

● 不要轻易给宝宝换奶粉：宝宝的胃肠功能和消化系统没有发育完整，而各种奶粉的配方不一样。如果给宝宝换了另外一种奶粉，宝宝就需要重新适应，如果适应不了，就容易拉肚子。

● 循序渐进：要宝宝适应一种新的奶粉，大概需要1~2周的时间，因此妈妈不要心急，要让宝宝有个适应的过程。

● 在宝宝身体健康的情况下换奶：在宝宝有发烧、感冒等症状，以及接种疫苗期间不要换奶粉。

● 新旧混合换：与将要替换的奶粉掺和饮用，尽可能在原先使用的奶粉中适当添加新的奶粉，开始可以量少一些，慢慢增加比例，直到完全更换。

● 注意观察宝宝的反应：如果宝宝没有不良的反应，才可以增加。如果宝宝不能适应，就要缓慢改变。总之，一切都要以宝宝能够接受没有不良反应为原则。千万不要说换就换，应给宝宝一个适应的过程。

 育儿小·贴士　　常换奶粉易导致过敏

有的妈妈看到宝宝不长个子或是大便发绿，就给宝宝换奶粉；有的妈妈认为宝宝的奶粉要经常换着喝，营养才能均衡。这种认识和做法都是不正确的。

经常换奶粉会给宝宝带来很大的压力，专家研究发现，经常给宝宝更换奶粉容易使宝宝产生过敏体质。所以，选好一种奶粉，只要宝宝适应，就应该尽量坚持用这个牌子的奶粉喂养，这种方法对于有家族过敏史的宝宝更为重要。

宝宝腹泻时的喂养

宝宝腹泻时，妈妈很着急。科学的饮食既能帮助宝宝止泻，又能给宝宝补充营养。那么，腹泻的宝宝应该怎样喂养呢？专家提示，可以遵循以下几个原则：

◈ 补盐糖水

很多宝宝在腹泻时会出现轻度脱水的状况，因此，喂养的重点是为宝宝补充水分。妈妈可以给宝宝喝盐糖水，即：500 毫升的开水中加入葡萄糖或白糖 10 克、食盐 2～5 克，按每千克体重 20～40 毫升的比例让宝宝喝。喂宝宝喝盐糖水的时候，可以直接喂宝宝喝，也可以将盐糖水放入米汤或稀饭中喂给宝宝喝。

◈ 饮食调理

有的妈妈一见宝宝腹泻了，就开始控制宝宝饮食，害怕一时疏忽会加重宝宝的病情。其实腹泻的宝宝更需要营养丰富的食物，以防止腹泻后营养不良。

母乳喂养的宝宝腹泻了，可以缩短每次喂奶的时间，让宝宝吃前面 1/2～2/3 的乳汁，后面的乳汁挤出来倒掉。

牛奶喂养的宝宝腹泻了，就不宜吃全脂奶，而应吃脱脂奶、抗过敏奶，不过，宝宝不腹泻了就不宜再吃脱脂奶，以免发生营养不良。

妈妈需要注意的是：宝宝此时的肠胃功能尚处在恢复期，因此进食应遵循少食多餐、由少到多、由稀到稠的原则。

◈ 食物止泻

一些食物有缓解宝宝腹泻的功效，如：焦米汤等。

焦米汤的具体做法是：把米粉在锅上炒到颜色发黄，再加适量的水和糖，然后烧成糊就可以了。米粉加水再加热，就成了糊精，糊精容易被人体消化，并且它的碳化结构有较好的吸附止泻作用。

★ 育儿小·贴士　　　宝宝有"乳糖不耐症"怎么办？

　　"乳糖不耐症"是指人体无法分解乳糖，只要一吃含乳糖的食物就会腹泻。若确定宝宝患有"乳糖不耐症"，可依医嘱吃不含乳糖或低乳糖奶粉。如果宝宝只是暂时有腹泻现象，可以先喝不含乳糖或低乳糖奶粉1～2个月，之后再慢慢调回原味的母乳或配方奶。另外，也要注意不要让宝宝吃一些含高乳糖成分的食物，如：玉米浓羹、奶油、奶昔、吐司等。

🌼 预防宝宝食物过敏

　　食物过敏最容易发生在宝宝4～6个月的时候。其主要表现是：在进食某种食物后，宝宝会出现皮肤、胃肠道和呼吸系统的症状。如果宝宝患有严重的湿疹，且很长时间都没有痊愈，或在吃某种食物后湿疹明显加重，妈妈都应该怀疑宝宝是否是食物过敏了。食物过敏还经常有胃肠道和呼吸系统的症状，如：腹泻、肠绞痛、鼻炎、哮喘等。

　　为减少宝宝食物过敏的发生，妈妈在给宝宝添加辅食时要注意以下事项：

◇ 坚持母乳喂养

　　母乳喂养是预防宝宝食物过敏的最有效的方法之一。这是因为：在宝宝肠道不成熟期，母乳喂养可减少接触异体蛋白质的机会；母乳喂养可通过促进双歧杆菌、乳酸杆菌等益生菌的生长，发挥抗感染及抗过敏的作用；母乳中的特异性抗体可诱导肠黏膜耐受，从而减少过敏反应的发生。

　　食物过敏还与遗传因素有关，因此，有食物过敏史的妈妈，哺乳期要注意不要食用曾使自己过敏的食物，以免让宝宝通过母乳间接过敏。哺乳期间，妈妈还要避免吃容易引起过敏的食物。

◇ 注意辅食品种的选择

　　易使宝宝过敏的食物有：牛奶、鸡蛋、花生、大豆、鱼虾类、贝类、柑橘类水果、小麦等。牛奶中有致敏作用的40多种不同蛋白质，鸡蛋中的卵蛋白等

第二篇

也可引起过敏。鳕鱼、大豆及花生中也有多种可诱发过敏的抗原存在。此外，一些食品添加剂，如：人工色素、防腐剂、香料等，也可引起宝宝过敏。因此，妈妈不要过早给宝宝添加这类食物。

◇ 注意辅食添加的顺序

妈妈给宝宝添加辅食时，要坚持由一种到多种、由少到多、由细到粗、由稀到稠的原则。每次喂给宝宝的新食物，应为单一食物，并以少量开始，以便观察宝宝胃肠道的耐受性和接受能力，及时发现新食物有没有给宝宝带来影响，这样可以发现宝宝有无食物过敏，减少一次进食多种食物可能带来的不良后果。

◇ 观察宝宝对哪种食物过敏

宝宝对某一种辅食过敏一般会在单独尝试几天后才表现出症状。如果宝宝在吃了某一种食物几天内没有出现不良反应，表明宝宝对这种食品不过敏。当妈妈怀疑宝宝对某一种辅食过敏时，也不必断然不让宝宝再吃这种辅食，可过1 周重新再喂 1 次，然后再来观察。如果宝宝确实又出现 2 ~ 3 次过敏反应，才可认定这种食物会使宝宝过敏，以后妈妈在给宝宝喂食的时候要尽量避开这种食物。

◆ 宝宝多吃粗粮好处多

宝宝从 4 ~ 6 个月添加辅食后，妈妈就可以考虑给宝宝添加粗粮了。

宝宝多吃粗粮果蔬，可以带来以下益处：

● 帮助清洁体内环境：各种粗粮以及新鲜蔬菜和瓜果，含有大量的膳食纤维，这些植物纤维具有平衡膳食、改善消化吸收和排泄等重要生理功能，起着"体内清洁剂"的特殊作用。

● 控制肥胖：膳食纤维能在胃肠道内吸收比自身重数倍甚至数十倍的水分，使原有的体积和重量增大几十倍，并在胃肠道中形成凝胶状物质而使宝宝

产生饱腹感，减少宝宝进食，有利于控制宝宝的体重。

● 预防患上糖尿病：膳食纤维可减慢肠道吸收糖的速度，避免餐后出现高血糖现象，提高人体耐糖的程度，利于血糖稳定。膳食纤维还可抑制增血糖素的分泌，促使胰岛素充分发挥作用。

● 解除便秘之苦：在日常饮食中只吃细粮不吃粗粮的宝宝，因缺少植物纤维，容易引起便秘。因此，让宝宝每天适量多吃些富含膳食纤维的食物，可刺激肠道蠕动，加速排便，也可解除便秘带来的痛苦。

● 有利于远离癌症：宝宝癌症发病率上升与不良的饮食习惯密切相关。英国剑桥大学营养学家宾汉姆等曾分析研究，食用淀粉类食物越多，大肠癌的发病率越低。

● 保护心血管：经常让宝宝吃些粗粮，植物纤维可与肠道内的胆汁酸结合，降低血中胆固醇的浓度，起到预防动脉粥样硬化、保护心血管的作用。

● 预防骨质疏松：宝宝吃肉类及甜食过多，可使体液由弱碱性变成弱酸性。为了维持人体内环境的酸碱平衡，就会消耗大量钙质，导致骨骼因脱钙而出现骨质疏松。因此，给宝宝多吃一些粗粮、瓜果蔬菜，可使宝宝的骨骼更结实。

● 有益于皮肤健美：宝宝如果吃肉类及甜食过多，就会在胃肠道消化分解的过程中产生不少毒素，侵蚀皮肤。宝宝常吃粗粮蔬菜，能促使毒素排出，有益于皮肤健美。

● 维护牙齿健康：经常吃粗粮，不仅能促进宝宝咀嚼肌和牙床的发育，而且可将牙缝内的污垢清除掉，起到清洁口腔、预防龋齿和维护牙周健康的作用。

科学合理地吃粗粮

平时说的粗粮主要是指稻米、小麦、高粱米和小米等，它们又称为五谷。粗粮营养丰富，所含的丰富维生素 B_1 对宝宝的生长发育很重要。妈妈要经常给宝宝吃粗粮，但粗粮加工中谷皮去掉较少，口味较硬、粗糙，宝宝初食时可能会比较难以接受。因此，给宝宝喂食粗粮，也要讲究方法。

● 适量：对小胖墩、经常便秘的宝宝，可适当增加膳食纤维摄入量。有的宝宝吃粗粮后，可能会出现一过性腹胀和过多排气等现象。这是一种正常的生理反应，逐渐适应后，胃肠会恢复正常。如果宝宝患有胃肠道疾病，就要吃易消化的低膳食纤维饭菜，以防止发生消化不良、腹泻或腹部疼痛等症状。

● 粗粮细做：是指把粗粮磨成面粉、压成泥、熬成粥或与其他食物混合加工成花样翻新的美味食品，使粗粮变得可口，增进食欲，提高人体对粗粮营养的吸收率，满足宝宝身体发育的需求。

● 取长补短：粗粮中的植物蛋白质因含有的赖氨酸、蛋氨酸、色氨酸、苏氨酸低于动物蛋白质，所以利用率和蛋白价也低。弥补这些缺陷的办法就是提倡食物混吃，以取长补短，如：八宝稀饭，腊八粥，玉米红薯粥，小米山药粥，大豆配玉米或高粱面做的窝窝头，麦面配玉米或红薯面蒸的花卷馒头，由黄豆、黑豆、青豆、花生米、豌豆磨成的豆浆等，都是很好的混合食品，既提高了生理价，又有利于胃肠道消化吸收利用。

● 均衡多样：饮食讲究的是全面、均衡、多样化，任何营养素发挥都是和多种营养素一起的综合作用。在日常饮食方面，应限制脂肪、糖、盐的摄入量，适当增加粗粮、蔬菜和水果的比例，并保证优质蛋白质、碳水化合物、多种维生素及矿物质的摄入，才能保证营养的均衡合理，有益于宝宝健康地生长发育。

偏食对身心健康不利

宝宝从添加辅食以后，因为妈妈的喂养方式不当，或者受父母口味的影响，宝宝逐渐会在饮食上产生个人喜好。尽管大部分的宝宝不偏食，什么都吃，但还是有宝宝要么喜欢吃肉不喜欢吃蔬菜，要么只吃蔬菜不吃肉。其实妈妈只要掌握一些营养知识，采用科学的喂养方式，让宝宝既爱吃肉又爱吃蔬菜是不难做到的。

宝宝光吃蔬菜不吃肉或光吃肉不吃蔬菜，都属于不正确的饮食方式，会对

0~1岁育儿营养全方案

宝宝的营养状况乃至身心健康造成严重损害。

从宝宝4~6个月开始就要注意这两种食物的及时添加和合理搭配，让宝宝不断尝试。在这个过程中，妈妈千万不要强迫给宝宝喂食，而要多鼓励宝宝，努力为宝宝营造良好的进餐气氛。同时，注意饭菜尽量兼顾色香味美，营养丰富，并且要注意，饭菜可以烂一些，以便宝宝进食。

几乎没有一种天然食物所含有的营养素能全部满足人体的生理需要，只有进食尽可能多样的食物，才能使宝宝获得所需的全部营养素，这就是常说的均衡膳食，它是营养充足的保证，因此，妈妈应从小培养宝宝养成良好的饮食方式。

瘦宝宝的"长肉"计划

宝宝过瘦，对身体的正常生长发育会有影响，有可能出现不同程度的发育迟缓等症状，宝宝各项智能的正常发展、良好的气质养成等都会受到影响。因此，妈妈需要重视瘦宝宝的现状，了解宝宝变瘦的基本状况和原因后再"对症下药"，帮助瘦宝宝"长肉"。

◇ 了解宝宝变瘦的原因

有的宝宝不挑食，吃得也多，可就是"干吃不长肉"。一般来说，食物的营养功能是通过它所含有的营养素来实现的，宝宝吃的食物越多，摄入的营养素也越多，就应该长得胖。但如果宝宝仍然很瘦，就有可能是宝宝的消化道功能差导致宝宝吃得多，拉得也多，食物的营养素未被吸收。如果食物质量差，主要营养素，如：蛋白质、脂肪等含量低，宝宝也会变瘦。

另外，宝宝变瘦的原因也有可能是宝宝的能量消耗大于摄入，摄入的营养素不能满足身体生长的需要。如果宝宝总是处于饥饿状态，有可能是患上了消化道寄生虫病；若宝宝表现为吃得多、体重下降、体质虚弱，可能提示患有某种内分泌系统疾病，应带宝宝去医院进行体检与治疗。

第二篇

◇ 建立瘦宝宝"长肉"计划

为了帮助瘦宝宝不再瘦，妈妈需要从调整宝宝的膳食结构、改善宝宝的喂养办法入手，来纠正宝宝的不良饮食习惯。

● 保养肝脾胃：通过身体检查，妈妈可以了解宝宝的消化系统、脾、胃等的健康状况，病症严重的可以按医嘱服用宝宝专用的健脾健胃、助消化的药物。如果宝宝是患有缺锌、缺铁、缺钙或贫血等病症，需要遵医嘱药补。

● 让食物多样化：大部分宝宝过瘦的情况与营养膳食结构不合理、喂养方式不当、饮食习惯不好等因素有关。妈妈应该改变以往单调的膳食，使宝宝每天的食物多样化，将谷类、肉类、豆类、蔬菜等合理搭配。不同的食物含有不同的营养元素。

● 合理搭配营养膳食：牛奶（包括豆浆）含丰富钙质，蛋中含有丰富的铁质，肉类、动物肝脏含铁质、维生素 A 及维生素 B_{12}，水果蔬菜含有丰富的维生素 A、维生素 C 及铁质，五谷类含有粗纤维等，妈妈应合理搭配膳食，为宝宝补充丰富的营养。

宝宝一日营养计划

6 个月宝宝的一日营养方案：

早上 6:00	母乳喂养 20～25 分钟或喂食牛奶 200 毫升
上午 8:00	果汁（鲜橙汁或西红柿汁）80 毫升
上午 10:00	营养米粉（鸡蛋米粉 20 克），鸡蛋黄 10 克，白糖适量；宝宝鱼肝油滴剂（参照说明书服用或遵医嘱）
中午 12:00	新鲜蔬菜汁或水果泥 80 毫升
下午 2:00	母乳喂养 20～25 分钟或喂食牛奶 200 毫升
下午 5:30	新鲜水果泥或蔬菜汁 20 克
晚上 10:00	母乳喂养 20～25 分钟或喂食牛奶 200 毫升
凌晨 2:00	母乳喂养 20～25 分钟或喂食牛奶 200 毫升

　　为避免宝宝不吃蔬菜，妈妈可以在宝宝出牙后就让宝宝品尝不同口味的蔬菜，这样可以为宝宝今后打下良好的饮食基础。

育儿 Q&A

🌸 添加辅食就不需要母乳喂养了吗

　　Q：宝宝6个月了，已经吃了1个月的辅食了。这种情况下，是不是可以不用母乳喂养了？

　　A：母乳仍然是这个月宝宝最佳的食品，妈妈不要急于用辅食把母乳替换下来。上个月不爱吃辅食的宝宝，这个月有可能仍然不太爱吃辅食。但大多数母乳喂养的宝宝到了这个月，就开始爱吃辅食了。因此，不管宝宝是否爱吃辅食，妈妈都不要因为辅食的添加而影响母乳的喂养。

🌸 宝宝不爱吃辅食怎么办呢

　　Q：给宝宝喂辅食的时候，宝宝会把喂到嘴里的辅食吐出来或用舌尖把饭顶出来，用小手把饭勺打翻，把头扭到一旁等，这个时候该怎么办呢？

　　A：宝宝的这种反应表明他拒绝吃"这种"辅食。妈妈要尊重宝宝的感受，不要强迫宝宝。给宝宝喂辅食的时候，就要更换另一品种的辅食，如果宝宝喜欢吃了，就说明宝宝暂时不喜欢吃前面那种辅食，一定要先停1周，然后再试着喂宝宝曾经拒绝的辅食。

🌸 怎样让宝宝断夜奶

　　Q：宝宝已经6个月了，但还是没有办法断夜奶，每天夜里3点左右一定还要再喝奶粉，不然就会睡不稳，该怎么办呢？

A：发育正常的宝宝从生理需要上讲，夜里就不需要再吃奶了。母乳喂养的宝宝，6个月的时候夜里也可以不用喂奶了。宝宝需要吃夜奶可能是由于习惯了，妈妈可以逐渐延长喂奶的时间，如：每天推后20分钟左右，这样基本上1周后宝宝就可以断掉夜奶了。这样做不会让宝宝受到很大的刺激，又能让宝宝达到断夜奶的目的。

给5～6个月宝宝的食谱

胡萝卜米汤

● 原料：胡萝卜、米汤。

● 制作方法：将胡萝卜去皮后洗净，切成小粒备用。将米汤煮滚后放入胡萝卜粒，煮透后关火，用过滤网过滤出胡萝卜汁。将米汤、胡萝卜汁一起装碗，搅拌均匀后装入奶瓶稍微冷却后即可喂食。

● 功效：胡萝卜米汤是治疗宝宝腹泻的常用食疗方之一。现代研究表明，胡萝卜中所含的挥发油能起到促进消化和杀菌的作用，可减轻腹泻和胃肠负担。并且胡萝卜中还含有果胶、木质素、黄碱素等物质，能使大便成形并吸附肠道内的细菌和毒素。将胡萝卜汁里添加米汤，可以更加有效地减少宝宝腹泻的次数。

葡萄汁米糊

● 原料：葡萄、米糊。

● 制作方法：将葡萄洗净，装碗，加入盖过葡萄的热开水，浸泡2分钟后沥干水分，去掉果皮和子。用研磨器或小勺将葡萄肉压磨成泥，过滤出葡萄汁，与米糊搅拌均匀即可。

● 功效：葡萄中含的糖主要是葡萄糖，能很快地被人体吸收，对宝宝的发育十分有益，用其和米糊搭配更提高了这款辅食的营养价值。

胡萝卜西红柿汤

- 原料：胡萝卜、西红柿、米汤。

- 制作方法：胡萝卜清洗干净，去皮；西红柿氽烫去皮后搅拌成汁。用擦菜板将胡萝卜磨成泥状。锅中倒入少许米汤，放入胡萝卜泥和西红柿汁，用大火煮开，到熟透后即可熄火。

- 功效：胡萝卜能提供丰富的维生素 A，西红柿富含丰富的胡萝卜素、B 族维生素和维生素 C，两者融合在一起可以有效促进宝宝的生长发育。

6~7个月：
宝宝开始长牙了

宝宝长到 7 个月时，已开始萌出乳牙，有了咀嚼能力，同时舌头也有了搅拌食物的功能，对饮食也越来越多地表现出个人的爱好。

 6~7 个月宝宝的发育状况

	男宝宝	女宝宝
体重	平均 8.6 千克（6.9~10.7）	平均 8.2 千克（6.4~10.1）
身长	平均 70.1 厘米（65.5~74.7）	平均 68.4 厘米（63.6~73.2）
头围	平均 45.0 厘米（42.2~47.6）	平均 44.2 厘米（42.2~46.3）
胸围	平均 44.9 厘米（40.7~49.1）	平均 43.7 厘米（39.7~47.7）
身体特征	可坐住；能将玩具从一只手传至另一只手；逗笑时反应非常愉快；平躺时，能自动把头抬起来，并拉着脚放进嘴里；趴着时，已能用双手双膝撑起身体前后摇动，还能手和膝挨床面做爬行的动作；用手和膝盖向前爬时，腹部挨着床面，拖着自己匍匐前行，还可扭着屁股拖着自己一点一点向前移动；能一只手或双手握物的同时向前蠕行。	
智力特征	拿到东西后，会翻来覆去地看一看、摸一摸、摇一摇，表现出积极的感知倾向；对自己玩弄出来的"咯咯"声很感兴趣，同时对大人在和他接触时所发出的一些简单声音会有反应动作；会制造出不同的声音，也能模仿咳嗽声、咂舌声等；照镜子时，会对镜中的影像微笑、亲吻或拍打等。	

明星营养素

宝宝7个月时，妈妈的乳汁逐渐稀薄，各种营养成分的含量逐渐减少，如果不及时添加辅食，会使宝宝发生营养不足、生长速度减慢的现象。所以，此时一定要添加辅食，让宝宝慢慢适应吃半固体食物，逐渐适应断奶。

维生素K

维生素K是人体必需的微量元素，属于脂溶性维生素，缺乏会造成凝血功能障碍。宝宝如果缺乏维生素K，会出现消化道出血，如：便血、黑便、呕吐、呕血、哭声微弱、四肢间断性地出现抽搐等现象，严重者还会出现全身皮肤呈青紫色，手臂出现多个小硬块，颅后沟出血。轻度维生素K缺乏，及时治疗后一般不会有后遗症，如果是严重的颅损伤，很可能出现智力低下、肢体活动不便、脑瘫等后遗症。

一般情况下，宝宝维生素K来自母乳和自身肠道细菌合成，但因为辅食吃得少的宝宝肠道形成维生素K的功能较差，如果不能从母乳中获取，很容易造成维生素K的缺乏。因此宝宝要及时添加辅食，多吃富含维生素K的食物，如：黄花菜、菠菜、西红柿、卷心菜、胡萝卜、黄豆、动物肝脏及鱼、蛋类等，尽早具备自造维生素K的能力。

乳酸菌

乳酸菌是指在肠内分解糖而制造大量乳酸的细菌的总称。双歧乳杆菌、嗜酸乳杆菌等都是乳酸菌。

乳酸菌在体内制造的"乳酸"等有机酸，可促进铁等营养素的吸收，能将肠内酸性化，预防病原菌的繁殖，可以促进消化吸收，保持排便顺畅。乳酸菌还能抑制有害物质被肠壁吸收，将其迅速排出体外，提高免疫力等的作用，能够发挥预防大肠癌的效果。

在各种乳酸菌中，双歧乳杆菌更受人们关注。

双歧乳杆菌包括两部分，一部分是原本栖息在人类肠内的肠内双歧乳杆菌，另一部分是从食物中摄取的双歧乳杆菌。双歧乳杆菌能够抑制害菌的繁殖，防止有害物质的生成，提高宝宝的免疫力，并增强对付癌症和病原体的抵抗力。

 喂养特点

宝宝长到 7 个月时，已开始萌出乳牙，有了咀嚼能力，同时舌头也有了搅拌食物的功能，对饮食也越来越多地表现出个人的爱好，喂养上也随之有了一定的要求。

 母乳喂养及混合喂养

母乳中所含的营养成分，尤其是铁、维生素、钙等已不能满足宝宝生长发育的需要。此时，应该让宝宝进入离乳的中期了，奶量只保留在每天 500 毫升左右就可以了，其他不够的部分应以配方奶粉或辅食补充。

 人工喂养

这个月的宝宝对辅助食品的兴趣开始有明显差别，因此牛奶用量要酌情掌握。同时，给宝宝选择的配方奶粉应符合宝宝的年龄阶段和喂养要求。愿意吃辅食的宝宝，牛奶日需量可降到 600 毫升，不愿意吃辅食的宝宝喝的牛奶量可增加到 800 毫升。从本月开始，可逐渐把晚间 10 点 1 次的喂奶减去，每天共喂 4 ～ 5 次，每次 150 ～ 200 毫升。

 辅食喂养

可以给宝宝增加半固体的食物，如：米粥、面条等，1天只加1次。粥的营养价值与牛奶、母乳相比要低得多。100克15%浓度的米粥只能产生约218千焦耳的热量，而100克的母乳能产生约285千焦耳的热量，100克牛奶能产生约300千焦耳的热量。此外，米粥中还缺少宝宝生长所必需的动物蛋白，因此，粥或面条1天只能加1次，而且要制作成鸡蛋粥、鱼粥、肉糜粥、肝末粥等给宝宝食用。

此时，是宝宝出牙的时候，可以在辅食中加入蛋黄、鱼末、动物血等多种营养食物，以帮助宝宝健康萌牙。

 # 喂养注意事项

 7个月宝宝添加辅食的程序

宝宝从7个月开始添加辅食，可以添加的第一类辅食是米粉，这样才可以继续添加其他的辅食。除特殊情况外，大多数父母都可以参考下面的添加程序，逐步完成7个月宝宝的辅食添加计划。

宝宝可以添加的第二类辅食是菜泥或果泥。

宝宝每天添加辅食的次数从1次增加到2次。辅食添加的时间与宝宝吃奶在同一时间，菜泥、果泥等糊类食品最好在吃完奶之后立即添加。当开始给宝宝尝试一个新的品种时，应按照从少到多的原则，每次只添加10克左右，以后逐渐增加到20克，最多可以加到30克，也可根据宝宝的食欲状况而定，原则上以不影响当次奶量为宜。妈妈应尽可能尊重宝宝的选择和意愿，让宝宝感到进食是一件愉快的事。

蔬菜水果的种类很多，选择的顺序应该是先淡口味再重口味，最好先选择蔬菜类泥糊，然后再选择水果类泥糊。

在添加辅食的过程中，宝宝可能会对某些食物特别容易接受，非常喜欢吃，但对另外一些食物则很反感，拒绝接受，这是很常见的情况。为了给宝宝提供合理均衡的营养，妈妈需要不断提高宝宝的适应能力，逐渐纠正宝宝挑食偏食的情况。首先，妈妈要让宝宝经常吃到自己喜欢接受的食物，使宝宝对进食产生兴趣，然后对他不喜欢的食物，采取少食多餐的方法让他逐渐适应。只要妈妈对宝宝保持足够的耐心，坚持让宝宝多次尝试，偏食挑食的情况是可以自然而然得到缓解的。宝宝6个月时，妈妈至少需要用2周的时间，让宝宝逐步适应4~5种菜泥和果泥类辅食，然后再实施下一步添加计划。

宝宝可以尝试添加的第三类辅食是蛋黄。

添加蛋黄以后，宝宝每天添加辅食的次数可从2次增加到3次，也就是说，在每天3次吃奶的同时，需要添加3种不同类型的辅食，而每天的奶量基本不减少。其中，每天添加的食物种类和次数分别是：少许米粉1次（大约几克或十几克），菜泥或者果泥1次（大约20~30克），蛋黄1次（不超过半个）。添加蛋黄的前提是宝宝没有过敏史，如果宝宝患有过敏性疾病，或曾经对某些食物或药物有过敏史，添加蛋黄的时间就需推迟或暂时不加。如果父母有过敏史，也要考虑适当推迟宝宝添加蛋黄的时间。

宝宝牙齿生长需要辅食来帮忙

如果宝宝出现唾液量增加，爱流口水，喜欢咬硬的东西，在哺乳时还会咬妈妈的乳头等情况，那就是表示，宝宝要长牙了！这个时期妈妈应注意宝宝的营养。

正确的辅食添加可以为宝宝长牙提供必要的营养，还能锻炼宝宝的咀嚼能力，促进口腔内血液循环，进而加快牙齿的发育。

在宝宝牙齿发育的过程中添加辅食时要注意以下2点：

● **给宝宝补钙**：补钙可以使宝宝牙齿发育期有良好的钙化，宝宝可以增强

体质，预防疾病，适时补充适量的营养物质，尤其是含钙及维生素A、维生素D的食物，如：骨头汤、牛奶、鸡蛋、豆类、新鲜蔬菜等，可以起到满足宝宝生长发育的需要，促进牙齿钙化的作用。

● 注意宝宝的个体差异：宝宝出牙时间一般在6～10个月。宝宝的各个牙齿的发育时间虽然不尽相同，但就每个牙齿的发育来说，都是经过生长期、钙化期和萌出期3个阶段。长牙的时间存在着很大的个体差异，这些差异的产生，有遗传因素的影响，也有环境因素的影响。正常情况下，营养良好、身体好、体重较高的宝宝比营养差、身体差、体重低的宝宝牙齿萌出早；温热地区的宝宝比寒冷地区的宝宝牙齿萌出早。如果宝宝在1岁后还没有长牙，就需要带他到医院检查了。

宝宝一日营养计划

宝宝7个月了，一天食谱的安排可以参照一下标准制订：

早晨 6:30	母乳或牛奶 180 毫升
上午 9:00	蒸鸡蛋 1 个
中午 12:00	粥或面条小半碗，菜、肉或鱼占粥量的 1/3
下午 4:00	母乳或牛奶 180 毫升
晚上 7:00	少量辅食，牛奶 150 毫升
晚上 11:00	母乳或牛奶 180 毫升

宝宝7个月后，可以吃一般的水果。可将香蕉、水蜜桃、草莓等类的水果制成果泥给宝宝吃，苹果和梨用匙刮碎吃，也可给宝宝吃葡萄、橘子等水果，但要洗净去皮后再吃。

宝宝辅食不宜添加的调味品

在给宝宝添加辅食时，有的妈妈常常在辅食里添加一些调味品。合适的调味品可以使辅食的口味多变起来，宝宝会更加喜欢吃。但是，不当的调味品也会影响宝宝的食欲和生长发育。那么，有哪些调味品不宜给宝宝添加呢？

◇ 味精

宝宝的辅食中最好不要添加味精。事实上，不论是成人还是宝宝，都不适宜吃过多的味精，因为味精中的钠食用过量会影响健康，长期食用还会引起味觉迟钝。

◇ 米醋

大多数宝宝都不喜欢醋的味道，没有必要在宝宝的辅食中添加醋。醋的味道较浓，会掩盖辅食的香味，宝宝在味觉还未发育完善的时候，经常品尝这种味道，会对辅食失去兴趣。

◇ 料酒

料酒里含有酒精的成分，所以最好不要使用到宝宝的辅食中。如果宝宝与成人吃一样的饭菜，最好把宝宝的那份多加热一会儿，让料酒变成甜味，再给宝宝吃。

◇ 辛味调味料

咖喱、胡椒、花椒粉、芥末、姜粉等都有很强的刺激性，不适宜宝宝未成熟的消化系统，不宜在辅食中使用。

🌸 宝宝合理的营养结构

宝宝的身体正处于快速成长时期，每个器官在发育时都需要大量的营养物质。如果宝宝营养的结构不合理，那么一些器官就有可能发育不完全，宝宝的身体就会出现疲倦、无力、抵抗力下降等症状。

合理营养是保证宝宝不再发胖的前提，对营养的需求要从两个角度来考虑，一是食物的量，即确定每天吃的食量大小。二是食物的质，在保证营养丰富的前提下，力求食物品种多样。

那么，究竟应该怎样组合食物的质和量呢？可以参考以下建议：

● 谷物、谷物制品、土豆等富含碳水化合物、纤维素、B族维生素、蛋白质和矿物质。如：面包、面条、大米、土豆等可以适量食用。

● 蔬菜和干鲜果品等富含维生素、矿物质、蛋白质、纤维素和碳水化合物。可以较大量食用。

● 水果里含有维生素、矿物质、纤维素和碳水化合物。可以较大量食用。

● 饮料应尽可能以饮用水为主，或选择不含糖的果茶、果汁、汽水。

● 牛奶及奶制品富含蛋白质、钙、B族维生素。特别是酸奶、凝乳、脱脂乳、低脂奶酪等。可以较大量食用。

● 鱼、肉、蛋等含有蛋白质、碘、维生素D和铁。最好选瘦肉、瘦肉肠。可以适量食用。

● 油脂和食用油等可以提供能量，但食量要少。

❋ 喂宝宝吃米饭

在宝宝的饮食问题上，有的妈妈常常会存在一些错误认知，如："多吃菜、少吃饭"也是其中的一种。这种吃法虽然让宝宝感到满意，但不科学。

我国传统膳食中的主食包括：谷类、麦、杂粮等，其主要营养素为：碳水化合物、蛋白质、膳食纤维及B族维生素等。在此，我们来分析一下这些成分的重要特点：

● 碳水化合物：是人体能量的主要来源，对宝宝来说，其所提供的能量要占总热能的50%左右。与蛋白质相比，1克碳水化合物和1克蛋白质产生的热能是相等的，都是4千卡，而碳水化合物在体内代谢时对肝脏、肾脏的负担比蛋白质小得多，产生的代谢产物也要比蛋白质少得多，从这个角度讲，作为人体能量的来源，碳水化合物比蛋白质更理想。

● 蛋白质：谷类食物除了提供热能外，还供给一定的蛋白质，其蛋白质含量约7%～10%。由于谷类食物缺少必需氨基酸赖氨酸，往往需要与富含赖氨酸的豆类或荤菜一起食用，这样可以提高其蛋白质的营养价值。

● 维生素 B$_1$：谷类食物除了提供热能、蛋白质外，还是维生素 B$_1$ 的主要来源。维生素 B$_1$ 是宝宝生长发育必需的营养素，如果缺乏会导致神经及心血管系统受损害，严重的甚至可致死亡。一般维生素 B$_1$ 主要存在于谷类的胚芽和外皮中，过度的碾磨和不合理的烹煮，也会使维生素 B$_1$ 大量丢失。

因此，父母在制作主食时，为避免以上成分的流失，必须注意以下 4 个方面：

● 粗细粮搭配：在谷类碾磨加工成精米、精白面时，维生素 B$_1$ 会随着外皮丢失。虽然精米、精面吃起来细腻可口，但长期吃会影响健康，所以要粗粮细粮搭配着吃。

● 不要过度淘米：淘米的目的是为了去除米粒中的杂质，有些人喜欢反复搓洗，但搓洗不仅除不掉米粒中的杂质，还会使米粒外层的营养素丢失更多。随着淘米次数的增多、浸泡时间的延长和水温的增高，各种营养素的损失也会增加，所以妈妈淘米时最好是用手把米粒中的杂质拣去，不要长时间浸泡，不要用热水淘，不要反复搓洗，淘米的次数也不要过多。

● 不要吃捞饭：做米饭时应采用蒸、煮的方法，但有些人喜欢做捞饭，即将大米煮到半熟，然后捞出再蒸，将剩下的米汤扔掉，这样会使溶于米汤中 40% 的 B 族维生素大量损失。采用蒸、烤、烙等方法制作面食时，各种营养素损失很少，煮面条时，部分营养素溶于汤中，若面条与汤同时食用，可减少营养素的丢失。

● 烹煮时不要加碱：维生素 B$_1$ 在碱性环境中极易被破坏，在煮稀饭或发面时加碱，都可使维生素 B$_1$ 大量破坏，所以发面时最好用酵母而不要用小苏打。

预防乳牙龋齿

一些爸爸妈妈认为"乳牙会替换，龋坏了并不重要"，因此不太重视宝宝龋齿的预防和治疗。其实，龋齿不治疗，危害很大。

俗话说"牙好，胃口就好"，牙不好，宝宝不愿意进食，营养吸收就会受影响。所以，一口"虫牙"的宝宝往往伴有营养不良、发育迟缓等问题。此外，有的宝宝常常因为一侧牙痛而用另一侧吃东西，长此以往会引起面部发育不对称，面型出现一边大一边小。龋齿引发严重感染还会累及恒牙胚的发育，进而影响恒牙的萌出。

宝宝乳牙龋坏的危害很大，妈妈应该怎样帮助宝宝预防龋齿呢?

● 临睡前清洁口腔：如果宝宝在临睡前吃了糖果或甜食后不漱口，这些食物残渣就会在口腔形成静止的有利于细菌生长的酸性环境，从而增大患蛀牙的几率。因此，宝宝临睡前吃了东西后一定要漱口，保持口腔的清洁。

● 避免整夜喂养：龋齿同样能够由不适当的母乳喂养引起。妈妈要合理安排喂养方案，避免喂养宝宝的时间过长，尤其是要避免整夜喂养宝宝。

● 喂食纤维性食物：纤维性食物，如：蔬菜、肉类、水果等对牙齿有机械性摩擦和清洗作用，并且不容易发酵，从某种程度上可减少宝宝龋齿的发生。

● 避免选择含糖过多的食品：妈妈在给宝宝添加辅食时要避免选择含过多糖分的食品。蔬菜和水果中已经含有宝宝需要的所有天然糖分，再给宝宝的食品添加糖分是不必要的。如果妈妈自己制作宝宝食品，不要添加糖和盐。蔗糖含量高的食物比蔗糖含量低的食物更容易引起龋齿。而黏性甜食，如：面包、蛋糕、奶糖等最容易增加龋齿的发生。饮糖水时，龋齿并不增加。因此宝宝要改变经常吃糖食的习惯，睡觉前吃糖对牙齿的危害最大。

重视宝宝多吃蔬菜

在平时，有的妈妈只重视宝宝对蛋白质、脂肪和糖的摄入，而忽视了维生素对宝宝大脑的发育及对智力的影响。在新鲜蔬菜中，存在着大脑正常发育所需要的大量B族维生素和维生素E，它们不但质量高，而且容易被吸收和利用。因此，妈妈应让宝宝多吃新鲜蔬菜。

宝宝多吃蔬菜可以带来以下益处：

● 蔬菜中的纤维质对宝宝有益：蔬菜中的纤维质虽然不能被人体的肠胃所吸收，但本身吸收了大量的水分，可以增加粪便形成的软度，有益排便。宝宝多吃纤维质丰富的食物可以促进身体的代谢功能，达到控制体重的目的。

- **蔬菜是维生素的最佳来源**：蔬菜含有丰富的维生素 C 和维生素 A，不过维生素 C 在烹煮时会大量流失，绿色和黄色蔬菜颜色越深，含有的维生素 A 和维生素 C 就越多。另外，有一些蔬菜含有丰富的钾、钙、钠、铁质等碱性矿物质，不仅能平稳血液中的酸碱值，也是宝宝生长所需营养素的重要来源。

- **增加宝宝的饱足感**：蔬菜中的纤维质能增加宝宝的饱足感，从而减少食物的摄取量，进而减少热量的摄取。

- **帮助宝宝整肠健胃、调整体质**：蔬菜中的纤维质能有效促进肠与胃的蠕动，减少食物在肠道停留的时间，延缓食物消化吸收的速度，健胃整肠，调整血液品质及身体体质。

7 个月的宝宝可多选用毛豆、扁豆、蚕豆、刀豆等鲜豆类蔬菜。因为这些蔬菜蛋白质含量比较高，而且豆类蔬菜中的铁容易被机体消化吸收，有利于防止宝宝出生 4 个月后因母体贮存铁被消耗后造成的贫血问题。但患蛋白质过敏的宝宝不宜食用。

哪些宝宝需补锌

锌是人体必需的微量元素，它与宝宝的生长发育有着密切的关系。宝宝缺锌会出现食欲下降、反复感染、生长迟缓、性发育落后、智能低下等问题，对于缺锌的宝宝，妈妈应及时给予锌剂的补充，如：葡萄糖酸锌等。

哪些宝宝容易发生体内锌缺乏而需要补锌呢？

- **平时有挑食偏食习惯的宝宝宜补锌**：锌富含于牡蛎、瘦肉、动物内脏中。如果宝宝不吃或少吃这类食物，每日锌的摄入量达不到标准，长此以往就会发生锌缺乏。缺锌会引起宝宝食欲下降等症状，造成锌摄入进一步减少，从而形成恶性循环。因此，对于存在挑食、偏食习惯的宝宝应该适量补锌，但同时更应积极纠正他们不良的饮食习惯，这是引起宝宝缺锌的根本原因，否则，缺锌现象将会反复发生。

- **受感染的宝宝宜补锌**：锌参与人体蛋白质、核酸等的合成。宝宝感染时，还会引起锌从粪便或尿液中丢失，同时体内对锌的需要量增加，而胃肠道

吸收锌的能力减弱。这样就易使人体的免疫功能降低，导致感染持续、反复发生。感染中的宝宝要适量补充锌剂和富含锌的食物，不仅能预防和治疗宝宝缺锌，而且有利于宝宝的早日康复。

● **多汗的宝宝宜补锌：**人体中多种微量元素都通过汗液排泄，锌便是其中之一。由于受遗传、生理和疾病的影响，有些宝宝存在多汗的现象。大量出汗会使锌丢失过多，降低机体的免疫功能，使宝宝体质虚弱，加重多汗，从而形成恶性循环，所以多汗的宝宝应适当补锌。

● **被动吸烟的宝宝应补锌：**烟雾中含有一种毒性很强的重金属元素——镉。镉和锌在吸收时互相干扰，在体内也有对抗作用。宝宝被动吸烟时摄入镉，就必然会影响锌的吸收，造成缺锌，因此吸烟家庭的宝宝应适量补充锌剂，以预防缺锌的发生。

宝宝在正常饮食、没有疾病的情况下一般不会发生锌缺乏，但是对于存在上述问题的宝宝应该及时补充微量元素锌，以免影响其生长发育。

❀ 纠正宝宝贪吃的坏习惯

有些妈妈不怕宝宝吃得多，就怕宝宝吃得少，殊不知过量饮食也是有害的。

宝宝年龄小，身体的消化和吸收功能是十分有限的，这也是宝宝的饮食要以吸收高营养食品为主的原因。如果宝宝一餐吃得过多，无法及时消化吸收的食物就会积压在体内，引起宝宝肚腹胀满、消化不良。时间久了，宝宝还会出现脾气暴躁、反应迟钝等问题。

贪吃影响宝宝智商的原因主要有：

● **贪吃会降低大脑的血流量：**人在进食后，要通过胃肠道的蠕动和分泌胃液来消化吸收，若一次进食过量或不停进食，消化道血管长时间处在工作状态，会把人体里的大量血液，包括大脑的血液，调集到胃肠道来。而充足的血供应是发育的前提，如果宝宝经常处于缺血状态，其生长发育必然会受到影响。

● **贪吃会抑制大脑智能区域的生理功能：**人的大脑活动方式是兴奋和抑制

相互诱导的，即：大脑某些部位兴奋了，其相邻部位的一些区域就处于抑制状态，兴奋越加强，周围部位的抑制就越加深，反之亦然。因此，若主管胃肠道消化的植物神经中枢因贪吃过量食物而长时间兴奋，这就必然引起邻近的语言、思维、记忆、想象等大脑智能区域的抑制。这些区域如果经常处于抑制状态，智力会越来越差。

● **贪吃会因便秘而伤害大脑**：宝宝的零食大多以高营养的精细食品为主，这些食品在加工过程中除去了大量的纤维素，宝宝吃了容易发生便秘。便秘时，代谢产物久积于消化道，经肠道细菌作用后产生大量有害物质，如：吲哚、甲烷、酚、氨、硫化氢、组织胺等。这些有害物质容易经肠吸收，进入血液循环，刺激大脑，导致脑神经细胞慢性中毒，影响脑的正常发育。

因此，妈妈要想在保证宝宝营养充足的前提下，不让宝宝贪吃，需要遵循以下原则：

● **要让宝宝不偏食**：为了保证宝宝的营养均衡，妈妈不可一味迁就宝宝的胃口。宝宝不爱吃的东西也要喂，让宝宝逐渐接受。

● **要让宝宝不贪吃**：宝宝的饮食要定时定量，不要让宝宝养成贪吃的习惯。

● **不要让宝宝暴饮暴食**：妈妈不要一次喂宝宝太多的食物，如果宝宝还想再吃，妈妈也要学会控制，可以用玩具或其他事情转移宝宝的注意力。

判断宝宝是否吃饱的方法

宝宝吃饱了吗？这是每个新手妈妈常会问的问题。如何才能知道宝宝是否吃饱了，可以观察以下几个方面：

● **宝宝的体重是否有规律地增加**：宝宝体重的变化状况，往往能表明宝宝是吃饱了还是饥饿。大于 6 个月的宝宝平均每月体重增加 500 克，说明宝宝已吃饱。如果宝宝的体重增加达不到上述标准，而且相差较大，在排除了疾病之后，多说明宝宝吃不饱。

● **看宝宝的大便是否正常**：一般牛奶喂养的宝宝大便易干结，颜色淡黄，

呈块条状，有时可夹有不规则的黄白色"皂块"，气味较臭。人工喂养的宝宝大便正常与否和牛奶的调配往往有着密切关系，一般牛奶中的脂肪过多，宝宝的大便会增多，而且容易夹有不消化的奶瓣；如果牛奶中蛋白质过多、糖含量过少，大便易显干燥；如果糖分过多、蛋白质过少，大便就会发酸并过稀，且会夹有泡沫和气体。牛奶过稀，宝宝大便少、小便多；牛奶过浓，宝宝不易消化，便中夹有奶瓣，妈妈要根据宝宝的大便情况判断牛奶的调配问题，并随时作出调整。

● 看宝宝的脸色和精神状态怎样：如果宝宝的脸色和气色都不好，精神状态也差，还哭闹，妈妈就需要考虑宝宝是否存在一些不正常的因素。在正常情况下，宝宝吃得好，很少哭闹，睡得香，觉后精神愉快，体重增长正常，就可以认为宝宝喂养得较好。

如果宝宝的脸色过于苍白，就要考虑宝宝是否缺铁或营养不足。妈妈可以适当增加奶量、铁剂等看宝宝能否好转。如果宝宝气色精神不好，就要考虑宝宝是否得病了，如果宝宝发生消化不良、食物性致泻等情况，则需要到医院检查。

● 观察宝宝睡眠、啼哭、大便三者的关系是否异常：当宝宝在这三方面出现异常时，往往都是由于妈妈不合理的喂养方法所引起的，如：不按时喂，或一哭就喂，或每次都没有喂饱等。由于喂奶次数频繁，宝宝的胃肠道得不到休息会引起消化功能不正常，大便次数增多，睡觉不规律。于是有的妈妈就把宝宝抱在怀里，拍着、摇着，试图使宝宝入睡。日子一长，就会让宝宝养成了一种坏习惯，即不抱、不拍、不摇晃就不睡觉，这样既影响了妈妈的休息，宝宝摄入的牛奶量也会减少。因此，对宝宝坚持按时喂奶，从小养成有规律的生活习惯，宝宝在被喂饱后就会安静入睡，大便良好，体重也能正常地增长。

 **育儿 Q&A**

🌼 什么时候宝宝可以吃磨牙饼干或磨牙棒

Q：什么时候可以给宝宝喂磨牙饼干或磨牙棒呢？

A：宝宝出牙的时间通常在 6～10 个月，早可为 4 个月，晚可迟至 12 个月。宝宝 6 个月以后，就可以吃磨牙饼干或磨牙棒，以帮助缓解出牙时的不适。

🌼 怎样给 7 个月的宝宝补钙

Q：我的宝宝 6 个月 8 天了，出生时 3.2 千克，50 厘米，5 个月的时候开始出牙，下牙 2 颗，母乳喂养，辅食已经添加蛋黄、米粉、稀饭，现在每天一颗伊可新，然后每天晒太阳，这样就可以了吗？

A：现在给宝宝添加辅食可以开始吃一些鱼肉类的食物，如果宝宝没有出现盗汗、枕秃等症状，可以隔 1 天补 1 次钙，吃的时候把伊可新挤到宝宝的嘴里，剩下的皮妈妈自己吃了，这样母乳里面可以有一些营养。

🌼 宝宝 7 个月才加辅食影响宝宝发育吗

Q：我的宝宝 7 个月了，母乳充足，白天喂 3～4 次，晚上喂 2 次。白天喂米粉或鸡蛋黄 1～2 次，米粉大约 2 平汤匙，鸡蛋半个。请问这样喂养合理吗？因为奶水够吃，辅食喂得少而且辅食种类也就米粉和蛋黄，这样喂宝宝营养跟得上吗？

A：母乳对宝宝是很好的食物，但有些母乳喂养的妈妈在添加辅食的过程当中，对于辅食的种类和用量会存在矛盾。

辅食添加对宝宝营养成分的补充也是很重要的，满 6 个月以后单纯靠母乳

喂养，能量没办法满足宝宝的需求，很多营养成分，包括：多种维生素、矿物质等，需要从辅食方面进行补充添加。

7个月的宝宝可以吃3~4顿辅食，每次的量大概在150毫克左右。对于不同的宝宝需求量也不尽相同，这个月龄的宝宝应从纯母乳喂养逐渐过渡到辅食添加，辅食添加的次数要根据宝宝的需求来定。另外，还要增加辅食的种类，除米粉和蛋黄外，还应添加肉类、蔬菜、水果等食物。通过辅食添加锻炼宝宝的咀嚼能力，对于宝宝口腔的发育和味觉的形成都有好处。

 链接 *lian jie*　　　**给6~7个月宝宝的食谱**

肉菜粥

- 原料：大米、肉末、菜末、盐。

- 制作方法：先将米洗净，然后用水浸泡半小时（这样煮出来的粥比较香）。锅里放少许油，炒肉末，加入适量水，将米放入，用小火煮至黏稠后加入制好的菜末（碎菜），再煮开即可食用。

- 功效：如用鸡汤、排骨汤营养更丰富。另外，如宝宝太小，油要放得少些。

奶香土豆泥

- 原料：土豆。

- 制作方法：土豆洗净，连皮放入锅中，加适量的水，上火煮到熟软后取出，去皮后切成小块。把土豆块用汤匙或刀背压成泥状。把土豆泥放入碗中，加入配方奶搅拌均匀即可食用。

- 功效：土豆是低热能高蛋白富含多种维生素和微量元素的食物，十分适宜做宝宝的添加辅食。其所含的粗纤维可促进肠胃蠕动，有通便和防治宝宝便秘的功效。

奶油南瓜

- **原料**：切碎的南瓜2大匙，儿童酱油3大匙，肉汤1大匙，奶油1大匙。
- **制作方法**：将南瓜去皮除子煮软后切成碎块，将其放入锅内，加儿童酱油和肉汤煮，熟时加入奶油混合均匀即成。
- **功效**：南瓜含有丰富的B族维生素，牛奶含有钙质和蛋白质，这些都是宝宝成长不可或缺的成分，可以帮助宝宝健康生长。

豆腐糊

- **原料**：豆腐、肉汤。
- **制作方法**：将豆腐放入锅内，加入少量肉汤，边煮边用勺子研碎，煮好后放入碗内，研至光滑即可喂食。煮豆腐时要注意，蛋白质如果凝固就不好消化，所以煮的时间要适度。
- **功效**：豆腐糊味美可口，含有较丰富的蛋白质、脂肪、碳水化合物及维生素 B_1、维生素 B_2 等，既易于消化吸收，又能够参与人体组织的构造，促进宝宝的生长发育。

7~8个月的宝宝还未完全断奶，虽然妈妈的乳汁日渐稀薄，但宝宝还应继续进食母乳。同时，妈妈也要注意在辅食喂养中宝宝饮食的营养均衡。

 7~8个月宝宝的发育状况

	男宝宝	女宝宝
体重	平均9.1千克（7.1~11.0）	平均8.5千克（6.7~10.4）
身长	平均71.5厘米（66.5~76.5）	平均70.0厘米（65.4~74.6）
头围	平均45.1厘米（42.5~47.7）	平均44.1厘米（41.5~46.7）
胸围	平均45.2厘米（41.0~49.4）	平均44.1厘米（40.1~48.1）
身体特征	开始长出牙齿，当名字被呼唤时就会有反应；可以两手握住玩具；坐得很稳、会爬；扶物能站起；大拇指和其他四指能分开对捏；开始有目的地玩玩具；能注视周围更多的人和物体，会把注意力集中到感兴趣的事物和玩具上，并采取相应的活动。	
智力特征	能发出简单的音节词，如：爸爸、妈妈、达达等；开始听懂语言，认识物体，如：灯、车、电视等；能区别熟人和生人；能辨别成人的不同态度、脸色和声音，并做出不同的反应；有初步模仿的能力，部分宝宝能模仿成人摇手表示再见等。	

明星营养素

这个月，宝宝对食物的需求量逐渐增加，此时核苷酸、赖氨酸和氨基酸在宝宝营养中扮演着重要的角色，妈妈要重视宝宝从母乳和其他辅食中对这些营养素的摄取。

核苷酸

核苷酸是体内重要的低分子化合物，它是构成遗传基因 RNA 和 DNA 的基本物质，是维持细胞正常生理功能不可或缺的物质；它也参与蛋白质、脂肪、碳水化合物及核酸的代谢。核苷酸能促进宝宝肠道发育，提高肠道组织蛋白质合成率和肠黏膜蛋白酶、淀粉酶等多种酶的活性，加速因饥饿、辐射、炎症、溃疡等造成的肠道损伤的恢复，使肠道吸收功能得到改善，维持正常功能。另外，核苷酸还参与调节肝细胞的蛋白质合成，维持肝脏的正常功能。

儿科专家研究证明，用含核苷酸的奶粉喂养的宝宝对 B 型流感疫苗表现出了更高的抗体免疫反应水平，而且宝宝腹泻的几率只有 15%。用不含核苷酸的奶粉喂养的宝宝腹泻发生率高达 41%，母乳喂养的宝宝腹泻发生率为 22%。

赖氨酸

赖氨酸是蛋白质的重要组成成分之一，是人体不能自身合成但又十分需要的 8 种氨基酸之一，是一种优良的食品强化剂。

动物性蛋白质含有的氨基酸种类和比例与人体需要最为接近，因此被称为优质蛋白质，植物性蛋白质所含的氨基酸种类和比例就没有那么齐全及适宜，如：小麦、大米、玉米和豆类（除黄豆外）等。

宝宝的生长发育迅速，尤其需要优质蛋白质，可宝宝的消化道尚未成熟，

缺乏消化动物性蛋白质的能力，主要食物还是以谷类为主，因此单吃谷类容易引起赖氨酸缺乏。

预防赖氨酸缺乏的办法就是把食物进行合理地搭配，如：小麦、玉米中缺少赖氨酸，就可添加适量的赖氨酸，做成各种赖氨酸强化食品，这样可以提高营养价值。宝宝吃了添加了赖氨酸的食品，身高和体重会明显增加，对生长发育有帮助。

妈妈需要注意的是，给宝宝添加赖氨酸必须适量，宝宝不可吃得过多，因为氨基酸吃得太多，会增加肝脏和肾脏的负担，造成血氨增高和脑损害，会使宝宝出现肝脏肿大、食欲下降和手脚痉挛等症状，甚至造成宝宝生长停滞并发生智能障碍等。

 喂养特点

7~8个月的宝宝还未完全断奶，虽然妈妈的乳汁日渐稀薄，但宝宝还应继续进食母乳。同时，妈妈也要注意在辅食喂养中宝宝饮食的营养均衡。

母乳喂养

用母乳喂养的宝宝一过8个月，即使母乳充足，也应该逐渐实行半断奶。原因是母乳中的营养成分不足，不能满足宝宝生长发育的需要。因此在这个月里，母乳充足的不必完全断奶，但不能再以母乳为主，一定要加多种代乳食品。

人工喂养

用牛奶喂养的宝宝，此时也不能将牛奶作为主食，要增加代乳食品，但是每天牛奶的量仍要保持在500~600毫升之间。

辅食喂养

可以给宝宝继续增加辅食，可食用碎菜、鸡蛋、鱼、肉末等。辅食的性质还应以柔嫩、半固体为好，少数宝宝对成人吃的米饭感兴趣，也可以让宝宝尝试吃一些，如未发生消化不良等现象，以后也可以给宝宝喂一些软烂的米饭。给宝宝做的蔬菜品种应多样，如：胡萝卜、西红柿、洋葱等，对经常便秘的宝宝可选菠菜、卷心菜、萝卜、葱头等含纤维多的食物。宝宝满8个月后，可以把苹果、梨、水蜜桃等水果切成薄片，让宝宝拿着吃。香蕉、葡萄、橘子可在去皮后让宝宝整个拿着吃。

 喂养注意事项

宝宝断奶时合理搭配膳食

宝宝消化、吞咽、咀嚼能力不断加强，对各种营养素的需要逐渐增加，对食物的质和量也要有新的要求。这时仅靠母乳的营养已显得不足且不够全面，妈妈需要逐渐添加一些食物来补充营养的需要。

"断奶"是一种过渡形式，是用一种非母乳的食物，以半流体到固体的食物来供给宝宝的营养需要，直至全部代替母乳。断奶期一般是在1岁左右，在断奶过渡期间宝宝如果能得到充足的、富含各种营养素、清洁、卫生、易于消化的食物，宝宝就能健康成长；如果缺乏或得不到各种合适的食物，宝宝的生长发育就很不利，通常反应为生长缓慢、体质和智力的发展受阻、易患各种营养缺乏病等。

那么，妈妈应如何科学顺利地让宝宝断奶呢？

• **妈妈需要逐渐给宝宝断奶**：开始用辅助饮食代替母乳，逐步以饭全部代

替母乳。人工喂养的宝宝在 1 岁以后也应减少一些流质的牛奶量，增加一些含营养素较丰富的固体食物，切忌"一刀切"。宝宝从吃母乳到吃饭有一个逐步适应的过程，为了满足宝宝生长发育的营养素的需要，顺利度过断奶期，适应新的饮食方式，在 7～8 个月可减少 1 次喂奶，以食物代替，如：全蛋羹、肉泥、肝泥、豆腐、鱼肉泥等，以后可以逐渐减少母乳，多加食物。在食物的制作上尽量保持清淡或自然香味，以促进宝宝进食。

● 培养宝宝良好的饮食习惯：宝宝吃饭时如果受到外界因素的干扰，便会停止吃饭，去做别的活动。刚断奶的宝宝吃饭时，妈妈应保持周围环境的安静，使宝宝感到吃饭愉快，这样宝宝才能集中注意力，按时把饭吃完。有些妈妈担心宝宝不好好吃饭，便一边给宝宝玩玩具或讲故事一边哄宝宝吃，这样做不但不能养成良好的饮食习惯，反而会影响宝宝的消化吸收。

随着宝宝出牙的增多，宝宝可以吃的食物品种不断增加。妈妈只要合理调配，断奶期的宝宝同样可以摄入足够的营养素，而且还可培养宝宝的独立心理和良好的饮食习惯。

不要乱用民间土方断奶

民间常常有一些断奶的土办法，如：往妈妈的奶头上涂辣椒水、万金油之类的刺激物，或者妈妈干脆把宝宝送到娘家或婆家，几天甚至好久不见宝宝等。专家提示，这些办法都是不可取的。

对宝宝而言，乳头上有刺激物简直是残忍的"酷刑"。而对宝宝的情感来说，长时间的母子分离会让宝宝缺乏安全感，特别是对母乳依赖较强的宝宝，看不到妈妈会产生焦虑情绪，不愿吃东西，不愿与人交往、烦躁不安，哭闹不停，睡眠不好，甚至还会生病，这样不仅断不了奶，还会影响宝宝的身心健康，实在是得不偿失。

宝宝的辅食要多样化

宝宝 7 个月的时候，进入断奶期。断奶期的辅助食品可分为四大类，即：

谷类、动物性食品及豆类、蔬菜水果类、油脂及糖类。

● **谷类**：谷类食物是最容易为宝宝接受和消化的食物，添加辅食时也多先从谷类食物开始，如：粥、米糊、汤面等。宝宝 7～8 个月时可以吃一些饼干、烤馒头片、烤面包片等，可以帮助磨牙，促进牙齿生长。

● **动物性食品及豆类**：动物性食物主要指鸡蛋、肉、鱼、奶等，豆类指豆腐和豆制品，这些食物含蛋白质丰富，也是宝宝生长发育过程中所必须的。母乳喂养的宝宝每天每千克体重需供给蛋白质 2～2.5 克，人工喂养或混合喂养的宝宝需要供给蛋白质 3～4 克。

● **蔬菜和水果**：蔬菜和水果富含宝宝生长发育所需的维生素和矿物质，如：胡萝卜含有较丰富的维生素 A、维生素 C、维生素 D，菠菜富含钙、铁、维生素 C，橘子、苹果、西瓜富含维生素 C 等。妈妈可以给宝宝喂食鲜果汁、蔬菜水、菜泥、苹果泥、香蕉泥、胡萝卜泥、红心白薯泥、碎菜等给宝宝补充营养素。

● **油脂和糖**：油脂和糖类食物是高热能食物。宝宝胃容量小，所吃的食物量少，热能不足，所以必须摄入体积小、热能高的食物，但要注意不宜过量。

✿ 喂宝宝吃菜泥

菜泥为糊状半流质食物，适合 7～8 个月的宝宝食用。

这个阶段的宝宝牙齿逐渐萌出，胃的容量也逐渐增加，此时添加菜泥不仅可以补充丰富的纤维素、矿物质和维生素，还可以使宝宝的食物从菜水类流质向碎菜类软食逐渐过渡，从而顺应消化功能的改变，满足宝宝的生理需要，为断奶做准备，同时可以培养宝宝接受用匙喂食和咀嚼的习惯。

具体做法是：先将洗净的青菜顺着菜茎撕下菜叶，并将菜叶撕成碎片，不要用刀切，以免将粗糙的纤维混入，不利于宝宝的消化。同时烧开半锅水，再将碎菜叶放入沸水中，盖紧锅盖再煮沸 10 分钟左右，稍凉后将煮烂的碎菜叶连水一起倒入不锈钢或铜丝筛子中，滤去水分，再用不锈钢勺在筛中刮压过滤。弃去渣子，筛子下滤出的泥状物即为菜泥。

0～1岁育儿营养全方案

菜泥可单独给宝宝喂食或调入稀粥、烂面条中食用，每次约15克，每天1～2次，可随着宝宝月龄的增大逐渐加量。宝宝适应一种新的食物，一般要经历7～10天，因此给宝宝食用时应注意从很少量开始，观察3天以上，若宝宝没有不适应的反应，妈妈可以给宝宝增加分量或试用另一种食物。

妈妈要密切注意宝宝食后的反应，并随时观察宝宝的大便，如果发现大便异常而不能用其他原因解释时，应暂时停吃这种食物，待宝宝消化机能改善和大便恢复正常后，再从头开始。宝宝患病时也不要给他添加新的食物，以免消化不良。除菜泥外，胡萝卜切成小丁煮熟后也可按上法制泥。

过渡到吃固体食物

宝宝良好饮食习惯的建立并非随着宝宝的成长自然而然地完成，需要妈妈从宝宝小的时候起有意识地进行培养，帮助宝宝养成良好的饮食习惯。

随着宝宝的长大，宝宝的活动范围和活动能力也逐渐增大，原来的乳类食品已不能满足宝宝生长发育的需要，需要逐渐过渡到以吃固体食物为主。在这个过程中通常要发生以下的变化：

● 食物性质：从流质食物逐渐过渡到半固体、固体食物。

● 食用方式：从吸吮奶头过渡到口唇、口腔、舌、牙齿等协同作用，进行咬、咀嚼、吞咽固体食物。

● 餐具：从奶瓶过渡到小匙、杯、碗和盘等，甚至可以直接用手抓取。

● 喂哺人：可能从妈妈变成爸爸、爷爷、奶奶、保姆等。

这一过程对于宝宝来说造成的压力是很大的，爸爸妈妈必须充满爱心，耐心尝试，细心观察，了解宝宝的需要，帮助宝宝养成专心、主动进食的好习惯。

另外，还应注意做到以下几点：

● 具体情况具体分析，不强迫宝宝进食。

● 宝宝生病时，就不要给宝宝添加新食物。

● 认真观察宝宝的需求，宝宝偶尔一次吃得少，不必过分担心。宝宝饿了的时候，会自己主动觅食吃的。

● 零食也不是一概不能吃。适量的零食对宝宝的生长发育也有益处，可以作为每天饮食计划的一部分。要在固定的时间给宝宝吃适量的零食，如：少量糖果、几块小饼干等。要避免吃饭前给宝宝吃零食，会影响宝宝的食欲。

以稀饭取代米糊

这个月的宝宝，可以用稀饭部分取代米糊进行喂养，因为此时宝宝的牙齿开始慢慢长出，吞咽能力也逐渐成熟，此时正是为宝宝添加半固体食物的好时机。白稀饭是一种方便健康的半固体食物。

一般在刚开始添加稀饭时也应先从少量给予，且以不添加任何调味料为主，等到宝宝适应白稀饭后，妈妈可以在稀饭中添加一些鱼肉泥、蛋黄泥、蔬菜泥等半固体的食物，这样不仅为稀饭增加了不同的风味，而且也增加了食物的营养。

妈妈需要注意的是，尽量以天然食物为主，且以加调味料为原则，1 次以添加 1 种食物为准，以减少宝宝不适的现象。如果宝宝对添加的食物接受性不佳，妈妈暂时不要心急，也不要强迫宝宝进食，以免引起宝宝进食的反感；可先停止喂食 1 ~ 2 个星期之后，再重新少量给予，尝试让宝宝再次接受此种食材。

给宝宝恰当补充零食

8 个月的宝宝非常好动，整天活动会消耗掉大量的热能。每天在正餐之间给宝宝恰当补充一些零食，能更好地满足宝宝新陈代谢的需求。研究表明，宝宝吃一些零食，营养会更平衡，这是摄取多种营养的一条重要途径。

宝宝爱吃零食并不是坏习惯，关键要把握一个科学的尺度：

● 宝宝吃零食的时间要恰当，最好安排在两餐之间，不要在餐前 1 小时内吃。

● 宝宝吃零食要适度，不能太多，以免影响正餐。

● 给宝宝的零食，要选择清淡、易消化、有营养、不损害牙齿的食品，

如：新鲜水果、果干、牛奶、纯果汁、奶制品等，不宜选太甜、太油腻的零食。

 训练宝宝的咀嚼能力

咀嚼能力差，对于宝宝进食习惯的养成、营养吸收以及牙齿发育都会有影响，因此，爸爸妈妈就要特别注意宝宝咀嚼能力的训练。很多人以为，宝宝与生俱来就有吞咽、咀嚼的能力，时候到了宝宝自然就会吃东西，不需要特别注意什么。其实，这种观点是不正确的。

咀嚼能力的完成，是需要舌头、口腔、牙齿、脸部肌肉、嘴唇等配合，才能顺利将口腔里的食物磨碎或咬碎，进而吃下肚子。

咀嚼能力是宝宝整个口腔动作长时间且经常练习使用，才能达到良好的能力。如果妈妈没有积极训练宝宝的咀嚼能力，并忽略提供各个阶段不同的食品，等宝宝过了1岁之后，妈妈就会发现宝宝因为没有良好的咀嚼能力，而无法咀嚼较粗或较硬的食物，有可能造成营养不均衡、挑食、吞咽困难等问题。

◇ 训练重点

• 妈妈可以给宝宝提供更为多样化的食物，食物可以更硬一些或更浓稠一些。

• 可以给宝宝提供一些需要咀嚼的食物，以培养宝宝的咀嚼能力，促进牙齿的萌发。

• 如果宝宝已经长牙，妈妈可以给宝宝提供一些可以自己手拿的食物，如：水果条、小吐司等。

• 宝宝长牙可能会觉得不舒服，妈妈可以准备几个不同感觉的固齿器。固齿器除了可以让宝宝磨牙之外，也能帮助咀嚼能力的发展。不过，使用时务必要注意固齿器的清洁。

◇ 阻碍咀嚼发展的错误做法

• **没有把握添加食物的关键期**：宝宝学习咀嚼、吞咽动作的关键时期在

4~12 个月，开始期最迟不要超过 6~7 个月大，妈妈就需要给宝宝添加适当的食物，否则可能会影响宝宝咀嚼的发展。

● 把食物烹煮得太软烂：有些妈妈认为宝宝没有良好的咀嚼能力，就只给宝宝提供稀饭或煮烂的青菜、肉类，使宝宝没有机会尝试需要咀嚼的食物。

吃对食物可以保护牙齿

要照顾好宝宝的牙齿，除了勤刷牙、定期光顾牙医，还要做什么呢？研究发现：食物能影响宝宝的牙齿洁白与健康。一些天然食物里的成分，可以对抗造成龋齿的口腔细菌，强化牙齿牙釉质，平衡口腔的酸碱值。

那么，哪些食物可以帮助宝宝保护牙齿呢？

● 洋葱：洋葱里的含硫化合物是强有力的抗菌成分，能杀死多种细菌，其中包括造成宝宝龋齿的变形链球菌，而且以新鲜的生洋葱效果最好。但是，洋葱的味道不是每个宝宝都能接受的，尽量制成生菜沙拉，或者在汉堡包里，夹上一些生洋葱丝。通常情况下，白色的洋葱味道要甜一些，宝宝更喜欢。

● 香菇：香菇是提升免疫力的热门食物，对保护牙齿也有帮助。其中所含的香菇多糖可以抑制口腔中的细菌制造牙菌斑。菇类带有独特的风味而且热量又低，每周吃 2~3 次，是简单又不花大钱的保健方法。

● 富含维生素 C 的果蔬：如：橙子、猕猴桃、草莓、西红柿、胡萝卜等，可以杀死部分口腔里的细菌，而且还能促使牙龈上形成健康的胶原质。需要注意的是，在宝宝吃过或喝过柑橘类的食物或饮料后，应该至少等 30 分钟再刷牙，因为这类水果中的柠檬酸可暂时削弱牙釉质，吃后马上刷牙会使牙齿受到侵蚀。

● 坚果类：坚果和植物的种子中含有天然的脂肪，是牙齿的外衣和保护层，能抵抗细菌的侵袭。植物种子中的油脂可加固牙齿上的牙釉质。另外，许多植物的种子中都含有丰富的钙。妈妈在给宝宝添加坚果时，一定要注意精细加工，可磨碎后和在粥里喂给宝宝。但是宝宝若太小，妈妈一定要看护好宝宝，避免宝宝因吞咽不当而引发窒息。

宝宝头发稀疏的饮食治疗

宝宝头发的变化与疾病及其营养状况关系密切。一般说来，胎儿在子宫里营养不良，出生后头发稀疏、细而柔软，一绺一绺的。患有佝偻病的宝宝，长到 7～8 个月的时候，往往在靠近枕头部的头发长得稀疏，并伴有出汗多、头皮发痒等症状。

患有营养不良的宝宝，头发一般表现为枯黄、干燥、没有光泽、容易脱落，同时还伴有指甲生长缓慢、皮肤干燥发凉，或有起鸡皮疙瘩等现象。还有一种由于近亲结婚造成的遗传病——苯丙酮尿症，表现为宝宝头发越长越发黄，且脸色细嫩、发白、尿有老鼠尿味，智力发育不健全。

◎ 西医饮食治疗头发稀疏

宝宝头发长得稀疏、细柔，多数是由于营养不良所致，尤其是体内缺乏维生素 A、维生素 B_1、维生素 B_2、维生素 B_6、维生素 B_{12} 及叶酸、钙、锌、铁等矿物质，致使头发营养缺乏，妨碍了头发的正常生长发育。

妈妈要注意宝宝的科学饮食，让宝宝不偏食、不挑食，适当多吃一些营养丰富的食物，如：黄绿蔬菜，豆类，蛋类，鱼虾类，动物肝、血，贝壳类等，也可在医生的指导下，合理服用维生素制剂、钙剂等。

◎ 中医饮食治疗头发稀疏

宝宝头发稀疏，可以在饮食调理方面注意选择一些益气补血、补脾健胃的食谱。

● 芡实 10 克、薏仁 10 克、莲子肉 10 克、山楂肉 6 克、淮山药 10 克、粳米适量，煮粥作药膳食用。

● 黑芝麻适量炒熟、研粉，与等量炒熟的面粉混合，用开水调成糊状，可加些红糖调味，每日吃一次。

● 党参 10 克、茯苓 10 克、红枣 5 枚、桂圆 5 枚，水煎服，每天一剂。

- 党参 10 克、白术 6 克、茯苓 6 克、粉草 3 克、广木香 3 克、砂仁 3 克、泡半夏 3 克、陈皮 3 克，水煎服。

- 红枣或黑枣 6 ~ 7 枚、鸡内金 3 克，水煎，饮汤食枣。

- 活黑鱼或黄鳝加水，隔水清炖，并放一些食盐调味食用。

- 黑、白木耳各 10 克，做菜肴食用。

- 胡萝卜 30 克、大枣 5 枚，煎汤调适量麦芽糖食用。

- 黑芝麻、黄豆和花生仁各等量，洗净炒熟，碾粉混合，调红糖开水冲泡成糊状食用。

 育儿 Q&A

8 个月宝宝未添加辅食可以断奶吗

Q：我家的宝宝 8 个月了，一直都是母乳喂养，没有添加过辅食。听说这个月龄的宝宝可以断奶了，这种情况可以断奶吗？

A：这种情况不要给宝宝断奶。因为宝宝从未添加过辅食，消化道对断奶后的食品没有适应能力，突然断奶会对宝宝不利，会引起宝宝消化紊乱、营养不良，影响宝宝的生长发育。

8 个月宝宝还没出牙是缺钙吗

Q：我家的宝宝 8 个月了还没长牙，请问会不会是因为缺钙呢？

A：宝宝出牙的时间和速度是反映其生长发育状况的标志之一。

由于气候、生活水平、遗传等方面的差异以及个体的差异，宝宝乳牙萌出的时间会略有不同。宝宝 8 个月没长牙还属于正常范围。可以观察宝宝是否有流口水，易烦躁，或爱咬奶头、奶嘴、玩具等现象，轻按牙龈是否能摸到牙龈

下的乳牙，这些都是乳牙即将萌出的表现。

为使宝宝乳牙正常地生长，应注意宝宝的合理饮食，让宝宝加强运动，多做户外活动和晒太阳，在医生的指导下合理进行维生素 D 和钙剂的补充。

 链接 *lian jie* **给 7~8 个月宝宝的食谱**

红枣泥

● 原料：红枣、白糖、水。

● 制作方法：将红枣洗净，放入锅内，放入清水煮 15~20 分钟，至烂熟；去掉红枣皮、核，加入白糖，调匀即可喂食。

● 功效：红枣泥含有多种维生素、蛋白质、脂肪、粗纤维及多种矿物质。

鸡肝糊

● 原料：鸡肝 15 克，鸡汤 15 克，酱油、蜂蜜各少许。

● 制作方法：将鸡肝洗净，放入水中煮，除去血后再换水蒸 10 分钟，取出剥去鸡肝外皮，将肝放入碗中研碎；将鸡架汤放入锅内，放入研碎的鸡肝，煮成糊状，加入少许酱油和蜂蜜，搅匀即成。

● 功效：此菜鲜嫩，甜咸可口，含有丰富的蛋白质、脂肪、钙、磷、铁及维生素群。

苋菜水

● 原料：苋菜 100 克、水 100 克、精盐少许。

● 制作方法：将苋菜洗净，切丝；锅置火上，放水烧沸，倒入菜丝，加入精盐煮 5~6 分钟，离火，再焖 10 分钟，滤去菜渣留汤即成。

● 功效：苋菜含铁、钙、胡萝卜素，易于消化吸收，能供给宝宝较多的铁和钙质。

核桃汁

● 原料：核桃仁 100 克、白糖 30 克、清水（牛奶）适量。

● 制作方法：将核桃仁放入温水中浸泡 5~6 分钟后，去皮；用多功能食品加工机磨碎成浆汁，用干净的纱布过滤，使核桃汁流入小盆内；把核桃汁倒入锅中，加入适量清水（或牛奶），加入白砂糖烧沸，待温后即可喂食。

● 功效：核桃含丰富的油脂及蛋白质、粗纤维、胡萝卜素、维生素群等。

8~9个月：
宝宝膳食要平衡搭配

第二篇

8~9个月的宝宝，已经开始长出乳牙，有些宝宝的乳牙已经萌出4颗，消化能力也比以前增强，需要的营养也不断增加，单靠母乳已不能满足宝宝成长发育的需要，因此应用辅食取代部分母乳。

 8～9个月宝宝的发育状况

	男宝宝	女宝宝
体重	平均9.3千克（7.3~11.4）	平均8.8千克（6.8~10.7）
身长	平均72.7厘米（67.9~77.5）	平均71.3厘米（66.5~76.1）
头围	平均45.5厘米（43.0~48.0）	平均44.5厘米（42.1~46.9）
胸围	平均45.6厘米（41.6~49.6）	平均44.4厘米（40.4~48.4）
身体特征	不需要倚靠任何物体，能很稳地坐比较长的时间；坐着时，能够用两手玩弄手里的东西，能自由放下或拿起物品，两手能互递物品；能用拇指和食指捏东西，但有的宝宝仍是用拇指和四指捏物体；开始会向前爬，但四肢运动还不协调，有些宝宝已经能够爬行，能够辨明人的表情，开始模仿他人。	
智力特征	会模仿大人咳嗽；能听懂简单的指示；能分辨照片中的妈妈和自己，对别人的照片反应比较平淡；会等待妈妈来喂奶；在家人面前表演，受到鼓励时会重复；会对别人的游戏感兴趣；看到别的宝宝哭，自己也会哭；对重复的事感觉厌烦，可能记得前一天的游戏；害怕高的地方；有时会拒绝被人打断注意力，会开始显示出毅力和耐心；喜欢看配有大图案的图画书。	

明星营养素

随着宝宝的生长，宝宝需要的营养素也不断增加。宝宝在 8~9 个月时，需要补充卵磷脂和叶酸这两种营养素。

 卵磷脂

卵磷脂对大脑及神经系统的发育起着非常重要的作用。

我们知道，宝宝的大脑发育包括两个非常重要的方面：一方面是脑细胞的大小及数量；另一方面是各神经细胞间的链接和丰富。而卵磷脂对这两个方面都起着不可替代的重要作用。

首先，卵磷脂构成脑细胞膜干重的 70%~80%。脑细胞膜负责为脑细胞输入营养，输出废物，并保护细胞不受有害物质侵犯。卵磷脂缺乏将导致脑神经细胞膜受损，造成脑神经细胞代谢缓慢、免疫及再生能力降低。

但是，仅有独立的脑神经细胞，大脑仍不能够思维，只有当各神经细胞间建立起信息传递的通道时，大脑才能具备思维的能力。充足的卵磷脂可提高各神经细胞间的信息传递速度及准确性，并促使信息通道进一步建立和丰富，使宝宝反应迅速，增强记忆力。

因此，妈妈要给宝宝多补充一些富含卵磷脂的食物，如：蛋黄、大豆、鱼、芝麻、谷类、动物肝脏等。

 叶酸

叶酸属于水溶性 B 族维生素的一种，是日常生活饮食中最常缺乏的营养素。叶酸普遍蕴藏于植物的叶绿素内，深绿色带叶蔬菜中含量最为丰富。叶酸在宝宝生长发育的过程中，掌管着血液系统，起到促进宝宝组织细胞发育的作

用，是宝宝成长过程中不可缺少的营养成分。

叶酸是与体内各种反应有关的成分，能与约20种酶素共同促成DNA的合成及细胞分化，所以对细胞分化正盛的宝宝的发育有着积极的作用。叶酸最基本的功能是在形成亚铁血红素时，扮演胡萝卜素运送者的角色，还能帮助红血球和细胞内生长素的形成；叶酸能防止脑部及脊椎的先天异常及发育不全，维持大脑的正常运作，有助于精神和情绪的健康；叶酸可防止肠内寄生虫和食物中毒，对于肝脏的运作有所帮助，同时还能预防癌症及心脏病的发作。

宝宝对叶酸的日常最少需求量为：1~6个月的宝宝的每日需求量为25微克；7个月~1岁的宝宝的每日需求量为35微克。

富含叶酸的食物有：毛豆、蚕豆、白菜、蛋黄、菠菜、油菜、西蓝花、哈密瓜、香蕉、全麦面粉等。

 ## 喂养特点

8~9个月的宝宝，已开始长出乳牙，有些宝宝的乳牙已经萌出4颗，消化能力也比以前增强，需要的营养也不断增加，单靠母乳已不能满足宝宝成长发育的需要，因此应用辅食取代部分母乳。此时的喂养应该注意以下几点：

 母乳喂养

即使妈妈母乳充足，除了早晚睡觉前给宝宝喂一点母乳外，白天应该逐渐停止喂母乳。如果白天停喂母乳较困难，宝宝不肯吃代乳食品，此时就有必要完全断掉母乳了。

 人工喂养

用牛奶喂养宝宝时，牛奶仍应保证每天500毫克左右。代乳食品可安排3

次，因为此时的宝宝已逐渐进入离乳后期。

 辅食喂养

可以给宝宝适当增加辅食，可以是软饭、肉（以瘦肉为主），也可在稀饭或面条中加肉末、鱼、蛋、碎菜、土豆、胡萝卜等，量应比上个月有所增加。给宝宝增加点心，如：在早午饭中间增加饼干、烤馒头片等固体食物。另外，此月龄的宝宝，自己已经能将整个水果拿在手里吃了。但妈妈要注意在宝宝吃水果前，一定要将宝宝的手洗干净，将水果洗干净，削完皮后让宝宝拿在手里吃。

 喂养注意事项

 注重宝宝的营养科学

营养是影响宝宝生长的关键因素。宝宝在这个月逐渐向儿童期过渡，此时营养跟不上就会影响成年身高。

◇ 合理喂养

8个月时是宝宝形成吞咽固体物所需的条件反射形成的关键时期。宝宝要学会吃东西，这种吃的技能是后天学会的。如果此时还没有及时给宝宝添加辅食，宝宝学习从进食液体食物到半固体食物到完全固体食物的过渡就会有困难，吃固体食物时会不能下咽，容易呕吐，影响生长发育。

◇ 食物多样化

从营养心理学上讲，如果宝宝在婴儿期食物品种过于单调，到了儿童期，

常会出现偏食、挑食的问题。所以，宝宝的食物要尽量多样化，尤其在婴儿期，尽量接触丰富多样的食物，不但能保证营养供应全面，而且能防止宝宝以后挑食的不良饮食行为。

◇ 食物均衡搭配

对于较大的宝宝，要注意食物的搭配以有利于铁的吸收。进食肉类食物（如：猪、牛、鱼等肉类）时，适当搭配富含维生素 C 的蔬菜和水果，可增加铁的吸收。另外，动物血（如：猪血、牛血等）含铁丰富也较容易被吸收，应适当给宝宝添加动物血制食品。

宝宝断奶的注意事项

9 个月的宝宝已经逐渐适应了吃辅食，可以断奶了。在正式断奶时，妈妈不能因为宝宝哭闹而一时心软再给宝宝喂食母乳，这样不但会妨碍断奶，还会影响宝宝的胃肠消化功能。同时，在断奶时，妈妈要注意下面一些事项：

● 辅食营养要平衡：要特别注意辅助食物中淀粉、蛋白质、维生素、油脂四类营养的平衡量。尽量使宝宝从一日三餐的辅助食物中摄取所需营养的 2/3，其余 1/3 可用牛奶补充。如果宝宝还要吃，可用饼干、水果、乳制品等当点心喂养。

● 逐渐断奶：从开始断奶至完全断乳须经过一段适应过程，也就是一顿一顿地用辅助饮食代替母乳，逐渐进行断奶。有些妈妈，平时不做好给宝宝断奶的准备，不逐渐改变宝宝的饮食结构，而是突然不给宝宝奶吃，会使宝宝因突然改变饮食而适应不了，连续多天又哭又闹，精神不振，不愿吃饭，体弱消瘦，进而影响发育，甚至导致宝宝生病。

● 选择最佳季节：选择在让人比较舒适的时节，如：春末或秋凉。这时，生活方式和习惯的改变对宝宝的健康冲击较小，若是在天气炎热时给宝宝断奶，宝宝本来就很难受，断奶会让他大哭大闹，还会因胃肠对食物的不适发生呕吐或腹泻；天太冷时则会使宝宝睡眠不安，引起上呼吸道感染。

- **断奶时间不宜选在夏季**：夏天气候炎热，宝宝胃肠道功能减弱，断奶后改吃奶品以外的食物容易引起消化不良。而且夏天细菌繁殖快，食物容易腐败，在给宝宝喂辅食时稍有不慎，就可能引起胃肠道疾病。

- **宝宝生病期间不要断奶**：宝宝生病时往往食欲减退，消化功能降低，这时完全断奶改用其他饮食，会使宝宝难以适应，不利于宝宝康复。

- **切忌强行给宝宝断奶**：有些妈妈为了尽快给宝宝断奶，采取在乳头上抹辣椒、黄连，甚至强迫母子分离一段时间，这样只会使宝宝产生恐惧，影响宝宝的身心健康发展，是不可取的。

代乳品选择要适当

宝宝断奶后，妈妈一般会给宝宝选择代乳品。妈妈能否给宝宝选择合适的代乳品，对宝宝的健康至关重要。

对宝宝来说，最好选择适合宝宝年龄的配方奶粉，普通甜奶粉中糖的含量往往较高，不适合宝宝食用；而脱脂或低脂奶粉中脂肪含量较低，会影响能量和脂溶性维生素的供给和吸收，不宜让宝宝长期食用。

有些父母喜欢用麦乳精、巧克力或甜炼乳作为代乳品，这是不科学的，因为它们的营养成分远不如奶制品。麦乳精的主要成分是糖，它所含的蛋白质和脂肪大约为奶粉的一半；巧克力所含的蛋白质更少，即使是牛奶巧克力，它的蛋白质含量也只有10%；甜炼乳是由鲜牛奶蒸发到它原体积的2/5，再加40%的蔗糖制成的，不适宜喂养宝宝。

宝宝辅食添加的原则

8~9个月的宝宝添加辅食的时候，需要掌握以下原则：

- **给宝宝添加新食物应在喂奶之前喂食**：虽说8~9个月宝宝的消化能力已有一定基础，但辅食添加仍要遵循从少量到多量，每次加1种，逐渐增加的原则。待宝宝适应且没有不良反应后，再增加另外1种。需要注意的是，宝宝只有处于饥饿状态下，才更容易接受新食物，所以宝宝的新食物应在喂奶之前喂

食，还要让宝宝逐渐认识各种味道，两餐内的辅食内容最好不一样，一些肉与菜的混合食物也可开始给宝宝尝试添加。

• 不宜添加盐、糖及调味品：宝宝的食物中依然不宜加盐、糖及其他调味品，因为盐吃多了会使宝宝体内钠离子浓度增高，8～9个月的宝宝的肾脏功能尚不成熟，不能排泄过多的钠，会使肾脏负担加重；另一方面钠离子浓度高时，会造成血液中钾的浓度降低，而持续低钾会导致心脏功能受损，所以应尽量不要给这个时期的宝宝使用调味品。

• 添加训练宝宝咀嚼能力的食物：从8个月开始，宝宝便逐渐长出牙齿来了，这时给宝宝软面包或脆饼干可训练他的咀嚼能力。除此之外，维生素A、维生素C、维生素D具有构成牙釉质、促进牙齿钙化、增强牙齿骨质密度的重要作用；蛋白质、钙、磷是牙齿的基本组成成分，在宝宝出牙期间，乳类、排骨汤、菜汁、果汁是不可缺少的辅助食物。

🌸 多让宝宝吃助长的食物

科学饮食是宝宝长高的重要因素，妈妈可以根据宝宝的不同情况进行合理选择搭配。

• 奶制品：奶类是一种营养丰富的理想食品，牛奶中富含蛋白质、维生素及钙等，而且易被人体消化吸收。

• 豆类和豆制品：大豆是目前蛋白质含量最高、质量最好的天然食品，人体自身不能合成而必须从食物中摄取的8种必需氨基酸，大豆除甲硫氨酸较少外，其余含量均较丰富，同时大豆还含钙丰富。豆腐是豆制品中含钙较高的制品。黑豆含有大量的优质蛋白质。

• 虾皮：虾皮中含钙量极为丰富。

• 牛肉：牛肉含有丰富的蛋白质，可以给宝宝补充足够的蛋白质。

• 鱼肉：鱼肉中含球蛋白、白蛋白及大量不饱和脂肪酸，还含有丰富的钙、磷、铁及维生素等。

• 动物肝脏：动物的肝脏含钙丰富，还含有丰富的优质蛋白、维生素及微量元素，并含有大量的胆碱和铁。

● **排骨：**排骨富含钙、髓质与优质动物蛋白质，给宝宝做排骨时，不仅要让宝宝喝汤，更应吃肉。

● **胡萝卜、西蓝花、菜花、芒果：**这些蔬菜和水果中含有较丰富的胡萝卜素，可在体内转化为维生素 A，有益于宝宝皮肤和眼睛的健康。

● **紫菜、海带：**紫菜和海带中富含碘，有利于宝宝的生长发育。

● **核桃、杏仁（大杏仁）、榛子、腰果：**这四种食物并称为世界四大坚果，热量高，蛋白质丰富，但肥胖宝宝应少吃。在给宝宝添加时，一定要注意磨碎后和在粥中喂给宝宝吃，不可整颗给宝宝吃。

蛋黄和菠菜不是补血佳品

宝宝贫血的时候，需要补充一些含铁丰富的食物。有的妈妈认为鸡蛋和菠菜是最佳的补血品，于是总让宝宝吃蛋黄和菠菜。其实，它们的补血效果并不是最为理想的。

鸡蛋中含有少量的铁，每个鸡蛋大约为 2 毫克，但它在肠道往往与含磷的有机物结合，吸收率较低，仅为 3%；菠菜中铁的含量虽然很高，但人体很难吸收利用。

菠菜含有大量的草酸，进入人体后，在胃肠道内与钙质相遇，很容易凝固成不易溶解和吸收的草酸钙，所以常吃菠菜会引起缺钙，从而导致患佝偻病，手足抽搐症，若宝宝已有缺钙的症状，吃菠菜会使病情加重。

因而，只用蛋黄和菠菜补血并不够。

妈妈在为宝宝补血时，应选择含铁量既丰富吸收率又高的食物，如果单吃蛋黄和菠菜是不会得到最好的疗效的。

纠正宝宝偏食的坏习惯

挑食、偏食或拒食是宝宝常见的坏毛病，如果不及时矫正，不仅会导致宝宝营养不足，严重影响他们的身体发育，还会让宝宝养成任性违拗的坏习惯。

◇ 宝宝挑食的原因

宝宝挑食，通常有以下几个原因：

• 宝宝因为身体不适，消化力弱，食欲不振而挑食，这属于正常现象，妈妈不用太担心，只要注意在宝宝病好后，及时恢复正常的饮食习惯即可。

• 妈妈忽视了对宝宝正常饮食习惯的培养，或对宝宝过于迁就与放任，助长了宝宝挑食的坏习惯。

• 妈妈有意无意地在宝宝面前表现出对某种食物的偏好，宝宝受了偏食意识的影响而自然地加以模仿。

• 妈妈对宝宝的身体过于关注，经常强迫宝宝进食某些营养食品，从而引起宝宝对这些食物的反感。

◇ 有针对性地避免宝宝挑食

了解了宝宝偏食的原因后，妈妈就可以有针对性地采取措施来帮助宝宝纠正偏食的坏习惯了。

• 巧用宝宝的好奇心：在餐桌上，如果有宝宝不喜欢吃的食物，那么先不要强迫宝宝去吃这种食物，以免宝宝对该食物有抗拒心理。宝宝还小，他们还不能理解"营养"是什么意思。妈妈要做的是利用宝宝的好奇心，如：可以在宝宝面前津津有味地吃着他不喜欢吃的菜肴，并且跟别人交流对菜肴的正面感受，特别是关于口感方面的。几次之后，宝宝就会对该食物产生好奇心，开始吃他原来不爱吃的东西了。

• 减少宝宝的选择：宝宝的胃口不大，如果喜欢的东西太多，自然会排斥那些他不喜欢吃的食物。要让宝宝吃下他原本不吃的东西，在每次进食的时候，就不要给宝宝提供太多不同种类的菜肴。最好的搭配是一种是宝宝原来就喜欢的但量不多的食物，一种是宝宝不喜欢但妈妈想让宝宝吃的食物，这样就可以让宝宝在没有选择的情况下进食了。这个方法实施还需要两个前提：一个是不要让宝宝吃太多的零食，肚子饱会降低他们进食的欲望；另外一个则是加大宝宝的体能消耗，让宝宝感觉到饥饿。

- **改变食物的外形**：同一样食物，色香味俱全更容易激发宝宝的食欲，妈妈可以改变一下宝宝不太爱吃的食物形状，或者是拼成不同的图案，那样可以增强宝宝的食欲。

- **为食物披上传奇的故事**：如果宝宝不喜欢吃某种食物，妈妈可以通过故事来美化食物。通过游戏、故事等方式来增加宝宝对食物的好感，这比干巴巴地告诉宝宝那些食物有营养强多了。

科学给宝宝补锌

宝宝缺锌，就会使含锌酶活力下降，造成宝宝生长发育迟缓、食欲不振，甚至拒食。当宝宝出现上述症状而怀疑缺锌时，应请医生检查发锌、血锌，确诊缺锌后，在医生指导下服用补锌制品。目前由于对缺锌危害地大量宣传，使有些妈妈误把锌制品当做营养品给宝宝长期大量服用。殊不知，补锌过量，同样会带来，如：减弱免疫功能，影响铁的利用造成贫血等危害。

日常生活中，给宝宝补锌最好的办法是通过食物来补。

- **坚持母乳喂养**：母乳中含有较多的锌。母乳喂养的宝宝缺锌的可能性不大。牛奶中锌的含量虽多，但它不宜被人体吸收，所有妈妈一定要注意给牛奶喂养的宝宝补锌。

- **注意调节宝宝的饮食**：在饮食上妈妈要给宝宝吃一些含锌丰富的食物，如：牡蛎、畜禽肉、蛋类、鱼虾类、奶酪、燕麦、花生等。尤其是牡蛎，含锌量最高，每100克牡蛎中含锌100毫克，堪称"补锌佳品"。

- **给宝宝补锌不要过量**：锌过量不仅会引起宝宝腹痛、恶心、呕吐等中毒反应，还可影响人体对铁和钙的吸收。

- **给宝宝服用锌制品**：明显缺锌的宝宝应在医生的指导下，服用补锌制品。但需注意的是，锌制品不宜空腹服用，而应在餐后服用。另外，牛奶不利于锌的吸收，故锌制品不宜与奶类同服。

- **不要忘记给宝宝补充钙和铁**：妈妈给宝宝补锌的同时，要注意给宝宝补充钙与铁这两种矿物元素，因为这三种元素有协同作用，补充钙和铁这两种元

素能够更好地促进锌的吸收与利用。

 训练宝宝自己吃食物

宝宝8~9个月时，会发现自己的手指拥有抓握东西的神奇能力，他们会异常兴奋，急切地想好好发挥一下这一新技能，有了强烈的"自己吃"的愿望。此时，妈妈可以准备一些大小软硬适当的食物，让宝宝自己用手抓着吃。

那么该如何给宝宝添加可以自己用手抓着吃的食物（简称"手指食物"）呢？在给宝宝添加"手指食物"时，需要注意哪些原则呢？

● 起初给宝宝准备的手指食物的大小，应大约是宝宝大拇指的大小，也就是豆粒那么大，以后逐渐可以切成小块或长条。

● 当宝宝稍大些，可以用手抓食物吃的时候，一定要让宝宝坐着吃（特别是磨牙饼干必须等到其可以自己坐起来时再给予他），可以给宝宝使用餐椅，以便宝宝安全地坐着进食。

● 质地硬且圆滑或者难以吞咽的小块食物，如：果仁类、葡萄、橄榄等，都不要整颗给宝宝喂食，以免发生哽塞。

● 手指食物的添加，应依照辅食添加的基本原则，3~5天内只给1种食物，以确定宝宝肠胃可以接受。添加的同时，不要改变原先喂哺的母乳或牛奶。这样才能在宝宝有异常反应的时候，很快确认出导致过敏的食物。

 ＊育儿小·贴士＊　　宝宝被噎住，怎么办？

宝宝吃东西时如果发生窒息，父母要首先确认宝宝是否是被食物噎住了。一般窒息的表现为：面色发红，呼吸困难，嘴唇发紫。

遇到这种情况，就要把宝宝倒提起来，拍背部，也可以让宝宝趴在抢救者的膝盖上，头朝下，托着胸，拍背部，这两种方法都能帮宝宝尽快吐出异物。

5分钟之内应立即将宝宝送往最近的医疗单位去抢救。一旦宝宝窒息时间过长，大脑缺氧时间过长，不但危及生命还可能遗留大脑缺氧后遗症。

- 专家指出，最好由蔬菜开始添加，再添加水果，以避免宝宝形成喜好甜食的倾向。

- 添加固体辅食之后，妈妈一定要确保宝宝喝足够量的水。

- 宝宝可能把自己弄得很脏，甚至衣服上的食物比进到嘴里的还多。但不管怎样，妈妈都应耐心地给予鼓励和表扬。

给宝宝选零食的原则

零食的营养价值各异，给宝宝选择合适的零食，能给宝宝补充必要的营养元素，有益宝宝的身体健康，反之，则会对宝宝的身体带来有害影响。

给宝宝选零食应遵循下列原则：

- 选择的零食要合理搭配：既要有水果类、瓜类，也要有坚果类、糖类、水产品类等，这样才能使营养平衡而全面。

- 适度控制宝宝吃糖：宝宝吃糖过多，会使血糖增高，从而导致蛋白质摄入减少；糖可诱发小儿肥胖症；经常吃糖还可引起龋齿。如：巧克力热量大，宝宝食用过多，会使宝宝产生厌食，消化不良。

- 宝宝零食量不宜太大：以防止影响宝宝正常的饮食。

9 个月的宝宝只喂干饭行吗

Q：我的宝宝已经 9 个月了，最近似乎很讨厌喝稀饭，食量也不多。如果我喂他一点点干饭，他就很高兴。是不是从现在起可以不用给宝宝吃稀饭，改吃干饭了？

A：这种情况或许是宝宝对咀嚼硬物感兴趣，才会喜欢吃干饭。但是以宝

宝的月龄来看，咀嚼硬物容易疲劳，而且吃得不多，会对营养方面有不良影响。在周岁之前，最好让宝宝进食硬度适中的稀饭或软饭。

什么时候宝宝的饮食才可以多样化

Q：宝宝的饮食什么时候才可以多样化？

A：宝宝到了8个月左右就可以吃许多种食物了，如：奶、蛋、肉、蔬菜、水果等，都可以列入宝宝的食谱。牛奶和鸡蛋是每天给宝宝必须按量保证的食物。其余食物可以更换品种，不一定让宝宝每天都吃到，偶尔还可以给宝宝喂些粗粮。总之，从喂养的角度看，8个月以上的宝宝已没有以前那样娇气了，但是宝宝的饮食还是以细、碎、卫生为原则。

给8～9个月宝宝的食谱

南瓜牛奶泥

● 原料：南瓜、牛奶。

● 制作方法：南瓜去子后，连皮切成块状，放入锅中，用中小火煮至熟软后捞起。用小勺刮出南瓜肉装入碗中，捣成泥状后加入牛奶搅拌均匀即可食用。

● 功效：南瓜所含果胶可以保护胃肠道黏膜，加强胃肠蠕动，帮助食物消化，它含有丰富的锌，是宝宝生长发育的重要物质，能促进宝宝的健康发育。

栗子粥

● 原料：栗子15个，粳米60克，水适量。

● 制作方法：将栗子去皮，风干，磨成粉。粳米入铝锅煮沸，入栗子粉，改文火煮成粥。

● 功效：栗子益脾胃，可以帮助宝宝止泻，另外还含有丰富的蛋白质、脂肪、淀粉、糖类、维生素 B_1 等成分，可为宝宝提供充足的营养。

葡萄干土豆泥

- 原料：土豆50克，葡萄干8克，蜂蜜少许，水适量。

- 制作方法：将葡萄干用温水泡软切碎；土豆洗净，蒸熟去皮，趁热做成土豆泥。将炒锅置火上，加水少许，放入土豆泥及葡萄干，用微火煮，热时加入蜂蜜调匀，即可喂食。

- 功效：葡萄干含铁极为丰富，是宝宝的滋补佳品。

肉末菜粥

- 原料：稻米50克，猪肉（肥瘦）30克，油菜50克，植物油10克，酱油5克，盐1克，大葱3克，姜3克。

- 制作方法：将米淘洗干净，放锅里加水500克，旺火烧开，文火煮成粥。将油菜切碎，猪肉剁成肉末。将植物油倒入炒锅烧热，然后将肉末放入锅里炒散，再加入葱姜末、酱油、盐炒匀，最后放入切碎的油菜末再炒几下取出。将炒好的油菜肉末放入煮好的米粥内，调匀即可。

- 功效：本粥含有动植物蛋白质以及碳水化合物、脂肪、多种维生素。宝宝吃肉末菜粥，不仅容易消化，还可预防便秘。

9~10个月：
四肢灵活的爬行期

9~10个月的宝宝，一般能吃饭了，而且愿意和父母一起吃，因此可以给宝宝固定每天进餐的时间，此时，宝宝的主要营养摄取已从奶制品为主逐渐转为辅食为主。为适应宝宝消化能力的发展，增进宝宝的食欲，妈妈需更加精心地为宝宝准备辅食。

 9~10个月宝宝的发育状况

	男宝宝	女宝宝
体重	平均9.5千克（7.5~11.5）	平均8.9千克（7.0~10.9）
身长	平均73.9厘米（68.9~78.9）	平均72.5厘米（67.7~77.3）
头围	平均45.8厘米（43.2~48.4）	平均44.8厘米（42.4~47.2）
胸围	平均45.9厘米（41.9~49.9）	平均44.7厘米（40.7~48.7）
身体特征	爬行越来越稳；有些宝宝开始可以抓住物体而站立；可以拿着饼干之类的食品进食；会从站立转为坐；会用拇指和食指捏起很小的物体；会用两手摆弄手里的玩具，递来递去时已经比较灵活了；拿着两个小玩具，能相互敲打，如果能敲出响声，会高兴地笑出声来；对玩具兴趣增强，对家里的一些实用品也开始感兴趣，什么都想摸一摸，动一动。	
智力特征	社交能力增强，会拍手"欢迎"等；常表现出偏执和任性，遇到不高兴的事情会马上拒绝或躺在地上哭闹；记忆力增强；注意力增强，能较长时间摆弄一件玩具，并仔细观察。	

明星营养素

 脂肪酸

脂肪作为人体的三大功能营养素之一,对人体有许多重要的生理作用,其主要成分是脂肪酸。油脂中 **90%** 以上是脂肪酸,在注意膳食脂肪合理摄入量的同时,必须考虑各种脂肪酸的搭配。摄入适宜比例的脂肪酸,能降低患肥胖、心血管疾病的危险,并促进宝宝大脑和视觉的发育。

人类的大脑发育如果错过了胎儿期、婴儿期,以后无论补充多少营养物质,都不能使大脑得到明显发育。在宝宝大脑发育速度最快时,要及时补充各种脂肪酸,这样才能养育出聪明的宝宝。

 喂养特点

9~10个月的宝宝一般能吃饭了,而且愿意和父母一起吃,因此可以给宝宝固定每天三餐的时间。此时,宝宝的主要营养摄取已从奶制品为主逐渐转为辅食为主。为适应宝宝消化能力的发展,增进宝宝的食欲,妈妈要更加精心地为宝宝准备辅食。

 母乳喂养和人工喂养

此时,妈妈可以考虑断掉母乳,用牛奶替代母乳喂养宝宝。这个月开始,应减少牛奶的量,最好将喂牛奶的时间安排在上、下午。由于宝宝成长发育所

需的蛋白质还主要由牛奶供应，每天牛奶的量为500~600毫升。

 辅食喂养

此时，宝宝已有了一定的消化能力，可以吃点烂饭之类的食物，辅食的量也应比上个月略有增加。如果以往辅食一直以粥为主，而且宝宝能吃完1小碗，此时可加1顿米饭试一试。开始时可在吃粥前喂宝宝2~3匙软米饭，让宝宝逐渐适应。如果宝宝爱吃，而且消化良好，可逐渐增加。同时，妈妈可以为宝宝添加更为丰富的辅食。大部分宝宝已完全可以吃碎肉、各种蔬菜、豆制品、鱼肉、动物内脏等辅食。

 喂养注意事项

 让宝宝吃点硬食

宝宝的咀嚼能力是在不断的运动中获得发展强健的。如果父母总是担心宝宝不能吃这个不能吃那个，总喜欢给他吃易嚼的食物，会对宝宝咀嚼能力的发展不利。

宝宝10个月的时候，已经长出好几颗乳牙了，咀嚼能力及口腔动作更加协调，宝宝会尝试先咬碎或咬断食物，再进行简单咀嚼的动作。同时，宝宝能否好好地咀嚼食物，对于牙齿的发育也有影响。适当的咀嚼，可以刺激乳牙的生长，增进下颌、脸部肌肉的发育，还能使宝宝通过辅食得到身体健康需要的营养。

那么，这个阶段训练宝宝的咀嚼能力的重点是什么呢？

● 宝宝的辅食已渐进到成人化的阶段，不过，原则上不易消化或太油腻的食物还是不适合让宝宝吃。

● 可以给宝宝选择成人化的食物，一些较软、较易咀嚼的食物都可以喂给宝宝吃。

● 除了大人帮忙喂食之外，也可以培养宝宝自己进食的能力。妈妈不妨为宝宝另外准备一个防水围兜以及一支适合抓握的小汤匙，让宝宝自己取食物来吃，这样还能训练宝宝手眼协调的能力以及自理能力。

● 三餐逐渐改以辅食为主，牛奶为辅，1 天约提供 3 ~ 4 次辅食，2 次牛奶。

● 开始训练宝宝改用水杯喝水，最初可先用装有吸管的水杯，慢慢再改为一般的鸭嘴杯。

让宝宝的膳食多样化

没有一种单一的食物可以全面满足宝宝的营养需要，宝宝的食物必须多样化，既要有动物性食物，也要有植物性食物。

给宝宝提供的多种食物要合理搭配，比例适当，同时进食，取长补短，这样才能充分利用食物的营养成分。肉类食物一般都属酸性食物，蔬菜、水果、豆类、牛奶等属碱性食物。健康人的体液为弱碱性，当体液为弱碱性时不易疲劳，免疫力强，不易生病。

宝宝自己调节酸碱平衡的功能不成熟，多吃肉、不爱吃蔬菜的宝宝抵抗力差，容易生病。宝宝需要吃各种食物，如：谷、豆、肉、蛋、奶、蔬菜、水果等，这样各种营养素齐全，才有利于宝宝的健康成长。

调整宝宝的健脑食物结构

所谓健脑食物，应对脑起三个作用：一是能使脑的结构素质转好；二是能使脑的功能转好；三是能清除妨碍脑发挥功能的不良物。

那么，哪些食物具有提高或改善脑组织结构和改善脑功能的作用呢？

● 结构脂肪： 它是促进头脑健全的重要材料。人脑的重量（除去水分）约 50% ~ 60% 是由这种脂肪组成的，它在构成脑的复杂而精巧的功能方面，起着极为重要的作用。因此，为了培育能从事高度复杂功能活动的大脑，宝宝要适

量进食肉和鱼等动物性食物。

● 蛋白质：它是脑细胞的主要成分之一，约占脑干重量的 30% ～ 35% ，就重量来说，仅次于脂肪物质。蛋白质在脑内的神经细胞的兴奋与抑制方面起着重要作用。主宰人的智能活动的脑，就是由脑细胞的兴奋与抑制来完成它的功能的。因此，宝宝应多吃富含蛋白质的食物。

● 各类维生素和磷、钙等微量元素：这些营养素虽不直接构成脑实质，但在改进脑细胞的新陈代谢、促进智力发展方面起着重要作用。

● 糖：它是脑活动的能源。脑是大量消耗葡萄糖的器官。虽然脑的重量仅占全身重量的 2% ，但它消耗的能量，约占全身能量消耗总量的 20% 。

 影响宝宝长高的食物

有些食物虽然能增加宝宝的饱腹感，但营养少，会影响宝宝对其他食品的摄入，影响宝宝长高。有些食物甚至还会消耗宝宝体内的钙质，最终导致宝宝营养不良。

那么，影响宝宝长高的食物有哪些呢？

● 碳酸饮料：偏爱饮用碳酸饮料的宝宝常常因缺钙而影响正常发育，特别是可乐型饮料中磷含量过高。宝宝过量饮用会导致体内钙、磷比例失调，造成发育迟缓。

● 糖果、甜饮料：宝宝吃糖过多会影响体内脂肪的消耗，造成脂肪堆积，还会影响钙质代谢。专家指出，宝宝摄入糖量如果达到总食量的 16% ～ 18% ，就可使体内钙质代谢紊乱，妨碍体内的钙化作用，影响长高。

● "垃圾食品"：油炸食品、膨化食品、腌制食品、罐头类制品等由于在制作过程中营养损失大，又使用了各种添加剂，如：香精、防腐剂、色素等，虽然这些食品提供了大量的热量，但蛋白质、维生素等营养成分却很少，宝宝长期食用这类食品，可导致营养不良。

 喂养不当易造成宝宝贫血

不少妈妈都会犯同样的错误——非常重视宝宝的饮食成分，重视宝宝体格发育情况，却忽视采用正确的喂养方式。饮食的转换是宝宝发育过程中重要的内容之一，转换不良就会影响宝宝的生长发育。

为了让宝宝从依赖液状食物过渡到半固体或软固体饮食，并保持过渡期内的充足营养提供，妈妈给宝宝选择合适的辅助食品固然十分重要，但合适的喂养方式也必不可少。喂养方式是保证喂养转换的必备基础。

妈妈在给宝宝添加辅食的初期，应试着用汤匙喂养。汤匙喂养不仅可以保证宝宝顺利接受食物性状的改变，还可训练宝宝寻找的能力，以及定向和集中注意力的能力，有利于宝宝正常发育。

宝宝出牙晚忌盲目补钙

有的妈妈看到宝宝 10 个月了还没有长牙，心里就非常着急，认为宝宝是由于缺钙牙才长不出来，于是就给宝宝大量地补充鱼肝油和钙剂。这种做法是不对的。

仅仅根据出牙时间的早晚，并不能断定宝宝是否缺钙。即使是缺钙引起出牙晚，也不能盲目补钙，应在医生指导下进行。如果妈妈擅自给宝宝大量服用鱼肝油、维生素 D、注射钙剂，就容易引起宝宝中毒，损害宝宝的身体健康。

宝宝出牙早晚主要是由遗传因素决定的，有些宝宝出生后第 4 个月就开始出牙，也有的宝宝要到 10 个月才萌出乳牙。如果宝宝 10 个月以后乳牙还没有长出来，妈妈也不必紧张，如果宝宝身体没有其他问题，妈妈只要注意合理喂养，及时给宝宝添加辅食，让宝宝多晒太阳，宝宝的牙齿自然会长出来。如果宝宝不出牙，并伴有其他异常状况时，可去医院检查治疗，切不可滥用鱼肝油等药物。

宝宝多吃蔬菜情绪好

宝宝的情绪稳定与否，与他的蔬菜摄入量有关系。

不喜欢吃蔬菜的宝宝，其牙齿的咬合力就会弱一些。而且不喜欢吃蔬菜的宝宝蛀牙也比较多，蛀牙多宝宝就不能用力咀嚼，而咀嚼可以缓和紧张、

焦虑。

肾上腺激素的分泌也与稳定情绪有关，紧张或饥饿时，血液中的肾上腺素分泌的激素就会增加，宝宝就容易紧张、焦虑。

另外，蔬菜中的钾有助于镇静神经，安定情绪。动物性食物，或食盐、味精、小苏打之中的钠会使神经兴奋。体内过剩的钠能否顺利排泄出去，钾扮演着很重要的角色；不喜欢吃蔬菜者，通常无法摄取足够的钾，因此，多余的钠无法全数排出，残留在体内，就会引起宝宝焦虑、情绪不稳定。

因此，妈妈要让宝宝多吃蔬菜。

给宝宝断奶应采取科学的方法

9～10个月的宝宝，大多数是每天喂2次代乳食品。对不喜欢吃牛奶，每天吃3次代乳食品的宝宝，可以适当地喂些一面包、粥或面条。

母乳很充足的妈妈，白天最好只在早晨起床后和午睡前喂宝宝吃母乳。如果让宝宝吃完代乳食品后就吃母乳，宝宝通常只会吃一点代乳食品，这样宝宝就摄取不到必要的营养。晚上临睡前，为了让宝宝早些入睡，可以给宝宝吃母乳。

9～10个月的宝宝体重增加的速度没有以前那样快了，一般每天平均增加5～10克。这个月龄的宝宝，如果平均每天体重增加15～20克，发展下去就可能变得肥胖。因此，妈妈就需要控制宝宝的饮食，宝宝每天牛奶的总量不能超过1000毫升，粥也不要超过1碗。宝宝饿时，妈妈可以用酸奶、苹果等食物来代替。

辅食方面，仍然可以像上个月一样给宝宝做一些鸡蛋、豆腐、土豆、胡萝卜吃，开始给宝宝吃的时候要少给一点，待确定不过敏后，还可以加量。

宝宝宜吃淡味辅食

宝宝的味觉、嗅觉发育还不完全，妈妈在给宝宝喂辅食的时候，一定要注意给宝宝吃口味清淡的食物。

口味重的食物给宝宝带来的不良影响主要体现在：

● 宝宝易患上呼吸道感染：宝宝的消化系统发育尚未健全，吃盐过量，易使唾液分泌减少，使口腔的溶菌酶相应减少，病毒在口腔里便有了滋生的机会，使宝宝患病的几率增加。

● 损害宝宝的肾脏：宝宝的肾脏还没有能力充分排出血液中的钠，吃盐太多，会损害肾脏，更严重的是，人体内钠食量过多会导致钾大量流失，造成心脏肌肉极度衰弱而发生危险。

专家认为，宝宝每天的摄盐量是 0.25 克。由于钠存在于各种食品中，母乳和牛奶中的含盐量已经能满足宝宝的需求。

★ **育儿小·贴士**　　　以下食物宝宝不宜食用

- ●刺激性的食物：咖喱、辣椒、咖啡、可乐、红茶或含酒精的饮料及食物。
- ●太甜的布丁、太咸的稀饭和汤类。
- ●不易消化的食物，如：章鱼、墨鱼等。
- ●纤维太多的食物，如：芹菜、竹笋等。
- ●含人工添加物的食物，如：方便面、膨化食品等。

 育儿 Q&A

❀ **宝宝发烧时不要吃鸡蛋**

Q：听说鸡蛋不但清淡，宝宝容易消化，而且有营养。我家的宝宝 9 个多月了，前些天发烧生病了。这种情况下，我能给宝宝吃鸡蛋吗？

A：宝宝生病的时候不要给宝宝吃鸡蛋。鸡蛋主要含有卵蛋白和卵球蛋白，99.7% 的蛋白质能被人体吸收。宝宝吃了鸡蛋后会产生一定的额外热量，使身体热量增高，加剧宝宝发烧。

适当控制肥胖宝宝的饮食

Q：我家的宝宝10个月了，身体健康，可是体重却严重超重了。想问一下，我该怎么做才能帮助宝宝把体重减下来呢？

A：对于体重严重超重的宝宝，妈妈一定要适当控制宝宝饮食，可以根据体重正常的宝宝的饮食进行调整。需要减少宝宝每天饮用的牛奶量，每顿饭可多加些蔬菜，尽量喂脂肪多的食物和饼干、点心等甜食。同时要增加宝宝的活动量，多带宝宝到户外做运动。

 *lian jie* **给9~10个月宝宝的食谱**

火龙果葡萄泥

● 原料：火龙果、葡萄、水。

● 制作方法：火龙果去皮，葡萄用开水浸泡一会儿后去皮，去子，把火龙果肉与葡萄的果肉磨成泥搅拌均匀即可食用。

● 功效：此果泥中的维生素和矿物质非常丰富，可促进宝宝的全面营养。

虾仁菜花

● 原料：菜花2小瓣，虾仁3个，儿童酱油和白糖少许。

● 制作方法：用开水洗净菜花，放入开水煮软切碎备用；将洗净的虾仁去皮去虾线切碎，加入儿童酱油和白糖少许，然后加适量水上火煮熟后倒在菜花上。

● 功效：菜花含多种矿物质及人体所需的氨基酸、维生素，虾仁含钙丰富，对宝宝缺钙引起的心血管病、消化不良有较好的效用。

水果拌豆腐

● 原料：水果、豆腐、水。

● 制作方法：豆腐加水煮熟，控出水后，把豆腐压成泥状，加入切碎的水果一起搅拌均匀即可。

● 功效：豆腐中优质蛋白质含量丰富，营养价值较高，丰富的大豆卵磷脂更是有益于宝宝神经、血管、大脑的发育生长，用水果与其搭配口味鲜美，提高了营养利用率，也利于让宝宝适应多种食物的口味。

10~11个月：
训练宝宝独立进餐的能力

10~11个月的宝宝，断奶已接近完成期，母乳哺喂应尽量减少，或者干脆断掉。这个月如果不及时给宝宝断奶，可能会影响宝宝的食欲。断奶期间及断奶后要注意宝宝的营养均衡，可以喂宝宝各种食物。

 ## 10~11个月宝宝的发育状况

	男宝宝	女宝宝
体重	平均9.8千克（7.7~11.9）	平均9.2千克（7.2~11.2）
身长	平均75.3厘米（70.1~80.5）	平均74.0厘米（68.6~79.2）
头围	平均46.3厘米（43.7~48.9）	平均45.2厘米（42.6~47.8）
胸围	平均46.2厘米（42.2~50.2）	平均45.1厘米（41.1~49.1）
身体特征	可以独立站立；可由蹲姿站立；站立时，身体可以转90度；由大人拉着一只手或双只手时会走路、会爬楼梯、会蹲、会弯腰；会连续性地使用双手。	
智力特征	对事物有观察探索的兴趣，语言理解能力提高很快，懂得一些简单命令，会模仿叫"爸爸""妈妈"；能够在听了一段音乐之后，模仿其中的一些；拒绝强迫性的教导；做错事会显露罪恶感，可能会用逗笑来试验大人的容忍程度。	

明星营养素

钙、碘能促进宝宝骨骼和牙齿的生长发育，在这个月里，宝宝正处在长牙期，所以在饮食上要注意钙与碘的摄入。

 钙

钙是人体中含量最为丰富的矿物质，约占体重的 2%，人体内大约有 99% 的钙储存在骨骼和牙齿中，而剩余的 1% 则储存在血液及肌肉等处。钙能帮助建造骨骼及牙齿，并维持骨骼的强健，因此宝宝骨骼和牙齿的生长必须依赖钙的帮助。

骨骼中钙与磷的比例为 2.5:1，钙必须配合磷、维生素 A、维生素 C、维生素 D 和维生素 E，才能发挥正常的功能。钙除了能帮助建造骨骼及牙齿外，还对身体每个细胞的正常功能具有极重要的作用，钙能帮助肌肉收缩、血液凝结并维护细胞膜；钙能维持心脏和肌肉之间的正常功能；钙能调节心跳节律，降低毛细血管的通透性，防止渗出，控制炎症与水肿，维持酸碱平衡。

钙还是一种强力的"胆固醇克星"，能降低人体内的胆固醇，帮助宝宝维持正常的血压。钙也是多种酶的激活剂，能调节人体的激素水平。

宝宝对钙的日常最少需求量为：1～6 个月的宝宝每日需求量为 400 毫克；7 个月～1 岁的宝宝每日需求量为 600 毫克。

海参、芝麻酱、虾皮、小麦、大豆粉、豆制品、紫菜、酸枣、杏仁、绿叶蔬菜等食物都含有较多的钙。

大多数食物中都含有不同量的钙，而奶及奶制品中所含的钙的吸收率是最高的。

 碘

碘是人体的必需微量元素之一。碘本身没有独立的功能，它的所有功能都是通过甲状腺素来完成的。因此下面介绍的碘的功能其实就是甲状腺素的生理功能。

发育期宝宝的身高、体重、骨骼、肌肉的增长发育和性发育都有赖于甲状腺素，如果这个阶段缺少碘，则会导致宝宝发育不良。

在宝宝脑发育的初级阶段，人的神经系统发育必须依赖于甲状腺素，如果这个时期饮食中缺少了碘，则会导致宝宝的脑发育落后，而且这个过程是不可逆的，以后即使再补充碘，也不可能恢复正常。

碘缺乏有害，碘过多同样危害不小，它会引起"甲状腺机能亢进"。因此是否需要在正常膳食之外特意"补碘"要经过医生体检，听取医生的建议，不可盲目补充。

海带和紫菜是日常生活中补碘的较好食品，宝宝经常吃海带不但可以补充体内的碘，而且还可以同时摄入其他种类的微量元素。

 # 喂养特点

10～11个月的宝宝，断奶已接近完成期，母乳哺喂应尽量减少，或者干脆断掉。这个月如果不及时给宝宝断奶，可能会影响宝宝的食欲。断奶期间及断奶后，要注意宝宝的营养均衡，可以让宝宝品尝各种食物。

 辅食喂养

由于这个月的宝宝的营养重心从牛奶转移至普通食物，所以辅食的量也在增加。妈妈可以根据宝宝的实际情况添加辅食。宝宝的辅食可以不必再做得像以前那么细，软，烂，但也不能过硬。谷类食品要慢慢成为宝宝的主要食品，身体所需热量主要来源于这些谷类食品，但是宝宝的膳食在以米、面为主的同时还要搭配动物食品、蔬菜、豆制品等。为了提高宝宝的进食兴趣，妈妈可以在食物制作上变换花样，如：包子、饺子、馄饨、馒头、花卷等。

 人工喂养

可以在宝宝吃完辅食之后喂牛奶，一次喂 100～200 毫升左右，每天的总奶量应控制在 250～600 毫升之间。

 喂养注意事项

 让宝宝和大人一起用餐

这个月里，宝宝的进餐已经接近规律，每天三餐可以和大人的进餐时间安排在一起。当宝宝看到大人吃饭的样子，宝宝的嚼食动作也会有所进步。

当宝宝和大人一同进餐时，吃饭时间要以宝宝为中心，如果有家庭成员回家较晚也不要再等了，应按原定时间吃饭，以便让宝宝养成规律进餐的习惯。在吃饭时，妈妈要先喂宝宝，然后自己再吃。

有时宝宝会想吃大人的食物，但是不要给他，因为大人的食物对宝宝来说太硬太咸。另外，妈妈也不要把自己咀嚼过的食物给宝宝吃，以免把大人口中的细菌带进宝宝的体内而引发疾病。

合理安排宝宝的饮食

断奶后，妈妈要怎样注意合理安排宝宝的饮食呢？可以从以下方面做起：

● 给宝宝喝牛奶或豆浆：宝宝应该每天喝牛奶或豆浆 250～500 毫升，这是

钙的主要来源，同时吃一些肉蛋类的优质蛋白食物。

● **宝宝的主食以谷类为主**：每天给宝宝米粥、软面条、麦片粥、软米饭及玉米粥等主食，大约 2～4 小碗（100～200 克）。

● **给宝宝加高蛋白的食物**：每天约 25～30 克，可任选以下种类的一种：鱼肉小半碗，小肉丸子 2～10 个，鸡蛋 1 个，炖豆腐小半碗。每周添加 1～2 次动物肝和血，约 25～30 克。

● **给宝宝吃足量的蔬菜**：可选择胡萝卜、油菜、小白菜、菠菜、豌豆尖、土豆、南瓜、红薯等。把蔬菜制作成菜泥或切成小块小条煮烂，每天大约半小碗（50～100 克），与主食一同吃。

● **给宝宝吃足量的水果**：可选择苹果、柑橘、桃子、香蕉、梨、猕猴桃、草莓、西瓜和甜瓜等。把水果制作成果汁、果泥或果酱，也可切成小条小块。普通水果每天给宝宝吃半个到 1 个，草莓 2～10 个，瓜 1～3 块，香蕉 1～3 根，大约每天 50～100 克。

❀ 让宝宝吃辅食的诀窍

可以每天早、晚各喂奶 1 次，中餐、晚餐吃饭和菜，并在早餐逐步添加辅食，上下午可供给适量的水果或饼干等点心，下午可酌情加喂 1 次牛奶。

◇ 改变食物的形态

● 由稀饭过渡到稠粥、软饭。
● 由烂面过渡到挂面、面包、馒头。
● 由肉末过渡到碎肉。
● 由菜泥过渡到碎菜。

◇ 正确认识宝宝饮食的变化

10 个月后，宝宝的生长发育较以前减慢，食欲也较以前下降，这是正常现象，妈妈不必为此担忧。吃饭时不要强喂硬塞，宝宝每顿吃多少要看宝宝的食量而定，只要宝宝每天摄入的总量不明显减少，体重继续增加即可。

◇ 培养良好的饮食习惯

● 可让宝宝与大人坐在餐桌上同时进餐，进一步培养宝宝自用餐具的能力。

● 保持进餐环境要安静，不要让宝宝边吃边玩，边吃边说，否则宝宝的注意力容易分散，从而影响食欲。

为宝宝科学补钙

在给宝宝补钙时，父母常常忽视以下几个问题：

● 宝宝补钙必须要加补维生素 D：维生素 D 可有效促进人体对钙的吸收，宝宝每天需要 400 克的维生素 D 就可以了。其实维生素 D 人体自身可以合成，妈妈可以带宝宝晒太阳；或者选用一些含有维生素 D 的钙制剂。

● 不要给宝宝服用含磷的钙补充剂：制造骨骼的主要元素是钙和磷，二者的关系十分密切。人体摄入的钙和磷必须符合一定的比例，磷的摄入量过多，就会结成不溶于水的磷酸钙排出体外，从而加重钙的流失。

● 镁影响钙的吸收：对于宝宝来说，体内的镁含量通过食物可以达到新陈代谢的需要，不需要额外补充，而镁过量不仅会影响钙的吸收利用，还会引起运动机能障碍，所以不要盲目给宝宝补充含镁的钙剂。

● 给宝宝的食物要少盐：钙与钠在肾小管内的重吸收过程中发生竞争，钠摄入量高时，人体就会减少对钙的吸收。国际卫生组织建议每人每天的食盐摄入量应在 6 克以下，宝宝越少越好。妈妈应严格控制宝宝饮食中食盐的摄入，保证宝宝体内钙的吸收利用。

● 注意植酸、草酸对钙吸收的影响：豆类、未发酵面粉中含有植酸；一些蔬菜（如：菠菜、竹笋、毛豆、茭白、洋葱等）中含草酸，能与钙结合成不溶解的物质而影响钙的吸收。补钙时要注意这些问题。

 给宝宝选吃蔬菜的科学尺度

11个多月宝宝能吃的辅食越来越多样化，其中蔬菜一类占了很大的比例。蔬菜营养丰富，宝宝只有吃对了蔬菜，才能更好地生长发育。因此，妈妈需要科学地给宝宝选吃蔬菜。

那么，在给宝宝选吃蔬菜的时候需要注意些什么呢？

● **给宝宝选吃无污染的蔬菜：**野外生长或人工培育的食用菌及人工培育的各种豆芽菜都没有施用农药，是非常安全的蔬菜；果实在泥土中的茎块状蔬菜，如：鲜藕、土豆、芋头、胡萝卜、冬笋等也很少施用农药；有些蔬菜因抗虫害能力强而无需施用农药，如：圆白菜、生菜、苋菜、芹菜、菜花、西红柿、菠菜等；野菜营养非常丰富，没有农药污染。

● **给宝宝食用前注意清洗蔬菜：**农药易残留在蔬菜上，因此能够去皮的蔬菜应尽量去皮，不能去皮的蔬菜在清洗时，应先放在清水里浸泡20～30分钟，让农药充分溶解，再用清水反复冲洗；淘米水中的生物碱对农药有很好的溶解作用，可以把蔬菜放在淘米水浸泡10分钟后倒去浸液，再反复以流动清水冲洗。

● **给宝宝多选吃颜色深的蔬菜：**蔬菜的营养价值高低与蔬菜的颜色密切相关。一般来讲，颜色较深的蔬菜营养价值高，如：深绿色的新鲜蔬菜中维生素C、胡萝卜素及无机盐含量都较高。另外，胡萝卜素在橙黄色、黄色、红色的蔬菜中含量也较高。研究表明，绿叶蔬菜有助于预防阑尾炎，红色蔬菜有助于缓解伤风感冒的症状。

 育儿小·贴士 让宝宝少食多餐

宝宝虽然年龄小，可吃饭是一种本能，饥饱感更是与生俱来的，他们完全知道自己是否吃饱，妈妈不要硬性规定孩子应该吃多少。

妈妈应尊重宝宝的要求，当宝宝吃饱了以后，千万不要强迫或哄骗宝宝多吃。妈妈应该注意的是，宝宝的胃口小，消化系统的发育也不成熟，每次的进食量也会少，要坚持少食多餐。

- **让宝宝多吃新鲜时令蔬菜**：反季节蔬菜主要是温室栽培的大棚蔬菜，虽然外观很吸引人，体积也很大，但营养价值与新鲜时令蔬菜是不一样的。反季节蔬菜不如新鲜时令蔬菜营养价值高，味道也差一些。

- **各种颜色的蔬菜宝宝都要吃**：蔬菜主要有绿色、黄色或红色等几种颜色。绿色蔬菜是指叶绿素含量较多的蔬菜，颜色总体是绿色的，如：菠菜、韭菜、芹菜、香菜、青椒等；黄色或红色蔬菜是指以类胡萝卜素或黄酮类色素为主的蔬菜，颜色总体是黄色或红色的，如：胡萝卜、黄花菜、马铃薯、瓜类、西红柿等。

- **蔬菜淡季也要吃鲜菜**：让宝宝吃新鲜的蔬菜，所有蔬菜中都含有维生素 C，它的含量多少与蔬菜的新鲜程度密切相关。一般来讲，蔬菜存放得时间越长，维生素 C 就会丢失得越多。因此，妈妈要给宝宝吃新鲜的蔬菜。

不能让宝宝只吃肉

虽然肉类含有丰富的营养，对宝宝的生长发育起着重要的作用，但若太偏好肉类而不吃其他类食物，宝宝可能会出现一些营养上的问题。宝宝每天摄取的食物种类愈多，营养才会愈均衡，所以宝宝需要摄食多样食物，不要偏食。

要矫正宝宝只爱吃肉的偏食习惯，妈妈可以试一试下列方法：

- **少用大块肉，尽量与蔬菜混合**：如：绞肉加洋葱、胡萝卜做成肉饼来代替里脊肉排。

- **利用肉类的香味来改善蔬菜味道**：如：罗宋汤中的蔬菜（洋葱、胡萝卜、洋白菜等）经过与牛肉一起长时间的熬煮，混合了肉香味，宝宝会比较喜欢。

- **尽量选购低脂肉类**：在短时间内，尚无法有效减少宝宝对肉类的食量时，妈妈在购买肉类时，应该多选择饱和脂肪酸较少的鸡及鱼类，少买五花肉、香肠等脂肪多的肉类。在烹调时，则采用水煮、烤、卤、蒸等用油少的方式，这样可减少热量摄入，预防肥胖。

0~1岁育儿营养全方案

★ **育儿小·贴士**　　　　宝宝被鱼骨卡住，怎么办？

　　宝宝不小心被鱼骨卡住时，很多妈妈会立刻让孩子吃口饭或是用馒头硬咽，甚至是动手去抠，其实，这些做法都是不对的。因为咽和抠都会造成骨头、鱼刺刺向更深处，甚至刺破食道大血管，造成严重后果。也有的妈妈会给宝宝喝醋，这种做法也是不对的，宝宝喝醋不仅不能排除卡喉的鱼刺，还有可能引起黏膜烧伤、气管水肿等。

　　正确的做法应该是：妈妈首先要稳定情绪，不要让宝宝哭闹。其次是立即用汤匙或牙刷柄压住宝宝舌头的前部，借用手电亮光仔细察看舌根部、扁桃体、咽后壁等，观察鱼刺大小、位置，如果鱼刺离口腔很近，可以扯到，可让宝宝张大嘴，然后用镊子轻轻将其夹出。如果宝宝不习惯冰冷的镊子伸进喉咙，妈妈可以试试利用麦芽糖将鱼刺粘出来。如果上述方法无效，妈妈应尽可能想办法给宝宝催吐，让鱼刺吐出。当所有法均无效时，应禁食并尽快去医院五官科或消化科诊治。

🌼 让宝宝顺利地吃鱼

　　鱼肉细嫩，氨基酸含量丰富，较其他肉类、蛋类等更易消化，对宝宝更为适宜。但有的妈妈害怕宝宝会被鱼刺卡喉，不敢轻易喂鱼给宝宝吃。其实掌握了正确的做鱼的方法，就可以解决这个问题。

　　妈妈可以借鉴以下简单的鱼肉制作方法：

　　• **生鱼泥的制法**：取较大少刺的鲜鱼，去皮后用刀在鱼肉丰厚的中段直接刮取酱样鱼泥，可加入粥或面条中一道煮吃。

　　• **熟鱼泥的制法**：取较大少刺的熟鱼肉，择中段一块整数去皮去刺后，在碗内捣碎成泥，加入适量调味品，可直接喂服。每天可给宝宝喂鱼泥1～2次，每次2～3汤勺（一汤勺约15毫升）。

🌼 培养宝宝对食物的自控能力

　　在生活中，我们经常能看到这样的情景：宝宝对妈妈精心准备的营养饭菜毫不理会，吵着闹着要吃冰激凌。无奈之下，妈妈说："乖宝宝，你先吃饭。吃完饭妈妈再给你买冰激凌，好不好？"此时，冰激凌成了妈妈引诱宝宝吃饭的"诱饵"，成了使宝宝乖乖就范的贿赂品。

这也许是很多妈妈惯用的伎俩，但正因如此，"冰激凌比饭菜好吃，冰激凌是好东西"这一概念自然而然地印在了宝宝的脑海中，而这恰恰违背了妈妈的本意。

妈妈在饮食上对宝宝进行威逼或限制，最后效果常常都会适得其反，因为越是父母"违禁"的食品，宝宝往往越是想吃。甚至有时即便已经吃饱了，在心理暗示的作用下，他们还会用"再来一点"来满足自己。

那么，如何培养宝宝对食物的自控能力呢？妈妈可以参考以下建议：

● 对宝宝进食不哄骗、不施压、不诱导：妈妈不要说"来，宝贝，再吃两口就不吃了"，也不要说"你不把这些饭菜吃光，我就不给你买冰激凌"……正确的做法是：宝宝饿了就给他食物，出现吃饱的迹象就将食物取走，宝宝就会形成良好的饱腹感，长大后他也会因为饿而进食，而不会因为看到食物而进食。

● 给宝宝进食的食物量要适当：最好先给宝宝少量食物让他尝尝味道，如果宝宝喜欢吃，再多给一点。也可让宝宝参与选择食品甚至准备食品的过程。不要因为宝宝一次拒绝就下结论，因为口味是会随着宝宝的长大而发生变化的。所以妈妈就需要每隔一段时间，再让宝宝试一试以前他不爱吃的食品。研究发现，只要不过分强迫宝宝吃他不喜欢的食物，绝大多数的宝宝最终是能学会"享受"各类健康食品的。

让宝宝长得壮实

要想宝宝长得结实，要注意以下几点：

● 全面均衡摄取营养，控制高糖类食物的摄入：饮食要多样化，营养要全面、均衡，不偏食、不忌食。一些父母的营养知识缺乏，对缺乏母乳的宝宝，用较多的奶糕、麦乳精、炼乳、米粉等喂养。这些食物含糖、淀粉多，糖类过多会在体内转化为脂肪，而蛋白质及其他营养物质过少，使宝宝外表虚胖，但肌肉松软，面色苍白，容易患病。

• 保护宝宝的消化器官，增强消化功能：宝宝肠胃一般比较嫩弱。因此，要预防消化系统的感染性疾病，宝宝不要吃生冷油腻食物；对喜爱的食品也不能暴食暴饮。胃肠道的消化吸收功能强，有助于从食品中充分吸收各种营养品。反之，消化吸收功能差，即使各种食物吃得不少，也难以充分利用吃进的营养成分。

• 保证宝宝有充足的睡眠时间：宝宝的睡眠时间要多于成年人，要保证9~10小时的睡眠时间，至于宝宝则需睡得更多。如果宝宝睡眠很少，而活动量又大，体能消耗多，这些情况会使机体入不敷出，影响身体发育。

• 讲究合理烹调方法和饮食习惯：宝宝的食品不仅要多样化，而且要细、碎、软、烂，这样才易于消化吸收。不要用开水泡饭，菜汤拌饭，让宝宝囫囵吞枣地吃饭，这样也会损伤肠胃，影响消化吸收。

育儿 Q&A

宝宝适合添加哪些肉类

Q：我家的宝宝快11个月了，可以吃一些肉类辅食了，如：小馄饨、小饺子之类的，很想知道什么肉类更适合宝宝，是鱼肉、猪肉还是鸡肉呢？

A：各种瘦肉类中的蛋白质含量不是差得太多。一般来讲，鱼肉或鸡肉的肉质细嫩一些，利于小乳牙还未完全长齐的宝贝咀嚼，在胃肠里的消化和吸收也较好。

妈妈需要注意的是，鱼肉、鸡肉虽好，但也不可一味偏食，还应同时为宝宝适当添加一些其他肉类，以免宝宝养成偏食的习惯，以后一概不吃其他肉类。因此，在刚开始为宝宝添加肉类辅食时可让宝宝多吃一些鱼肉或鸡肉。随着宝宝的消化功能逐渐增加，妈妈可以给宝宝一点一点添加猪肉或牛肉类辅食。

宝宝怎么还没有长牙

Q：我家的宝宝快11个月了，别人家比他小1个月的宝宝都长牙了，可是他还没有长牙，不知道是为什么？那么，给宝宝吃些什么食物可以帮助宝宝长牙呢？

A：一般情况下，这个月的宝宝应该长出2～6颗乳牙。但由于不同的宝宝之间存在着个体差异，所以乳牙萌出的早晚也会有所不同。宝宝的乳牙萌出情况是其骨成熟的粗指标之一。如果宝宝在10～12个月仍未长出1颗乳牙，这种情况属于乳牙晚萌。

牙齿的发育往往与蛋白质、钙、磷、铁、维生素C、维生素D和一定的甲状腺素有较大的关系。如果上述营养素缺乏，会导致宝宝出牙较晚。

妈妈要多给宝宝吃一些含蛋白质、钙、磷、铁、维生素C、维生素D及甲状腺素的食物，如：豆腐、蛋类、鱼类、西红柿、菠菜等。这些食物有助于宝宝的牙齿发育。

怎么给宝宝煮粥

Q：我家的宝宝11个月了，听说可以喝粥了。想问一下，怎么给宝宝煮粥呢？

A：粥类的共同做法是取稻米、小米或麦片等约30克，加水3～4碗，浸1小时，置锅内煮1～1.5小时，煮至烂如糊即可。

如果是煮燕麦粥的话，注意不要用那种用开水冲泡的速溶型麦片粥，该食品中含麦片、奶粉较少，同时加入了其他人造添加剂，口味偏甜，不太适合这一时期的宝宝。应该选用纯燕麦片，将水烧开，加入适量麦片（可根据宝宝月龄由稀到稠），用筷子不停搅动。

可以淋入事先打散的鸡蛋液，加入排骨汤、鸡汤，或加入碎菜末均可，以调剂口味，最后可略加些盐和香油。此粥鲜香滑软，很可口且营养丰富，易消化。

肉松饭卷

- 原料：猪肉松、软饭适量
- 制作方法：把肉松铺成长方形，压实，在肉松上铺上一层软饭，小心卷起，但不要把饭卷得太大。
- 功效：肉松可以给宝宝补铁，因为肉松在加工中，不仅浓缩了产能营养素，也浓缩了不少矿物质。如猪瘦肉当中本来就含有一定量的铁，经过浓缩使肉松中的铁含量高出猪瘦肉两倍多，因此可作为宝宝补铁及补充部分矿物质的食品。

八宝粥

- 原料：糯米、红枣、红豆、桂圆肉、莲子、花生、核桃各适量
- 制作方法：将原料洗净后同入电饭煲内熬煮成粥，放入冰糖即可。
- 功效：全面补充营养素，强身健脑。

鸡肉白菜饺

- 原料：饺子皮、鸡肉、洋白菜、芹菜、鸡蛋液、适量高汤、熬熟的植物油。
- 制作方法：将鸡肉末放入碗内，加入少许儿童酱油拌匀。洋白菜和芹菜洗净，分别切成末。鸡蛋炒熟，并搅成细末。将所有原料拌匀成馅，包成饺子，并下锅煮熟。在锅内放入高汤，撒入芹菜末，稍煮片刻后，再放入煮熟的小饺子，加少许香油和儿童酱油。
- 功效：本菜富含营养，适合不喜欢吃米饭和粥的宝宝。

11～12个月：
训练宝宝学会吃"硬"食

11～12个月的宝宝，饮食已初具一日三餐的习惯了。除此之外，早晚还应各吃1次奶。此时，宝宝能吃的饭菜种类很多，基本上可以和大人吃一样的东西。千万不要让宝宝依赖母乳。

 1岁宝宝的发育状况

	男宝宝	女宝宝
体重	平均 10.1 千克（8.0～12.2）	平均 9.5 千克（7.4～11.6）
身长	平均 77.3 厘米（71.9～82.7）	平均 75.9 厘米（70.3～81.5）
头围	平均 46.5 厘米（43.9～49.1）	平均 45.4 厘米（43.0～47.8）
胸围	平均 46.5 厘米（42.5～50.5）	平均 45.4 厘米（41.4～49.4）
身体特征	开始喜欢到户外去，有些宝宝开始模仿成人的行为；少数宝宝已经会走路了；抓握动作接近成人，能将拇指和食指并拢；平衡能力增强，扭过身去抓背后的玩具也不会摇晃。	
智力特征	想讨人喜欢，会一遍又一遍地重复让人发笑的事情；喜欢拍打能发出声音的玩具，喜欢欣赏自己发出的声音；能够学会捉迷藏等简单游戏；记忆力更加发达，趁宝宝不注意时把他的玩具藏起来，他会拼命去找；当给宝宝脱衣服时，会自己举起胳膊协助大人。	

 明星营养素

 膳食纤维

膳食纤维不代表食物中某一种具体成分，而是一个营养学概念。它包括人体不消化吸收的所有碳水化合物，如：纤维素、半纤维素、果胶、胶质、抗性淀粉、低聚糖和木质素等。膳食纤维不能被身体内的消化酶所分解，也不能被肠道吸收，因此几乎不提供任何能量。但摄入适量的膳食纤维，有助于宝宝建立正常排便规律，保持健康的肠胃功能，对预防成年后的许多慢性病也有好处。而且，膳食纤维可以预防宝宝便秘，控制宝宝肥胖。

富含膳食纤维的食物一般包括：小麦、玉米、黄豆、绿豆、南瓜、橘子、樱桃、草莓等。膳食纤维是一柄双刃剑，需要适时适量的给宝宝摄入。

 喂养特点

11~12个月的宝宝，饮食已初具一日三餐的习惯了。除三餐外，早晚还要各吃1次牛奶。妈妈想喂母乳的话，可以在早晚各喂1次，不想再喂母乳可以完全断掉，或用牛奶代替母乳，千万不要让宝宝依赖母乳。

 辅食喂养

宝宝断乳后，能吃的饭菜种类很多，基本上可以和大人吃一样的东西。因此，宝宝的膳食安排要以米、面为主，同时还要搭配动物食品及蔬菜、豆制品等。在宝宝学会咀嚼食物、学会用牙龈磨碎食物的前提下，由原来每天 2 次辅食添加，逐渐变为每天 3 次辅食添加，同时要控制宝宝的进餐时间，以 20～30 分钟为限。

宝宝此时还不能够充分消化吸收大人吃的食物，因此饮食制作上要细、软、清淡，要注意营养的均衡，蔬菜、水果以及荤素的合理搭配。

 人工喂养

宝宝在生长发育的过程中不能缺少蛋白质。虽然在给宝宝添加的辅食中有动物性食品，但量不足，而从牛奶中补充蛋白质是最佳的补充方法。至于牛奶的量可根据宝宝吃鱼、肉、蛋的量来决定。一般来说，宝宝每天补充牛奶的量应不低于 250 毫升。

 喂养注意事项

宝宝的饮食原则

这个月宝宝的饮食应由辅食逐渐转为主食，妈妈要注意宝宝的辅食营养，在烹制的过程中注意以下几个要点：

- 保证宝宝一日三餐定时进餐。
- 妈妈要注意提高烹调质量，注意宝宝食物的色、香、味。
- 尽可能选择多种食物，注意食物的均衡搭配。
- 多给宝宝吃一些粗纤维含量丰富的食物。
- 给宝宝提供的谷物与蔬菜加工时，要做到细、软、烂。
- 纠正宝宝偏食、挑食等不良的饮食习惯。
- 适量、按时给宝宝添加一些零食。

● 定期向专家进行宝宝营养咨询。

🌼 1 岁宝宝的全天饮食

这个阶段宝宝的饮食结构要逐渐由辅食向主食过渡，但是由于宝宝的消化功能还未健全，因此要掌握循序渐进的原则，由菜泥—碎菜，肉泥—肉末，烂饭—软饭逐渐过渡。

宝宝的正餐，也就是午餐和晚餐要精心制作，为宝宝提供多方面的营养。

主食通常是饺子、包子、面条、软米饭。菜包括肉、蛋、蔬菜、豆制品等。这些原料里，肉要切成末，蔬菜和豆制品尽量切成丝或小块。

另外，在喂养的过程中，需要注意以下方面：

● 餐前一定要给宝宝洗脸、洗手，保证饮食卫生。

● 宝宝进餐时间控制在半小时以内，如果宝宝没吃完也不要拖太长时间。

● 宝宝饭后 1 小时要保证适当的活动。

● 两餐之间要喝水，可以是钙水、果汁水，也可以是白水。

● 尽量保证定点定餐，每餐的食量也要差不多，不要养成宝宝爱吃的没够，不爱吃的不吃的习惯。

● 最好让宝宝少吃多餐。避免煎炸食品，也不要在做食物的时候，添加不必要的脂肪、糖和盐等调味品。

🌼 1 岁宝宝断奶后的膳食安排

在适当的时间给宝宝断奶，逐渐改喂辅食，是宝宝喂养的必经之路。宝宝断奶的过程应是循序渐进的，开始时可先减少哺乳次数，同时增加喂辅食的次数和量，直到宝宝适应。

很多宝宝会在断奶后变瘦。虽说引起宝宝变瘦的原因很多，但膳食安排不当则是主要的因素。因此，妈妈需要合理安排宝宝断奶后的膳食。

● 断奶与辅食添加平行进行：宝宝不是因为断奶才开始吃辅食，而是在断奶前辅食已经吃得很好了，所以断奶前后辅食添加并不需要有明显变化，也不要因为断奶影响宝宝正常吃辅食。

● **食品多样化**：每种食物有其特定的营养构成，只有丰富的食物，才能保证机体摄入足够的营养。不仅如此，宝宝每天总吃同样的食物，还会引起厌食，从而导致某些营养不足。所以，宝宝的食品要多样化。在主食上，除了吃米和面外，还要补充一些豆类、薯类、小米等，在配菜方面，可适当吃些豆制品、肉类、鱼虾、动物内脏及各种绿叶蔬菜等。

● **吃营养丰富、细软、容易消化的食物**：1岁的宝宝咀嚼能力和消化能力都很弱，吃粗糙的食品不易消化，易导致腹泻。所以，要给宝宝吃一些软、烂的食品。一般情况下，主食可吃软饭、烂面条、米粥、小馄饨等；配菜可吃肉末、碎菜及蛋羹等。需要注意的是，牛奶是宝宝断奶后每天的必需食物，因为它不仅易消化，而且有着极为丰富的营养，能提供给宝宝身体发育所需要的各种营养素。

● **避免吃刺激性强的食物**：断奶不久的宝宝，在味觉上还不能适应刺激性的食品，其消化道对刺激性强的食物也很难适应，因此，不宜给宝宝吃辛、香、麻、辣等味的食物，调味品也应少用。

 给宝宝巧"加"水

妈妈应该及时为宝宝补充足够的水，以帮助宝宝体内生理变化，适应外界气候，保证宝宝的健康。

宝宝体内环境的70%是水。水不仅可以为宝宝解渴，还能帮助宝宝降低体

温，稀释血液，促进皮肤排泄毒素，加强肾脏正常功能，促进胃肠蠕动。另外，水还有镇静、止痛、缓解痉挛等作用。因此，水是宝宝天然的良药。

另外，水是能够蒸发的，当宝宝体温增高的时候，或者天气的气温升高时，妈妈应该让宝宝多饮水，通过皮肤蒸发散热，从而降低体内温度，并更好地与外界环境相适应。

宝宝喝水要讲究方法：

● 要做到少饮多餐：不要因渴而喝，因为宝宝真正口渴的时候，表明体内水分已失去平衡，身体细胞开始脱水。

● 宝宝非常口渴时，应该先喝少量的水，待身体状况逐渐稳定后再喝：如果机体短时间内摄取过多的水分，血液浓度会急剧下降，从而增加心脏的工作负担，甚至可能会出现心慌、气短、出虚汗等现象。

● 宝宝补充的水分量，应根据气候、温度、年龄、活动量来增减：1 岁的宝宝（10 千克左右），每天补充水分 1200～1400 毫升。这些水分包括母乳、牛奶、稀粥、蔬菜、水果中的水分，其余的由白开水补充。

此外，专家还建议，应尽早鼓励宝宝用水杯喝水，在 1 岁左右戒掉奶瓶喂养习惯。这是因为大多数的液体中都含有糖分，用奶嘴会延缓新牙的生成，导致蛀牙的形成。

🌸 培养宝宝的咀嚼能力

1 岁的宝宝已经可以慢慢吃一些成人化的食物，同时越来越会使用牙齿。这个阶段宝宝也有不错的模仿能力，妈妈不妨常常做示范动作，提醒宝宝要把食物咬一咬、嚼一嚼，让宝宝能够顺利转换吃一般的正餐食物。

这个时候培养宝宝咀嚼能力的训练重点主要有下面几点：

● 提供给宝宝长条的水果、煮过的蔬菜段或稍硬的饼干，让宝宝习惯吃半固体或固体食物。

● 只要宝宝愿意，可以提供大人化的食物给他。不过，还是要观察一下宝宝的消化吸收反应。

- 提供宝宝比较容易舀或抓握的食物，最好让宝宝学习自己进食。

- 平时可提供宝宝一些训练或刺激口腔动作的玩具，如：小喇叭、哨子等，也可以和宝宝一起做吹纸片、吹泡泡等游戏。

- 开始训练宝宝改用水杯喝水的习惯，最初可先用装有吸管的水杯，慢慢再改为一般的鸭嘴杯。

了解宝宝食欲不振的原因

1 岁左右的宝宝食欲通常仍处在易波动、不稳定的状态，常有不想吃饭、没胃口的情形。此种食欲不振的情形是正常的，但食欲不振也有可能是宝宝生病的症状，妈妈应依以下原则，快速了解宝宝是否有生病的可能。

◇ 使宝宝没胃口的主要原因

- 身体不适。
- 用餐时间不固定。
- 生活没有规律。
- 情绪不佳。
- 点心甜食过多。
- 吃了不当食物。
- 食物外观不吸引宝宝。

◇ 刺激宝宝的食欲

- 让宝宝养成定时用餐的习惯：在宝宝开始学习吃饭时，养成全家定时用餐的习惯，并且不让宝宝在餐前吃零食，以免影响正餐食欲。

- 加强菜色上的口味及变化：比如：在夏季，因为炎热，宝宝常常会没有食欲，因此烹调方式可以采用凉拌的方式，使食物的口感清爽；或在菜肴中添加水果，如：西红柿、菠萝、芒果等，亦有开胃的作用。

- 使用可爱的餐具：使用较可爱、宝宝喜欢、宝宝自己挑选的餐具，会增

0～1岁育儿营养全方案

进宝宝用餐的兴趣。

 宝宝 1 岁后饭量减少是正常现象

很多宝宝在 1 岁后饭量忽然减小了，这下妈妈可慌了神，是不是宝宝缺锌了？其实，出现这种情况是正常的，妈妈不要着急。

宝宝到了 1 周岁，每天的吃奶量会下降很多，开始尝试着把主食作为生长发育的主要来源，这时宝宝的胃肠对各种新食物就需要有个适应的过程。

这种适应表现为食欲一定程度的下降，但这是一个生理性的过程，是每个宝宝都要经历的。

妈妈如果遇到这种情况，应该留心观察，如果宝宝白天精神头足，晚上睡得好，说明所吃的食物能够满足宝宝生长发育需要，不用急着给宝宝找助消化的方法，让宝宝的小肠胃自己慢慢适应就可以了。一般来说这个过程因人而异，只要宝宝的体重在半年内增长 1 千克左右，就是在适应的标准范围内，过一段时间，等宝宝的肠胃适应了，饭量是会重新增加的。

同时，对于宝宝的饭量，妈妈可能只盯着主食，像米饭、蔬菜等"硬件"上，其实，奶、水果等"软件"也应该算在饭量的范围内。比如：宝宝可能每天喝了不少奶，或吃了几个水果，正餐的饭量小一点也很正常。此外，宝宝在 1 岁后，小脑袋开始转起来，对周围的事物充满了好奇，在大人看起来很常见的事情，如：开门、关门，也会吸引宝宝的注意力，而不能专心吃饭，饭量也会因此降低。

另外，宝宝此时正在建立对各种食物的喜好，对不喜欢的食物已经开始产生反抗心理。有些妈妈制作辅食时，食物的变化性太少，宝宝自然不爱吃，如长牙之后喜欢有咬感和嚼感的食物，会拒吃苹果泥，这时不妨让宝宝吃苹果片。

专家提醒，如果偶尔出现在吃饭时间宝宝仍不觉得饿的情况，就别硬要他吃，因为宝宝常被逼迫吃饭，会让他觉得吃饭是一件讨厌的事。

 宝宝吃饭不专心

宝宝满周岁时，吃饭常常会成为使父母头疼的一件事情。这时，宝宝对拿饭勺，把手伸进碗里，把杯子推倒，或把碗里的东西扔到地上等各类新奇的活动比对进食本身更感兴趣。有的宝宝是站在椅子上，靠着椅背吃完一顿饭的；有的宝宝则满屋乱走，"吃一口换一个地方"，害得妈妈四处追着喂饭；还有的宝宝一边吃饭，一边玩着各种玩具。

吃饭时不老实是宝宝正在长大的一个象征。妈妈很在意宝宝的吃饭问题，而宝宝自己则满不在乎。

这个时候，妈妈就有必要为宝宝制订简单可行的生活制度，如：吃饭时不玩耍，做完一件事情再做另一件，逐渐养成一心不二用的好习惯。

妈妈平时要有意培养宝宝规律进餐的习惯，在两餐之间只适当地吃一些点心、饼干、面包片和水果等，不可过量，以免吃正餐时饱食中枢还处于兴奋状态。坚持下去宝宝就会养成专心吃饭的习惯。

最后，妈妈要注意的是，1岁左右的宝宝，特别喜欢把手伸到菜里划来划去，或把一点饭菜抓在手里捏来捏去，并且试图往自己的嘴里塞。这并不是宝宝在"胡闹"，而是在探索，在进行"小实验"，要试一试自己的能力，妈妈不要硬性阻止宝宝的这种行为，当然，若宝宝要掀翻饭菜，那就要果断地把饭菜端走或停止给他喂饭。

注意宝宝进食时"含饭"

有的宝宝吃饭时爱把饭菜含在口中，不嚼也不吞咽，俗称"含饭"。"含饭"的原因是妈妈可能没有从小让宝宝养成良好的饮食习惯，不按时添加辅食，宝宝没有机会训练咀嚼功能。

这样的宝宝常因吃饭过慢过少，得不到足够的营养，给身体健康带来如下危害：

● 总吃糊状和稀的食物，会使宝宝因缺少咀嚼而影响到面部肌肉的正常发育。

● 牙龈发育差，龋齿、虫牙等都有较大机会发生，有的宝宝才3～4岁就一口小黑牙了。

0～1岁宝宝喂养同步方案

● 影响肠胃和消化道健康，表现为食欲不好、饭量减少，甚至呕吐，造成厌食等极坏的饮食习惯。

● 缺少咀嚼而影响宝宝口型的成长。

● 如果宝宝在睡觉时也含着饭，熟睡后很容易因食物滑入咽喉而发生窒息，甚至致命等严重后果。

这个时候，妈妈首先要纠正和调整自己在喂养方式和观念上的偏颇，赶快帮助宝宝戒除坏习惯，重建宝宝对吃饭的信心与热情，回归饮食好习惯。

● 及时看医生，解决肠胃、消化道问题。

● 还宝宝独立进食的权利。

● 不要强迫宝宝进餐，可分餐加餐（少吃多餐），按照宝宝的年龄需求来喂养。

● 让宝宝多进行户外活动，增加肢体运动、热量消耗。

● 营造进食良好的氛围。

● 邀请宝宝的同伴来一起进餐。

育儿 Q&A

如何给宝宝吃坚果

Q：我家的宝宝刚 1 岁，很爱吃开心果和腰果，请问宝宝可以吃吗？会不会引起宝宝上火？

A：坚果含有丰富的植物蛋白和微量元素。宝宝是可以吃坚果的，但是食量不要太多，否则不容易消化。另外，各种坚果都有引起过敏的情况，给宝宝吃的时候要注意。

🌸 宝宝吃桃子易过敏吗

Q：水蜜桃汁鲜甜爽口，可不可以给刚刚满 1 岁的宝宝吃呢？

A：最好不要给宝宝喂食水蜜桃，因为桃子中含有大量的分子物质，宝宝肠胃功能差，无法消化这些物质，很容易引起过敏反应。

🌸 怎样给宝宝喂面条

Q：宝宝在 1 岁左右，乳牙逐渐长齐，咀嚼能力增强。我想给宝宝喂面条，不知道要注意些什么？

A：喂宝宝的面条应是烂而短的，面条可和肉汤、鸡汤一起煮，以增加面条的鲜味，引起宝宝的食欲。喂时需先试少量，观察一天看宝宝有没有消化不良或其他情况。如果情况良好，可加大食量，但也不能一下子喂得太多，以免引起宝宝胃肠功能失调，出现腹胀，导致厌食。

 **给 1 岁宝宝的食谱**

桂圆小米粥

- 原料：干桂圆肉 20 克，小米 50 克，糖玫瑰、白砂糖适量。

- 制作方法：小米淘洗干净，入锅加水煮至将熟时加入洗净的桂圆肉，再煮至烂熟，调入白砂糖，撒上糖玫瑰。

- 功效：桂圆肉可以给宝宝提供多种维生素和矿物质，小米中的营养物质也十分丰富，而且还有促进宝宝睡眠的功效。

紫菜汤

- 原料：紫菜 20 克、水适量。

- 制作方法：将紫菜洗净，切碎，烧煮成汤即可。

- 功效：紫菜含有丰富的蛋白质、钙、磷、铁、碘、硒、镁、锌、胡萝卜素、

B 族维生素和维生素 C 等营养元素。

胡萝卜汤

- 原料：胡萝卜 150～200 克、水适量。
- 制作方法：胡萝卜洗净，切成大块，放入锅中煮烂，用漏勺捞出，挤压成糊状，再放回原汤中煮沸即可。
- 功效：胡萝卜中含有多种氨基酸以及丰富的维生素 A 等微量元素，对组成宝宝骨骼、神经细胞、血红细胞以及参与蛋白质的代谢都具有重要作用。

骨头汤

- 原料：新鲜的猪腿骨 200～300 克、水适量。
- 制作方法：将猪腿骨洗净，打碎，放入铁锅或砂锅内，加水熬煮 1～2 个小时后，放入少许食盐，过滤后晾温喂宝宝喝。
- 功效：骨头汤含有丰富的钙，对促进宝宝骨骼发育，预防佝偻病等有一定的作用。

第三篇
宝宝常见疾病的食疗法

营养缺乏症

营养缺乏症包括了维生素缺乏、蛋白质缺乏、微量元素缺乏等，它是由于营养素摄入不足、吸收不良、代谢障碍以及需要量增加、消耗过多等因素导致营养素缺乏所引起的一类疾病。

宝宝在婴幼儿时期，由于生长发育较快，对营养的需要比成人相对要高；器官发育尚不成熟，抗病能力弱，易患腹泻、消化不良等疾病，易造成营养素吸收不良或丢失。因此，婴幼儿时期的宝宝应当注意合理营养，预防营养缺乏症。

为了防止宝宝患营养缺乏症，可以参考以下食谱进行调养：

● 鲜肝薯糊：鸡肝1~2片、土豆1/4个、米30克、水4杯、盐少许。鸡肝洗净，入锅，加水烧开煮熟，捞出去水切成片，煮肝的水留用，取1~2片肝，用不锈钢汤匙压碎，备用。土豆放入锅内沸水中煮至软透，捞出剥去皮，压成土豆泥。用煮鸡肝的水加入米煮1小时，再熄火加少许盐焖上20分钟，再煮成糊状，加入薯泥和碎鸡肝，即成。猪肝、鸡肝都含有维生素和铁，对于营养缺乏的宝宝，食用此粥可补充多种营养素。此糊可供6个月以上的宝宝食用。

● 蔬果薯蓉：土豆1个、胡萝卜1个、香蕉1段、木瓜1片、苹果1片、梨1片、熔化的牛油1茶匙。将土豆、胡萝卜都去皮，洗干净，切成极薄的片，分别加入两碗水上锅用文火煮至软烂。煮胡萝卜水可给宝宝做蔬菜汁喝，土豆水可用来调制果糊。把土豆沥水后，压成土豆蓉，加入牛油拌匀。将胡萝卜、香蕉、木瓜分别压成泥状，苹果、梨用小匙刮出果蓉，然后分别混合薯蓉同吃。吃奶的宝宝易发生缺乏维生素的营养缺乏症，经常喂一些果汁，可以补充维生素，防治营养缺乏病。4个月以上宝宝即可食用此品。

● 果汁：橙子、西红柿、橘子（或其他水分多的水果）各适量。先将水果外皮洗净，备用。橙子、橘子切成两半，取干净容器，将果汁挤于容器内，再加入等量的冷（温）开水。西红柿选择外皮完整而且熟透的，用热开水浸泡2分钟后，去皮，再用干净纱布包起，用汤匙挤压出西红柿汁。将橙子汁、橘子汁、西红柿汁兑在一起即成。此果汁可以补充母奶、牛奶中的维生素的不足，增加抵抗力，促进生长发育，调理营养缺乏病，特别是预防坏血病有特效。此果汁可喂4个月以上的宝宝。

● 白果粥：白米250克、白果150克、腐竹50克、麦片20克、儿童酱油少许。将米洗净，用少许儿童酱油拌匀；白果去壳，切开，去掉果中白心；腐竹用温开水泡软，用刀剁碎。清水3500克放入锅内，用旺火煮沸后，下米、白果和腐竹同煮，煮半小时后，用净纱布包住麦片，放进粥锅内再煮半小时，米烂后，取出麦片渣包，即成。此粥可供6个月以上的宝宝食用，其营养丰富，食用几天后即可使宝宝的营养不良症有所好转。

● 白饭鱼蒸蛋：鸡蛋1个，白饭鱼50克（其他鲜鱼也可），胡萝卜少许，开水1杯。胡萝卜去皮，切成小粒，放入沸水中烫熟烫烂。白饭鱼入热水烫，去咸味，捞起，去骨切碎。鸡蛋打散，与白饭鱼同放一个深碟内，注入1杯凉开水拌匀，不加盐，用中火蒸约5分钟，蛋熟后加入胡萝卜丁，即成。此菜营养丰富，胡萝卜开胃，可增强宝宝的食欲。可供9～12个月的大宝宝食用。

 甜食综合征

"甜食综合征"，又叫"儿童嗜糖性精神烦躁症"，表现为：精力不集中、情绪不稳定、爱哭闹、好发脾气等，直接影响宝宝的生长发育、生活和学习。

宝宝为什么会得"甜食综合征"呢？这是因为：宝宝生来爱吃甜的东西，加上生活水平的提高和妈妈的宠爱，致使宝宝每天摄入了很多的糖分。

我们平常所吃的糖多为蔗糖，蔗糖在体内转化为葡萄糖进行氧化，成为二氧化碳和水，同时释放出能量。葡萄糖的氧化反应需要含有维生素 B_1 的酶来催化。如果长期进食过量的糖，机体就会加速糖的氧化，消耗大量的维生素 B_1，使维生素 B$_1$ 供不应求。而人体内是不能合成维生素 B$_1$ 的，全需从食物中吸收。如果宝宝大量吃甜食，影响食欲，会造成维生素 B$_1$ 的食物供应不足，最终影响葡萄糖的氧化，产生较多的氧化不全的中产物，如：乳酸等代谢产物，这类物质在脑组织中蓄积，就会影响中枢神经系统的活动，发生精神烦躁，引起"甜食综合征"。

预防"甜食综合征"，要适时控制宝宝吃糖，不能让宝宝养成偏爱甜食的习惯。做到吃饭前后、睡前不吃甜食，每天进食糖量不超过每千克体重 0.5 克糖。平时应多吃富含维生素 B$_1$ 的食物，如：糙米、豆类、苹果、动物肝脏、瘦肉之类。

如果宝宝已患了"甜食综合征"，妈妈也不要过于紧张，只要控制糖的摄入量，少吃甜食，症状便能很快消失，对宝宝今后的智力和身体发育不会留下永久性的影响。

 肥胖症

许多妈妈都希望自己的宝宝能胖一点，结实一点，但是宝宝并不是越胖越好。假如宝宝过胖，活动就会受到限制，运动量相对减少，这不仅对骨骼生长不利，而且因负荷过重，长期如此会使腿部弯曲，严重时因呼吸困难，肺部换气不足，从而促使巨红细胞增多，心脏负担增大甚至出现充血性心力衰竭等。1 岁以内的宝宝，保持正常体重很重要，因为胎儿在母体内从第 30 周起到宝宝出生后 1 周岁，是人体内脂肪细胞增殖的"敏感期"，如果这个时期过于肥胖，会促使脂肪细胞数目增多，增加成年后肥胖症的发病率。

◇ 了解宝宝肥胖的原因

宝宝肥胖的原因，除了少数是由于遗传或某些神经或内分泌疾病引起外，主要是饮食方面的原因：

● **牛奶摄入量过多**：牛奶与母乳比较，不仅所含抗体少，抗病能力低，而且蛋白质含量过高，其中尤以酪蛋白为多。另外，乳糖过低，钙和磷比例不合适，会使钠含量过高。所以，一般牛奶喂养的宝宝，体重增长较快，肥胖症的发病率远比母乳喂养较高。由此，妈妈应合理把握宝宝牛奶的食用量，适当增加辅食和蔬菜的比例，以利于保证宝宝合理的营养搭配，保持健康和适中的体重。

● **不良的饮食习惯**：有些妈妈喜欢吃含糖多的甜食和脂肪多的油腻食品；有些妈妈就按自己的口味喂宝宝，结果使宝宝从小就养成不爱吃青菜、豆类和清淡食物的习惯。

● **妈妈对宝宝娇生惯养**：有些妈妈不断地给宝宝吃各种糖果、糕点和巧克力等零食，如：每天多给宝宝吃 5 块糖，就可额外摄入热量 100 千卡，每周即可多增加体重 100 克，这就成了宝宝肥胖的又一原因。由此，只有合理喂养，科学饮食，才可避免宝宝过于肥胖。

◇ 预防宝宝肥胖

了解了宝宝发胖的原因，妈妈就可以有针对性地合理喂养宝宝了。要想有效预防宝宝患上肥胖症，可以借鉴以下方法：

● 父母要观察宝宝的体重和身高是否是成比例增长，如果体重超过身高的增长，那么就应该引起注意了。

● 让宝宝远离垃圾食物，如：油腻食物等。

● 让宝宝懂得规律运动的重要性，不会走路的宝宝要让其进行适量的翻身、爬行等运动。

● 设法满足宝宝的食欲，避免饥饿感。故应选热能少而体积大的食物，如：萝卜等。必要时可在两餐之间供给热能少的点心。

● 食品应以蔬菜、水果、麦食、米饭为主，外加适量的蛋白质食物，如：瘦肉、鱼、鸡蛋、豆及其制品。

● 限制食量时，必须照顾宝宝的基本营养及生长发育所需，使体重逐步降低。最初，只要求制止体重速增。以后，可使体重渐降，至超过正常体重范围

10%左右时，即不需要再限制饮食。

● 父母要经常把宝宝的发育与其他同龄孩子做对比。

 脑膜炎

　　脑膜，也叫脑脊膜，指大脑与脊髓表面覆盖着的膜。脑膜炎就是脑膜发生炎症。脑膜炎通常是由病毒或细菌感染引起的，由于感染原因不同，被分为病毒性脑膜炎和细菌性脑膜炎，病毒性脑膜炎又称"无菌性脑膜炎"。

　　出生2～3个月大的宝宝，尤其是新生儿（出生28天以内），不管感染的是病毒性脑膜炎，还是细菌性脑膜炎，都非常严重，治疗稍有延误，就有可能导致宝宝耳聋、智力发育迟缓，甚至死亡等。

　　稍大的宝宝，如果感染了病毒性脑膜炎，症状通常会比较轻，而且10天内多会自愈。但如果是细菌性脑膜炎，就是另一种情况了：发作快，后果严重。

　　预防脑膜炎的方法主要有：

● 大蒜5～10克，去皮捣烂，加凉开水500毫升，泡水取汁，放适量白糖，分2～3次服用，连用5～7天，可以防治流脑。

● 银耳30克、红枣10枚，加冰糖炖，每天喝1次。

● 山楂15枚泡水饮服，有利于疾病的缓解和治愈。

● 绿豆50克、红枣10枚，加水煮至豆烂，放白糖适量，分次服食。

● 宜多吃新鲜的橘子、苹果、红枣、葡萄、胡萝卜、西红柿等。

● 橄榄10枚、萝卜250克。将其洗净加水煎汤，当茶饮。

● 鲜荸荠不拘量，水煮汤，代茶饮，可防治流行性脑膜炎。

● 莲花10克、粳米100克。莲花阴干，研末备用；先将粳米煮做粥，将熟时放入花末、蜂蜜调匀，空腹食用，有助流行性脑膜炎宝宝康复。

● 米醋不拘量，加水适量，文火慢熬，在每晚睡前烧熏1次，可起到消毒杀菌的作用，可预防流行性脑膜炎。

第三篇

奶 痨

奶痨是民间俗称，中医称为"疳积"或"疳证"，是指婴儿期的慢性营养不良。宝宝得了奶痨后，宝宝除吃奶外，不肯吃其他食物，时间长了，宝宝的身体就会消瘦，肌肤也会干瘪。奶痨是脾胃病，发病原因是脾胃功能失调。宝宝的面色和精神状态均正常，只是食量较差而已。

食欲差、喂养方法不当以及饮食习惯不良都容易使宝宝得奶痨。为了提高宝宝食欲，吃得好，长得壮，妈妈可以参考以下方法：

- 宝宝进食要定时定量。具体时间视宝宝月龄和饮食种类而定。
- 过度吃零食、甜食会影响宝宝食欲。妈妈需要限制宝宝的零食、甜食。
- 菜肴的色香味能诱发人的食欲，这对宝宝也不例外。妈妈可以经常变换食物的品种，以免宝宝吃腻。
- 用餐前和用餐时，切忌训斥甚至打骂宝宝，以免影响宝宝情绪，降低食欲。

发 烧

发烧是人体抵御疾病的反应，发烧会使宝宝的防御机能加强，并为炎症的痊愈创造有利条件。所以当宝宝发烧时，只要宝宝精神还不错，体温不超过39.5℃，一般不会有严重后遗症。

但要注意的是，出生1个月以内的宝宝和重度营养不良的宝宝，发烧时体温不但不升高，反而会下降，可能在35℃以下，这类情况十分危险，应及时送医院抢救。宝宝发烧时，如果手脚冰冷、面色苍白就说明体温还会上升；一旦

手脚暖和了、出汗了，体温就可以控制，并可很快降温。

遇到宝宝发烧时，妈妈需要注意以下事项：

● 多数宝宝发烧是因为受凉感冒引起的，如果宝宝发烧时手脚冷、舌苔白、面色苍白、小便颜色清淡，妈妈就可用生姜红糖水为宝宝祛寒，在水里再加2~3段1寸长的葱白，葱白有发汗的作用。

● 如果宝宝发烧手脚不冷、面色发红、咽喉肿痛、舌苔黄或红、小便黄且气味重、眼睛发红，这说明宝宝内热较重，就不能喝生姜红糖水了，应该喝大量温开水，也可在水中加少量的盐。只有大量喝水，多解小便，身体里的热才会随着尿排出，宝宝的体温才会下降。

● 宝宝感冒发烧时不可吃得太多。因为过多的食物将致宝宝胃肠负担过重，对身体和疾病恢复均有害，有可能会再次引起发热，甚至导致呕吐。

感　冒

感冒是最常见的传染病之一。中医认为感冒是由于六淫侵犯人体而致病的，六淫指的是自然界中存在的风、寒、暑、湿、燥、火六种致病邪气。其中风邪为六淫之首，是导致感冒的主要原因，所以古代医家将感冒称为"伤风"。西医认为感冒是由病毒引起的，感冒所出现的症状均是机体为了驱赶病毒而做出的自身防御。营养不良、过度疲劳、睡眠不足、心情不好以及患有一些慢性疾病的人，受了凉都会患上感冒。

宝宝更容易患上感冒，这与他们机体的生理特点、免疫系统发育不成熟有关。宝宝的鼻腔狭窄、黏膜柔嫩、黏膜腺分泌不足，对外界环境的适应和抵抗能力较差，容易发生炎症。

◎ 宝宝感冒的症状

宝宝感冒时往往上呼吸道症状（如：鼻塞、流鼻涕、咽喉肿痛等）不明显，而消化道症状（如：食欲不振、呕吐、腹痛、腹泻等）却较明显。宝宝感冒时常常高烧，甚至惊厥，这是由于宝宝抵抗力弱，感冒后炎症容易波及下呼吸道，引起支气管炎、肺炎等合并症。此外，宝宝感冒有可能引起心肌炎、肾炎，甚至危及生命。

另外，宝宝还容易得一些急性传染病，如：麻疹、流行性脑膜炎、百日咳等，而这些病在早期也有类似感冒的一些症状。由于宝宝表达能力差，往往不能明确说明自己哪里不舒服，不会说话的宝宝更是如此。因此，父母对宝宝的感冒症状不可掉以轻心，发现病情异常应及时带宝宝去医院诊治。

◇ 宝宝感冒出现下列症状应及时送医院

● 高烧。

● 宝宝已不能喝水、出现惊厥。

● 宝宝精神差，出现嗜睡或不易叫醒。

● 宝宝平静时有喘鸣声。

● 感冒后如果出现呼吸增快，可能是轻度肺炎（2 个月以下的宝宝呼吸次数每分钟大于 60 次，2 个月~1 岁的宝宝每分钟大于 50 次）。

● 呼吸增快且胸凹陷，有这种症状的宝宝已经出现了较明显的呼吸困难，可能是重度肺炎。

如果宝宝只是咳嗽、呕吐、腹泻、发热不超过 39.5℃，而且精神好，呼吸没有明显地增快，这时父母可以自己运用食疗和按摩的方法，帮助宝宝减轻感冒的症状。

◇ 感冒的调理方法

● 宝宝感冒多是由于受凉引起，父母平时一定要细心观察，随时摸摸宝宝的手。如果宝宝的手冷，说明宝宝受凉了，妈妈要及时给宝宝添加衣服，并让宝宝多喝一些温开水。如果宝宝的手仍然不暖和，就要及时采取以下方法：

→不到 1 岁的宝宝可喝红糖水。红糖水性温，能祛寒。

→宝宝上床后，妈妈可隔着衣服在宝宝的背部上下搓，将宝宝的背部搓热也能起到预防感冒的作用。如果宝宝有轻微的鼻塞，可将宝宝的耳朵搓红，这对治疗鼻塞也有很好的效果。

• 有的宝宝感冒的早期症状是呕吐、腹泻、腹痛，有的宝宝则是频繁地吐奶，父母可以运用以下方法帮助宝宝缓解症状：

→1岁的宝宝可空腹喝红糖蛋花汤。具体的做法是：先把鸡蛋在碗中搅匀。然后在小锅里放大半碗水，再放入小半勺红糖，将煮沸的红糖水倒入盛有鸡蛋的碗中。这种红糖蛋花汤既能祛寒暖胃，又能营养胃黏膜、肠黏膜，同时也利于消化吸收。宝宝在吐完或拉完后喝一碗温热的蛋花汤，一般就可见效。

→晚上给宝宝泡泡脚，让他出点汗，再多喝点温开水，早些休息。

◇ 预防宝宝感冒的方法

处在生长发育阶段的宝宝，任何营养都不能缺乏。民间有句话——鱼生火、肉生痰，青菜豆腐保平安——有一定道理。很多宝宝顿顿不离鱼、虾、肉，殊不知，鱼虾吃多了，内热大，容易出汗。而这类内热大的宝宝一旦受凉感冒就常常伴有高热。所以给宝宝的食谱最好是鸡、鸭、鱼、虾、猪、牛、羊、菜、水果都有，鱼、虾每周不超过2次，做到营养均衡，再配上各个季节上市的蔬菜、水果，这样宝宝的营养就全面均衡了，免疫抗病能力也会随之增强。

 口 疮

口疮是口腔黏膜的小的溃疡，具有复发性，是口腔黏膜最常见的溃疡性的损害。特点是突然无明显原因在口腔黏膜上出现小溃疡，主要在舌、唇、颊、腭等处，往往一处愈合，另一处又起。有的从前一次发病愈合到下一次发作间隔的时间很长，可达几月之久；也有一处未愈，其他处又发生，从不间断的情

况。溃疡数不等，一般 1～4 个。每个溃疡开始时会出现黏膜局部充血、水肿、出水泡，以后水泡溃破形成溃疡。溃疡的大小不一样，小的有小米粒大，大的比黄豆粒大。呈圆形或椭圆形，中央稍微凹陷，周围有一红圈，溃疡的表面有薄膜覆盖。碰到酸、甜、咸食物刺激时疼痛加重，但一般无全身症状。溃疡一般在 7～10 天内可逐渐愈合。

中医认为，口疮的主要原因是心脾积热或虚火上炎，治疗以泻火为宜。同时，因为口疮局部疼痛较重，饮食应以清淡、冷热适宜的流质或半流质食物为宜。

口疮常出现在宝宝发烧感冒的过程中，或过食易引起上火的食物后，主要表现为口唇、齿龈或舌上溃疡或疱疹，疼痛重，甚至拒乳或拒食，伴烦躁哭闹、流涎、大便干结等症，治宜清热泻脾。可选以下方法：

- 竹叶饮：鲜竹叶 1 把，洗净，入水加冰糖适量，煮沸片刻，代茶饮。
- 灯芯草煎：灯芯草 3 根，水煎加白糖或冰糖适量，代茶饮。
- 萝卜鲜藕饮：白萝卜 500 克、鲜藕 500 克，洗净切碎，榨汁含漱，每天 3～4 次。
- 荸荠汤：荸荠 250 克，洗净，加水与冰糖适量煮汤，代茶饮。
- 西红柿汁：西红柿数个，洗净，用沸水浸泡，剥皮去籽，用洗净纱布包绞汁液，含漱，每日数次。
- 金橘煎：金橘数个，水煎代茶饮。
- 西瓜汁：用西瓜绞汁，常饮之。
- 野蔷薇煎：野蔷薇花 20 克，加水及冰糖适量，煎水代茶饮。

鹅口疮

鹅口疮和口疮不是同一种病。鹅口疮又叫雪口病、白念菌病，是由白色念珠菌感染引起的。

鹅口疮多发在宝宝身上，在口腔任何地方都有可能会发生鹅口疮，新生宝宝多由产道感染，也有可能是因为奶头不洁或由喂养者的手指感染，妈妈的乳头或者橡皮奶头都是感染的来源。

主要表现为：在牙龈、颊黏膜或口唇内侧等处出现乳白色奶块样的膜样物，呈斑点状或斑片状分布。如果患有鹅口疮，轻者口腔布满白屑，一般没有伴随症状；严重者会在口腔黏膜表面形成白色斑膜，并伴有灼热和干燥的感觉，部分患儿伴有低烧的症状，甚至有可能出现吞咽和呼吸困难等严重问题。患有此病的宝宝经常哭闹不安，吃东西或者喝水时会有刺痛感，所以宝宝经常不愿意吃奶。严重时可蔓延至喉部、食道，甚至导致全身性真菌病。

妈妈可以采用以下食疗方法帮助宝宝缓解疾病：

• 白萝卜汁3～5毫升，生橄榄汁2～3毫升，混合放碗内置锅中蒸熟，凉后分2次服完，每日1～2剂，连用3～5天。

• 苦瓜汁60毫升，冰糖适量，将苦瓜汁放进砂锅内煮开，加入适量冰糖，等冰糖溶化后搅匀，即可服用。

> ★ **育儿小·贴士**　　　　患口腔炎宝宝的护理要点
>
> 宝宝患了口腔炎，即使想吃东西也会因为口腔疼痛而不能吃，此时妈妈应想办法将宝宝的饭食做得清淡一些，水分多一点，柔软一些，以便宝宝下咽。同时，还要避免给宝宝吃很酸的食物、油炸食物、硬的食物、腌制食物以及太咸的食物。
>
> 当宝宝喉咙痛或咳嗽时，若进食固体食物，食物就会直接摩擦到发炎的地方引起疼痛。此时，应尽量让宝宝吃食用量小但热量充足、营养价值高的食物，如：湿热的鸡蛋羹、香蕉、果冻、哈密瓜、桃子等。另外，太热的食物也会刺激宝宝肿痛的部位，增加宝宝的不适感。
>
> 宝宝的口腔炎有很多时候是发烧等疾病引起的，为了避免加重症状，宝宝还应尽量避免吃生冷或冰冷的食物，以免这些食物对宝宝的口腔、呼吸道血管和呼吸道黏膜过度刺激。同时，当宝宝咳嗽有痰时，应减少甜食的摄取，因为糖会造成痰液的增加，使得咳嗽的症状更加明显。

第三篇

 寄生虫病

　　宝宝不注意卫生，会吃进很多寄生虫卵，在腹内生长蛔虫、蛲虫等寄生虫。患有寄生虫病的宝宝，会发生营养不良，身体逐渐消瘦，面部出现白圈，还会经常腹痛。

　　如果寄生虫进入胆囊成胆囊虫病，腹痛会更严重，还会有生命危险。因此，宝宝饮食要讲究卫生，防止寄生虫卵进入人体。

　　宝宝如果得了寄生虫病，要用驱虫药治疗，为增加疗效，也可配以食疗：

　　● 南瓜拌饭：南瓜1片，白米50克，白菜叶1片，儿童酱油、高汤各适量。南瓜去皮后，取一小片切成碎粒。白米洗净，加汤泡后，放在电饭煲内煮，水沸后，加入南瓜粒、白菜叶煮至米、瓜糜烂，略加儿童酱油调味即成。中医认为，南瓜味甘、性温，有消炎止痛、补中益气、解毒杀虫等功能。此饭适合9个月以上宝宝食用，有驱蛔虫、蛲虫的作用。

　　● 海南椰鸡汤：椰子1只，净鸡1只（约重600克），姜片10克，核桃仁50克，红枣50克，清水约1500克，精盐少许。鸡洗净去皮，将开水放入锅中浸约5分钟，斩成大块；核桃仁用水浸泡，去除油味；红枣洗净去核；椰子取汁，椰肉切块。把鸡、姜片、核桃仁、枣、椰汁、椰肉同放10碗滚开水中，加姜片，用大火烧滚后，改用文火煲3个小时，加盐调味即成。椰肉、椰汁可驱蛔虫、蛲虫；核桃仁健脑；鸡肉营养丰富，宝宝吃此汤，可驱虫健身。

　　● 使君子蒸肉：使君子5~10克，猪瘦肉100克，精盐少许。将使君子去壳，取出使君子肉备用。使君子肉和猪瘦肉一起剁碎和匀，加入少许盐做成肉饼。将肉饼放入盘内，隔水用旺火蒸熟或煮饭时放在饭面上蒸熟即成。使君子性味甘，有杀虫消疳作用。此饭可治宝宝肠道蛔虫及营养不良症。

　　● 鲜韭菜根汁鸡蛋：鲜韭菜根100克，鸡蛋1枚，精盐少许。将韭菜根洗净，捣碎取汁，与鸡蛋调匀，蒸作蛋羹，可稍加盐、油以调味。此羹有杀虫排

宝宝常见疾病的食疗法

便作用，主治蛔虫病。早晨或夜晚空腹时 1 次服下，每天 1 次，连服 3 天。

盗　汗

　　医学上将在醒觉状态下出汗称为"自汗"；将睡眠中出汗称为"盗汗"。盗汗是中医的一个病症名，是以入睡后汗出异常，醒后汗泄即止为特征的一种病症。

　　宝宝出现盗汗，首先要及时查明原因，并给予适当的调理。

　　对于生理性盗汗一般不主张药物治疗，而应采取相应的调整措施，让宝宝尽量远离生活中的导致高热的因素。

　　如果宝宝睡前活动量过大，或饱餐高热量的食物导致夜间出汗，就应该对宝宝睡前的活动量和进食量给予控制，这样也有利于宝宝睡眠，控制宝宝肥胖，有益于宝宝的身心健康。有的宝宝夜间大汗，是由于室温过高或是盖的被子过厚所致，冬季卧室温度以24℃～28℃为宜；被子的厚薄应随气温的变化而增减。

　　一般说来，若妈妈注意到上述几种容易引起产热增多的诱因，并给予克服，宝宝出现盗汗的机会会自然减少。即使宝宝偶尔有 1～2 次大盗汗，妈妈也不必过分担心，盗汗所丢失的主要是水分和盐分，通过每天的合理饮食是完全可以补充的。

　　对于病理性盗汗的宝宝，应针对病因进行治疗。缺钙引起的盗汗，应适当补充钙、磷、维生素 D 等，并应做到以下几点：

　　• 宝宝需要多接触日光，包括户外光线及反射的光线。宝宝可在户外活动，不要隔着玻璃晒太阳。

　　• 母乳喂养有助于防治宝宝盗汗。

　　• 早产儿、双胞胎，经常腹泻或有其他消化道疾病的宝宝应注意添加维生素 D。

● 北方农村或寒冷的地区要按计划采取"夏天晒太阳，冬天吃 D 剂"的预防佝偻病措施。

● 对于结核病引起的盗汗，应在医生的指导下，进行正规的抗结核治疗。

✻育儿小·贴士✻　　　宝宝盗汗——护理很重要

　　无论是生理性还是病理性盗汗，护理工作都是十分重要的。

　●要及时用干毛巾擦干皮肤，及时换衣服。妈妈动作要轻快，以避免宝宝受凉感冒。

　●应在医生指导下，给宝宝适当补充盐分。

　●宝宝的被褥也要经常晾晒，日光的作用不仅在于加热干燥，还有消毒杀菌的作用。

　●对易盗汗的宝宝，应进行有计划的体质锻炼，如：日光浴、冷水浴等，以增强体质，提高适应能力。

 痱　子

　　夏季温度高、湿度大，如果汗腺分泌过多，汗液蒸发又不畅，汗液渗透到毛孔的周围组织，就会刺激皮肤出现疹子，这是长痱子的主要原因。宝宝之所以容易生痱子是由于宝宝的皮肤娇嫩，汗腺发育和通过汗液蒸发调解体温的功能较成年人差，汗液不易排出和蒸发所致。

　　痱子分 3 种：白痱子、红痱子和脓痱子。白痱子为针尖大小的表浅水疱，易发生在长期卧床的患者身上；红痱子初起时皮肤发红，继而发生密集的针尖大丘疹或丘疱疹，内含透明浆液，周围有轻度红晕，多发于肘窝、颈部、躯干及宝宝面部；脓痱子也叫痱毒，是长痱子后又出现继发感染引起的，多发于宝宝头部。

　　防治宝宝长痱子，饮食很重要。常见的几种食疗方法有：

- 冬瓜60克，加水煎汤饮用，每天1剂，连服7～8天。

- 绿豆适量，鲜荷叶1张，加水煎服。

- 韭菜根60克，洗净煎水服。

- 冬瓜、海带、绿豆适量共煎汤，加白糖少许，连服7～10天

- 马齿苋、丝瓜各20克，煎水服。

- 乌梅5～6枚洗净，煎煮30分钟后，投入金银花6克同煎20分钟，取汁去渣加白糖，凉后饮用。

另外还有一些偏方可以用来预防宝宝长痱子：

- 西瓜不仅有清热解暑、凉血止渴的作用，还可以预防痱子的发生。西瓜皮是中药，叫"西瓜翠衣"。把西瓜皮洗净，切片熬汤，或制作菜肴，长期食用，对预防痱子也有良好的效果。

- 夏季提倡多吃苦味的食品，苦瓜便是很好的选择。苦瓜能增进食欲，清热解暑，多吃苦瓜还能预防长痱子。

- 绿豆、红豆、黑豆，这3种豆子放在一起很好看。如果将它们煮熬成汤，中医称为"三豆汤"。三豆汤有清热解毒、健脾利湿的功效。宝宝如果从入夏开始服用，就不容易长痱子。具体制法是：用绿豆、红豆、黑豆各10克，加水600毫升，小火煎熬成300毫升，连豆带汤喝下即可，宜常服。如果汤中加薏米20克，效果更好。

麻 疹

麻疹是由麻疹病毒引起的传染力很强的急性传染病。病毒可通过病人的咳嗽、喷嚏、口水、唾沫，经空气传给其他人。感染初期常常有发热、咳嗽、流鼻涕等症状，2～3天后，口腔两颊黏膜上出现针尖大小的白点，这是麻疹病早期特有的体征。发热4天开始出疹，先耳眉，后颈部、脸上、前胸、后背，自上而下蔓延全身，最后到手足。皮疹呈玫瑰红色，初起较稀，以后渐密，3～5

天出齐。出疹部位有糠皮样脱屑，并有棕褐色色素沉着。病程 10 天左右，一般为发热 3 天，出疹 3 天，退疹 3 天。

麻疹病无特效性药物治疗，主要是对症处理：高热应补充水分，不能口服者可以输液。出疹前不宜退热。体温在 40℃ 以上时，头部可给予冷敷，用温水擦洗全身。烦躁不安者可用小量镇静剂。咳嗽严重可用祛痰剂。

麻疹的护理很重要，病儿应隔离治疗，卧床休息。住室要经常开窗通气，保持空气新鲜。保持安静，保证病儿休息和睡眠。注意病儿口、眼、鼻和皮肤的清洁，注意修剪病儿指甲，以防抓破皮肤而发炎感染。给易消化、富营养的食物，高热时给流质食物，如：牛奶、豆浆、蛋汤等。出疹期要防止受凉，但不要穿过多衣服，被子不能盖得过厚，以免影响呼吸和体温的散发。

麻疹的预防方法主要是，宝宝 6 个月时注射麻疹减毒疫苗，4 年后加强注射 1 次，可以预防麻疹的发生。在麻疹流行季节不到公共场所，必去时要戴口罩。

宝宝麻疹食疗包括以下几种：

🌼 麻疹初期

症状为发热，咳嗽流涕，畏光，眼泡浮肿，泪水汪汪，神倦思睡，口腔颊部、齿处可见白色疹点。此期约 3 天。

• 黄豆金针菜：黄豆 50 克，金针菜 25 克，黄豆浸 1 昼夜，金针菜洗净，共煮至熟，取汁代茶饮，每天喝一次，3 次喝完，连喝 3 天。

• 芫荽葱豉汤：芫荽 15 克，葱头 3 个，豆豉 10 粒，放在一起煮汤，汤成略调味。每天喝一次，连喝 3 天。

🌼 出疹期

症状为皮疹出现至消退，约 3～4 天。患儿高热不退，皮肤出现玫瑰样丘疹，针尖大小，先见耳后发际及颈，再到头面、胸背，到四肢手掌足底止为丘疹出齐。

• 二皮饮：梨皮 20 克，西瓜皮 30 克，洗净切碎共煎，去渣入冰糖代茶饮，日 1 剂，连服 5～7 天。

• 五汁饮：西瓜汁、甘蔗汁各 60 毫升，荸荠汁、萝卜汁、梨汁各 30 毫升，入五汁隔水共蒸熟，凉后代茶饮。每天 1～2 次。

恢复期

皮疹按出现的次序消退，皮屑脱落，皮肤留褐色斑迹，烧退，食欲渐增。

• 莲子冰糖羹：莲子、百合各 30 克，冰糖 15 克，莲子去心，与百合冰糖文火慢炖，待莲子百合烂熟即可。每天 1 次，连喝 7～10 天。随意服。

• 淮山百合粥：淮山、薏苡仁各 20 克，百合 30 克，粳米 100 克，洗净共煮，粥熟分 3 次喝完，连喝 7～10 天。

荨麻疹

荨麻疹俗称风团，是一种常见的过敏性皮肤病。由各种致病因素引起，由于皮肤黏膜血管发生暂时性炎性充血，并有大量液体透出，而造成皮肤局部水肿性损害。从表现为有大小不等的局部性风疹块，迅速发生与消退，瘙痒剧烈。愈后不留任何痕迹。2 周之内可愈的称急性荨麻疹，2 周以外不愈的称慢性荨麻疹。

荨麻疹不是麻疹，荨麻疹属于过敏性皮肤病，任何年龄均可发生，表现以风团为主。麻疹是一种多发于儿童的病毒性传染病，以全身出疹为主要表现，皮疹为玫瑰色斑丘疹。二者不可混为一谈。

食物过敏、药物过敏、昆虫叮咬、晒伤和病毒感染等都会引起荨麻疹，有时也与情绪压抑或更加严重的免疫疾病有关。但是更多情况下，出现荨麻疹是找不到明确的病因的。

如果宝宝得了荨麻疹，发病时，皮肤上出现很多形状不同、大小不一、红色、隆起、中间呈白色的疹子，患病部位会剧痒。疹子出现后24小时内会自动消失，由于剧痒，宝宝往往会因为过度抓搔，造成皮肤表皮破损而引起继发性皮肤感染，妈妈应引起注意。

如果宝宝除了局部搔痒的皮肤症状外，还伴有腹痛、下痢、呕吐甚至呼吸困难等症状，就是全身性荨麻疹，必须赶紧送医院治疗。

专家建议要多给宝宝吃碱性的食物，如：葡萄、海带、西红柿、芝麻、黄瓜、胡萝卜、香蕉、苹果、橘子、萝卜、绿豆、薏仁米等，有助于减少荨麻疹发病。

治疗患荨麻疹的宝宝，可以采取以下几种食疗方法：

● 芋头煲猪排骨：芋头50克、猪排骨100克。将芋头洗净切块，猪排骨洗净切块，同放砂锅中加水适量文火煲熟，每天2次。

● 冬瓜芥菜汤：冬瓜200克、芥菜30克、白菜根30克、芫荽5株、水煎，熟时加适量红糖调匀，即可服用。

贫 血

贫血是宝宝一种常见的病症，它以血液中红细胞的数量和比例减少（通过血细胞计数器测量）或携氧能力减弱（通过测量血色素含量）为主要表现。因为出生后3年内的快速生长模式，儿童贫血的发生率往往比成人高。儿童饮食中缺乏铁元素是发病的最常见原因。

宝宝如果患有贫血，一般会出现以下症状：非常容易疲劳；偶尔出现嗜睡；肢端、嘴唇和眼周苍白；吃得很少；如果是较为严重的贫血，宝宝会出现气短和脉搏变快。

防治宝宝贫血，除了适当的药物治疗外，营养饮食也非常重要。瘦牛肉、瘦猪肉、奶、蛋黄、动物肝脏、动物血，以及绿叶蔬菜、水果、粗粮中，都含有丰富的铁及维生素，其中以猪肝、蛋黄、海带、黑芝麻等补血效果最好。但食补时应注意滋补而不油腻，且每餐不宜过多。下面介绍几种方便有效的食补方法：

● 红枣花生煲：干红枣 50 克（或桂圆干 15 克），花生米（不去红衣）100 克，红糖 30～50 克，共煮至枣熟半烂，每天早晚食用。

● 芝麻粥：黑芝麻 30 克，洗净，炒熟，研粉，与大米 60 克同煮为粥，加红糖分次食用。

● 猪肝羹：猪肝 100 克，洗净，去筋膜，切片，加水适量，用小火煮汤，猪肝熟后加豆豉、葱白调味，再合苞鸡蛋 2 只，分次服用。

● 猪肝黄豆煲：猪肝 100 克，洗净、切片，黄豆 50 克，加水煲至豆烂，每天分次食用。

● 猪皮红枣羹：猪皮 500 克洗净去毛，入水炖至汤稠，再加红枣 250 克煮熟，分次随量佐餐食用。

● 菠菜粥：大米 100 克，煮至米烂，加入开水烫过的菠菜 50 克，再煮 5 分钟即成，分次服。

● 八味粥：糯米 300 克、薏仁 50 克、红小豆 30 克、大红枣 20 枚、莲子 20 克、芡实米 20 克、生山药 30 克、白扁豆 30 克。先将薏米、红小豆、芡实米、白扁豆入锅煮烂，再入糯米、大枣、莲子同煮至粥成，每日早晚服食。

黄 疸

母乳喂养的宝宝，在出生头几天里要是吃到的母乳量不够，就有可能造成黄疸。因为如果宝宝没有得到足够的水分，可能他就无法通过大便清除体内过多的胆红素。

如果宝宝出现这种情况，妈妈就应该找医生咨询一下哺乳问题。也可以向母乳喂养专家咨询母乳喂养的方法。一旦通过改善哺乳技巧、增加哺乳次数，或者添加牛奶补充等方法，让宝宝摄入足够的乳汁，黄疸就会消退。目前普遍建议在宝宝出生后的头几天里每天至少要哺乳 8 ~ 12 次。

一些宝宝会在他们出生后的头几周内出现"母乳性黄疸"。这种现象通常在出生后 7 ~ 11 天左右出现。尽管宝宝喂养没问题且体重增长正常，但由于母乳里的一些物质影响了宝宝肝脏处理胆红素的能力，宝宝就有可能会出现黄疸，这种情况通常与生理性黄疸一起出现，而且可能会持续几周甚至几个月。这种情况在母乳喂养的宝宝中很常见，而且通常认为没有危害。不过，如果宝宝的胆红素水平太高，医生可能会建议妈妈暂停哺乳 3 ~ 5 天，使宝宝的胆红素水平降下来。这段时间，妈妈可以用吸乳器吸出乳汁，以保持乳汁的分泌量。等宝宝的胆红素水平降下来后，妈妈就可以重新给宝宝喂奶了。

在大多数情况下，宝宝出现黄疸，妈妈是不用过分担心的。但是，如果宝宝的胆红素水平太高（因为没有采取任何治疗措施控制黄疸，而且胆红素水平持续升高），可能会对宝宝的神经系统造成永久性伤害。极少数发生黄疸的新生宝宝会发展为一种叫做核黄疸（也叫胆红素脑病）的疾病，这种病会导致宝宝耳聋、发育迟缓或出现一种脑性瘫痪。

鼻 炎

鼻炎指的是鼻腔黏膜和黏膜下组织的炎症，表现为充血或者水肿，常见症状有：鼻塞、流清水涕、鼻痒、喉部不适、咳嗽等症状。

鼻腔分泌的稀薄液体样物质称为鼻涕或鼻腔分泌物，其作用是帮助清除灰尘、细菌以保持肺部的健康。

当鼻内出现炎症时，鼻腔内会分泌大量的鼻涕，并可以因感染而变成黄色，流经咽喉时可以引起咳嗽，鼻涕量十分多时还可以经前鼻孔流出。

中医治疗鼻炎，通常采用消炎、通窍，温中扶正祛邪诸法。

鼻出血

鼻出血是宝宝的易发病，引起宝宝流鼻血的原因很多，如：天气干燥、挖鼻、鼻腔炎症、外伤、鼻腔异物、某些急性传染病、血液病、维生素C缺乏症等。宝宝如果经常出现鼻出血，应该积极就医，找出病因，治疗原发病。

预防宝宝鼻出血，妈妈平时应多给宝宝吃一些新鲜蔬菜和水果，并注意让宝宝多喝水或清凉饮料补充水分。鲜藕、荠菜、白菜、丝瓜、芥菜、空心菜、黄花菜、西瓜、梨、荸荠等都是有利于止血的果蔬。发生过鼻出血的宝宝不要多吃煎炸肥腻的食物以及虾、蟹、雄鸡等。

具体的食疗膳方包括：

● 生藕荸荠萝卜汤：生藕、荸荠、萝卜各250克，去皮切碎加水煮汤，宝宝喝汤，大点的宝宝可以吃藕、荸荠、萝卜，随意服食，也可以连吃数天。有预防和治疗作用。

● 紫菜白萝卜汤：紫菜30克，白萝卜（切片）500克，加水煎汤，用少许食盐调味。每天服用1次。

● 藕节西瓜粥：鲜藕榨汁250毫升，西瓜榨汁250毫升，粳米100克，共煮粥，熟时加适量白糖服用，每天1~2次。

★ **育儿小·贴士** 　　宝宝鼻出血的应急处理方法

让宝宝取坐位，头稍前顷，尽量将血吐出，避免将血咽入胃中刺激胃。用拇指、食指捏住宝宝双侧鼻翼，也可用干净的棉球、纱布、手绢填塞鼻孔止血，同时用凉毛巾敷额头及鼻部，也有利于血管收缩、止血。让宝宝保持安静、避免哭闹。经过上述处理，一般多在数分钟内可止住出血，如果十几分钟仍不能止血，则应送医院诊治。

腹　泻

宝宝腹泻以夏秋季节多见，其发病原因除肠胃道受细菌感染外，主要是由于喂养不当、天气太热或突然着凉等引起。如果妈妈未按时给宝宝添加辅食或喂养不定时，一旦食物变化较多，宝宝肠道不能适应，也会引起消化不良而使宝宝腹泻。

宝宝腹泻除要注意衣着保暖及药物治疗外，饮食调理也是很重要的。宝宝腹泻时的一般饮食原则是减少膳食量以减轻肠道负担，限制脂肪以防止低级脂肪酸刺激肠壁，限制碳水化合物，以防止肠内食物发酵促使肠道蠕动增加。也就是说应该给宝宝清淡的饮食，以利于其肠道修复。

母乳喂养的宝宝，腹泻时不必停止喂奶，只需适当减少喂奶量，缩短喂奶时间，并延长喂奶间隔。

人工喂养或混合喂养的宝宝，在腹泻时，无论病情轻重，都不应添加新的辅食。病情较重时，还应暂时停止喂牛奶等主食。禁食时间一般以 6~8 个小时为宜，最长不能超过 12 个小时。禁食期间，可用胡萝卜汤、苹果泥、米汤等来喂宝宝，这些食物能给宝宝补充无机盐及维生素，且易于消化，能减轻肠胃的负担。胡萝卜汤所含热量较低，含脂肪也较低（仅 0.2%），富含碱性，含有果酸，有使大便成形、吸附细菌和毒素的作用。苹果纤维较细，对肠道刺激少，也富碱性，其所含鞣酸又具有收敛的作用，所含的热能、脂肪较低，这些均符合治疗腹泻的原则。

在治疗宝宝腹泻的时候，根据不同分类辅以食疗，疗效会更好。

伤食泻

多由饮食不节引起，表现为泻下酸腐，伴有不消化食物残渣，肚腹胀痛，

恶心呕吐，舌苔厚腻。宜采用消食导滞的方法调理。

- 生山楂15～30克，白萝卜250克，切碎煮汁，频服。
- 苹果1个，微火上烤熟或隔水蒸熟，大宝宝食果，小宝宝可挤果汁饮服。

 湿热泻

湿热泻以夏秋季节多见，特点是大便稀薄有黏液，或呈蛋花样便，常伴有腹痛、腹胀、发热、口渴、小便黄少、肛周发红等症状。宜以清热利湿的方法调理。

- 鲜马齿苋250克（或干品60克），洗净，切碎，水煎10～20分钟，去渣，加入适量大米，煮成粥，频服。
- 茶叶10～15克，开水沏饮；或水煎加红糖30克，煎至发黑分服；或茶叶适量，食盐少许，水煎分服。
- 乌梅10克，煎汤代茶饮。
- 胡萝卜250克，捣碎，水煮开10分钟后，过滤取汁，再加水至500毫升，加糖适量，煮开即食。

寒泻

寒泻多由饮食过凉或腹部着凉引起，表现为：大便清稀，日久难愈，夹有不消化物，臭气不甚，肠鸣隐痛，手足发凉。宜采用温中祛寒止泻的方法进行调理。

- 柿饼2个，放米饭上蒸熟，分2次食用。
- 生姜5片，红糖50克，清水适量，煮沸即可，趁热饮用。

脾虚泻

脾虚泻多见于久泻之后，特点为便稀，饭后即泻，不臭，有不消化物，时轻时重，伴面黄体弱等症。宜采用健脾止泻的方法进行调理。

- 炒山药研粉，每次10～15克，开水调糊，沸水冲服，每日服2次。

第三篇

● 生山药（干）30 克研细粉，温水调成稀糊状，煮沸，加熟鸡蛋黄 2 个，调匀，每天空腹喝 2～3 次。

咳　嗽

咳嗽是机体的一种保护反应，由气道或肺的高度兴奋引起，其目的是防止黏液或脓在气道中堆积。确切地说，咳嗽只是一种症状，而不是一种疾病，往往提示机体存在疾病。通常情况下，咳嗽都是由咽部或气管的病毒感染引起，或是一种保护性机制——如果宝宝将食物或其他异物吸入气管内，咳嗽可以帮助异物排出。假膜性喉炎、支气管炎或吸入刺激物，如：二手烟、被污染的空气，也是导致咳嗽的原因。患有哮喘的宝宝有时也以咳嗽为主要症状。

宝宝如果咳嗽了，妈妈盲目地给宝宝用抗菌素有害无益。用止咳化痰药对其中的部分咳嗽固然能起到一定的作用，但会影响宝宝食欲，宝宝胃口差了，营养跟不上，抵抗力也会差。宝宝咳嗽，除了针对病因进行治疗外，应用饮食疗法也可以起到辅助治疗的效果。

● 紫苏粥：紫苏叶 10 克、粳米 50 克、生姜 3 片、大枣 3 枚。先用粳米煮粥，粥将熟时加入苏叶、生姜、大枣，趁热服用。

● 葱白粥：大米 50 克、生姜 5 片、连须葱白 5 段、米醋 5 毫升，加水适量煮粥，趁热饮用。

● 杏仁萝卜煎：杏仁 10 克、生姜 3 片、白萝卜 100 克，水煎服，每日 1 剂。

● 核桃生姜饮：核桃肉 5 枚捣烂，生姜汁适量送服。

● 生姜大蒜红糖汤：生姜 5 片、红糖 12 克、大蒜 3 片。加水煮 10 分钟，饮汤。

● 姜糖豆腐羹：豆腐 200 克、红糖 50 克、生姜 3 片。加少许水煮熟即可。

哮 喘

哮喘属于过敏性疾病，通常由刺激物，如：花粉或呼吸道病毒感染引发，表现为通往肺的小气道的痉挛、阻塞和狭隘。由于气道的感染和肿胀引起喘息（从胸部而非喉咙深部发出的高频激烈的声音），常有胸部有压迫感、咳嗽、呼吸困难等症状。

宝宝患了哮喘，除药物治疗外，饮食调养也是十分重要的，尤其是缓解期，如果配合恰当的饮食治疗，往往能收到事半功倍的效果。

在运用饮食治疗哮喘的时候，需要注意以下几个方面：

● 哮喘发作期间，饮食宜清淡，宜进食容易消化的半流质食物，少量多餐。缓解期可适当增加营养，配合用调补肺脾肾三脏的食品。

● 慎食寒凉、生冷瓜果或肥腻食品；不宜食过甜、过酸、过咸的食物。

● 不宜食易致过敏的食物，如：虾、蟹等。不宜吃易生痰的食物，如：甜品，肥肉等。

● 忌辛辣刺激性食品，如：大蒜、辣椒等。

● 对易过敏的异物，如：花粉、油漆、粉尘、食兽类皮毛等，应尽量避免接触。

针对哮喘的具体的食疗方法主要有：

● 红枣红糖煲南瓜：南瓜 200 克、红枣 7 枚、红糖 10 克。南瓜去皮切小块，红枣去核，与红糖同放入锅内，用适量清水煲至南瓜熟烂，便可食用。

● 核桃肉煲猪腰：核桃肉 50 克、猪腰 1 个。核桃肉稍打碎，猪腰切开去白色筋膜，同放入锅肉，加适量清水，煲 1 个小时。

猩红热

　　猩红热是由乙型镕血性链球菌所致的急性呼吸道传染病，传染源为猩红热患者及带菌者。病原体存在于咽部及分泌物中，以通过空气传染以呼吸道直接传染为主要传播途径。

　　宝宝发病率较高，四季均有发病，冬春两季为多。潜伏期为 1～7 天，发病急，症状为发热、咽痛、头痛、呕吐等。发热多是持续性，可达 39℃ 左右。皮疹在得病后 24 小时内出现，始于耳后、颈部、胸部，一天内蔓延全身。典型皮疹是在全身皮肤充血的基础上散布针头大小的点状猩红色斑疹，排列密集，有时融合成片，按压时红色消退呈苍白色，去压后红色小点又出现。严重者会出血疹。面部充血潮红，无皮疹。病初舌苔厚，舌乳头肿大充血，3～4 天后舌苔剥脱，舌乳头红肿突起，像成熟的杨梅。多数患病宝宝有持续高热，皮疹出满全身后体温逐渐下降。

　　对患该病的宝宝，在饮食方面要注意：

　　● 宝宝宜食高热量、高蛋白质的流食，如：牛奶、豆浆、蛋花汤、鸡蛋羹等含优质蛋白高的食物，还应多给藕粉、杏仁茶、莲子粥、麦乳精等补充热量。

　　● 恢复期的饮食应逐渐过渡到高蛋白、高热量的半流质饮食，如：鸡泥、肉泥、虾泥、肝泥、菜粥、小薄面片、荷包蛋、龙须面等。

　　● 病情好转可改为软饭，但仍应注意少油腻及无辛辣刺激的食物。

　　● 高烧时要注意补充水分，可选择饮料、果蔬汁等。

　　猩红热食疗方法包括：

　　● 五汁饮：梨、荸荠、藕、麦冬、芦根冲泡，可经常饮用。

　　● 罗汉果饮：罗汉果切成片泡茶饮。

　　● 绿豆薄荷汤：绿豆 50 克，加水适量，煮熟后，取汤汁 500 毫升，加入薄荷 3 克，煮沸 1～2 分钟，经常饮用。

• 生拌白萝卜：白萝卜切块加白糖，可佐餐食用。有清热、通气、开胃作用。

 气喘病

　　宝宝患气喘病的原因主要包括四点：遗传、过敏原、温度和空气污染。因为气喘是一种先天性的遗传疾病，若父亲或母亲，甚至祖父母是气喘病患者，宝宝就会有比较大的机会成为气喘病患者。而后天所产生的小儿气喘病，多见于宝宝在婴儿时期患上过滤性病毒的细支气管炎引起的，这种病毒对小支气管造成伤害，进而导致气管敏感，引发气喘病。宝宝鼻子敏感或气管敏感也是引发气喘病的一个重要原因。还有一种被称为尘螨的细菌也会引起敏感的反应。尘螨是气喘病的过敏原，它们以人的皮屑为食物，容易附着在床单及地毯上，引起气管敏感而诱发气喘病。其他环境因素还包括：空气中存在的花粉、尘、动物皮毛、烟尘等，甚至是冷空气和精神紧张等都可能刺激气管。另外，温度的突然变化也是引发气喘病的原因。患有气喘病的宝宝，容易在天气转变的时候，

　　＊育儿小·贴士＊　　　　其他注意事项

　　●家中的地毯是最容易滋生尘螨及细菌的地方，若是无法拿掉，应定期定时喷洒防螨剂。

　　●床铺应尽量使用木板或金属的材质，床上不要用动物毛制成的毯子、床罩或棉被。

　　●避免使用厚重的布质窗帘，可以百叶窗或塑料板代替。

　　●多以木制品或塑料制品代替填充式家具。

　　●室内应使用除湿机及冷暖换气机，避免高温和潮湿。

　　●避免悬放容易堆积灰尘的装饰物。

　　●室内不要养猫、狗、鸟等宠物，因为动物毛皮落屑及排泄物容易引起过敏。

因为气管的收缩而引起气喘，导致呼吸困难及咳嗽。近年来，由于空气污染，都市中的宝宝患后天性的气喘有增加趋势，这可能和都市里的空气污染日益严重有一定程度的关系。

小儿气喘病的症状和感冒十分相似，包括：咳嗽、呼吸困难等，有的时候还会伴随有咻咻的呼气声，另外，心跳也因此而加速，吸气的时候下胸会呈现凹陷，在婴幼儿时期，这一症状特别明显。

宝宝如果经常气喘的话，可以采取以下食疗方法进行治疗：

● **胡萝卜红枣汤**：胡萝卜 120 克、红枣 40 克。先将红枣洗净，浸泡 2 小时，再将胡萝卜洗净，与红枣一并放入砂锅内，加入清水，煮约 1 小时，以红枣熟烂为度。每天喝 1 次，分早晚 2 次服用。

● **百合鸡蛋汤**：百合 60 克，鸡蛋 2 个。先将百合洗净，再与洗净的鸡蛋一同入锅内，加入适量水，煮至蛋熟，去蛋壳即成。

肺　炎

肺炎是指肺部一个或多个区域的感染，由病毒或细菌、真菌或吸入至肺中的外来物质（如：豆类等）引起。

宝宝年龄小，机体抵抗力差，寒冷天气易发感冒，感冒后损害气管、支气管直达肺组织，容易引起肺炎，而且宝宝肺组织弹力差，肺泡数量少，血液循环丰富，容易发生肺部感染。宝宝用药不及时、营养不良、佝偻病、胸廓变形、肺组织扩张受限也是引发肺炎的原因。

肺炎症状包括：呼吸急促、鼻扇、呼吸时疼痛、发出类似哮喘发作的声音、频繁干咳、发热超过 37.5℃、在严重咳嗽后出现呕吐、头痛、上腹疼痛等。

如果宝宝得了肺炎，病情不严重时可以用一些抗菌素、止咳化痰药物治疗；严重时需要给予强心药物、氧气吸入、平喘治疗，一般 7～8 天就会痊愈。治疗不及时不彻底就会转成慢性、迁延性肺炎。

预防宝宝肺炎，增强体质、提高身体抵抗能力是关键。宝宝除了可运用加强体格锻炼，常到户外活动，接受阳光照射，进行呼吸道冷空气刺激耐寒锻炼等方法预防和治疗肺炎外，在饮食方面也有方法：

● 百合 50 克、薏米 200 克，加水 5 碗，煎成 3 碗，分 3 次喝，每天喝 1 次。

● 核桃仁、冰糖各 30 克，梨 150 克，共绞碎，加水煮服。每次 1 匙，每天 3 次。

● 杏仁 10 克（去皮尖打碎）、鸭梨 1~2 个、冰糖适量。先将鸭梨切块去核，与杏仁同煮，梨熟加入冰糖，代茶饮用。

● 杏仁 10 克，去皮尖，水研滤汁，大米 30 克，加水共煮粥，服用。

宝宝在发热期间饮食宜清淡、易消化，以流质半流质为好，如：粥类、米粉、藕粉、果汁、绿豆汤等，且需要多饮水，要保持大便通畅。

 湿 疹

湿疹也叫奶癣，是常见的皮肤敏感现象，湿疹患处常有异常搔痒、泛红、皮肤干燥有掺出物、有鳞屑或者皮肤变厚等症状。通常湿疹会生长在面部、耳垂后面、脖子和手上，胳膊和腿上也很常见。湿疹以过敏性皮炎较为常见，这是一种有湿疹症状的皮肤感染，多发于 2~3 个月的宝宝，或者是当孩子开始食用流质食物的 4~6 个月时。常见的致敏因素有：食物（包括奶制品、蛋、小麦等对皮肤的刺激）、羊毛、衣物清洗剂、动物毛发等。压力或者情绪低落也可能会引起过敏性皮炎。

另外一种类似湿疹的皮肤病叫皮脂腺感染，又叫溢脂性皮炎。这种湿疹多发于皮肤的浅层，负责分泌皮脂，保持皮肤湿度的皮脂腺上。溢脂性皮炎常见于宝宝的头皮上、耳垂后面、鼻孔、耳朵和会阴部等处。

◎ 饮食注意事项

患湿疹的宝宝，在饮食上要注意以下几个方面：

• 避免让宝宝过量进食：为保持宝宝消化和吸收能力的正常发展，给宝宝添加的食物应以清淡为主，少加盐和糖，以免造成体内水和钠过多积存，加重皮疹的渗出及痛痒感，导致皮肤发生糜烂。

• 寻找可疑的食物过敏原：如果发现明显地诱发宝宝长奶癣的食物，应立即停用。若怀疑是某种食物引起宝宝过敏时，应避免给宝宝吃，如：对蛋清过敏可以暂且只给宝宝吃蛋黄，停掉喂蛋清，也可从少量蛋清开始喂，然后根据宝宝的反应一点一点地增加。煮熟的蛋清和蛋黄之间的薄膜是卵类黏蛋白，极易引起过敏，不要给宝宝吃。

• 给宝宝添加新食物要从少量开始：从很少的量开始，一点一点逐渐地增加，如果 10 天左右宝宝没有出现过敏反应，才可以再增加摄入量，或增加另一品种的新食物。

• 给宝宝适当多摄入植物油：长奶癣的宝宝身体内的必需脂肪酸含量通常较低，因此妈妈可在喂养中给宝宝加一些富含植物油的食物，同时应少给宝宝吃动物油，以免使湿热加重，不利于奶癣的治疗。

• 饮食多选用清热利湿的食物：如：绿豆、红小豆、苋菜、荠菜、马齿苋、冬瓜、黄瓜、莴笋等，少食鱼、虾、牛羊肉和刺激性食物。

• 多吃富含维生素和矿物质的食物：如：绍叶菜汁、胡萝卜水、鲜果汁、西红柿汁、菜泥、果泥等，以调节宝宝的生理功能，减轻皮肤过敏反应。

◎ 几种食疗方法

这里介绍几种治疗湿疹的食疗方法，妈妈可以参考：

• 菊花茶：菊花 5 克。开水冲泡，饮用。主治宝宝前额部有红色细小点状丘疹、疱疹的症状。

• 黄瓜皮煎：黄瓜皮适量。水煎服，每天 3 次。

• 菜泥汤：分别取适量新鲜的白菜、胡萝卜、卷心菜，洗净后切成小碎块

★ 育儿小·贴士　　　　患湿疹宝宝应注意的问题

　　除了在饮食上注意，在生活中患湿疹宝宝还应注意些什么问题呢？

　　●不要让宝宝吃得过饱。吃母乳者，妈妈应注意不要吃易引起过敏的鲐鱼、虾等食物。如果宝宝是喝牛奶，可在医生指导下选择抗过敏奶粉。添加辅食时，不要先加蛋白，最好先加少量蛋黄，然后逐渐增量。宝宝的食物也不要太咸。

　　●妈妈和宝宝都不要穿丝、毛织物的衣服，以免引起或加重过敏。

　　●宝宝患了湿疹后，应尽量避免用手搔抓，可将宝宝的指甲剪短。

　　●不要用热水去烫洗湿疹，不要给宝宝用肥皂洗脸以避免刺激。洗脸后，可给宝宝用一些儿童护肤霜。

　　●勤洗澡，不要用香皂或其他刺激性物品，用温水洗净。勤换内衣和尿布，以预防细菌的感染。

　　●冬天室内开空调，温度不要调得太高，不要过度追求暖和给宝宝穿很多衣服。

儿，放进锅里加水煮 15 分钟左右，然后取出捣成泥状后加少量盐给宝宝服用。

　　●丝瓜汤：新鲜丝瓜 30 克左右，切成小块放在装有水的锅里熬汤，待熟后加盐调味，让宝宝喝汤，并将丝瓜也吃下去，对于奶癣有渗出的宝宝较为适用。

　　●绿豆百合汤：绿豆、百合各 30 克左右，按照平时常用的方法煮汤，待豆子熟后，连渣带汤一同食用，可以减轻奶癣宝宝痛痒感。

过　敏

　　过敏是指人体接触到本来对人体无害的物质（事物或空气的过敏原），会制造一些化学物质（如组织胺），产生不寻常的免疫发炎反应，对人体造成伤害，这种反应称为过敏。

　　常见的病症包括：气喘病、过敏性鼻炎、过敏性结膜炎、异位性皮肤炎、荨麻疹和肠胃道过敏等，这些病症可同时出现，也可依次出现。而这些过敏病症组群，形成一个"过敏疾病进行曲"，也就是在宝宝出生后，头、脸上会出现湿疹的异位性皮肤炎，较大后出现咳嗽、喘鸣的气喘病，或会有打喷嚏、流鼻水的过敏性鼻炎。

一般情况下，有两个最重要的因素造成过敏疾病：一是遗传体质，一是环境。

过敏体质并不是一成不变的，一个人从出生到成长，会受到食物和外界环境的影响而改变体质敏感度的高低，此演进过程叫做"致敏化"。另外，反复暴露在过敏环境中，会使体质的敏感度增加，更容易产生症状。这种体质的致敏化在宝宝时期最为明显，甚至胎儿时期便已经开始，因此越早避免过敏原，越能够避免过敏的发生。

为了避免宝宝过敏，在宝宝出生后，最好喂食母乳，母乳喂养超过 4 个月的宝宝，长大后发生气喘病的几率是牛奶喂食宝宝的 1/2。而喂食母乳的妈妈，也需要控制饮食，避免摄取高致敏的食物。若不能喂食母乳，可以用抗过敏宝宝奶粉取代。

宝宝 6 个月大以后可以给宝宝添加辅食，且应以低致敏食物开始，循序增加。妈妈可以参考以下建议：

- 在 6～9 个月，可考虑添加米粉、绿色蔬菜、肉泥和燕麦所做的食物。
- 满 9 个月后，可摄取鱼、蛋黄、小麦或豆类制品。
- 避免牛油、猪油。
- 12 个月前，不可进食全脂牛奶。
- 大约每 7 天添加 1 种辅食，观察有无不良反应。
- 食品的选择以新鲜为原则，避免含有添加人工色素、保鲜剂、防腐剂的食物，宝宝食后会引起过敏反应的食物也不合适，另外冰冷的食物也应该尽量避免。

在给宝宝添加辅食的时候，妈妈也应当少吃易致敏的食物。容易引起宝宝过敏的食物有很多，最常见的是异性蛋白食物，如：螃蟹、大虾等，尤其是冷冻的袋装加工虾、鳝鱼及各种鱼类、动物内脏等。妈妈为宝宝初次添加此类食物应慎重，第 1 次应少吃一些，如果宝宝没有不良反应，下次才可以让宝宝多吃一些。

宝宝常见疾病的食疗法

有些蔬菜也会引起过敏，如：扁豆、毛豆、黄豆等豆类，蘑菇、木耳、竹笋等及香菜、韭菜、芹菜等香味菜，在给宝宝食用这些蔬菜时应该多加注意。特别是患湿疹、荨麻疹和哮喘的宝宝一般都是过敏体质，在给这些宝宝安排饮食时要更为慎重，避免摄入致敏食物，导致疾病复发和加重。

如果发现宝宝对某种食物过敏，就应在相当长的时间内避免再给宝宝吃这种食物。随着宝宝年龄的增长，身体逐渐强健起来，有些宝宝可能会自然脱敏，即对某种食物不再有过敏反应。不过如果下次接触该食物时，还是应该慎重，从少量开始，无不良反应后再逐渐增加，以免旧病复发。

 肠套叠

肠套叠是较为常见的宝宝急腹症，几乎全为原发（肠道本身无疾病的）。宝宝在 6~10 个月饮食变化时期，正处于需要加辅食的阶段，容易因饮食改变等原因造成肠蠕动不规则，从而导致肠套叠。肠套叠的危险在于，套叠肠管如果压迫时间过长（超过 24 小时），会使套入的肠管血液循环受阻，可能进一步引发肠坏死，甚至威胁生命。

◇ 怎样判断肠套叠

判断宝宝是否患了肠套叠，可以观察以下方面：

● 阵发性哭吵：阵发性较有规律的哭闹是肠套叠的重要特点，大多数病儿突然出现大声哭闹，有时伴有面色苍白、额出冷汗，持续约 10~20 分钟后恢复安静，但隔不久后又哭闹不安。

● 呕吐：哭吵开始不久即出现呕吐，吐出物为乳汁或食物残渣等，以后呕吐物中可带有胆汁。如果呕吐出粪臭的液体，说明肠管阻塞严重。

● 果酱样血便：病后 6~12 小时，病儿常会排出暗红色果酱样血便，有时为深红色血水，轻者只有少许血丝。

● 腹部肿块：在肠套叠的早期，当宝宝停止哭闹时，可以仔细检查他的腹部，能发现腹部有肿块，向肚脐部轻度弯曲。如果用手摸，可以在他的右上腹或右中腹摸到一个有弹性、略可活动的腊肠样肿块。

◇ 预防肠套叠的方法

那么，怎样预防宝宝发生肠套叠呢？

● 保持宝宝的肠道正常功能，不要突然改变宝宝的饮食，辅助食物要逐渐添加，使宝宝娇嫩的肠道有适应的过程，防止肠管蠕动异常。

● 平时要避免宝宝腹部着凉，适时增添衣被。预防因气候变化引起肠功能失调。

● 防止肠道发生感染，讲究哺乳卫生，严防病从口入。

治疗宝宝肠套叠主要是早期发现，及时处理。为了不耽误治疗，妈妈对阵发性哭闹超过 3 小时以上的宝宝，虽然不哭但面色阵阵苍白或烦躁不安的宝宝，近日有腹泻、感冒或饮食更换等情况的宝宝，应及时送往医院急诊。

 手足口病

手足口病是宝宝常见的传染病，易发于每年的 4 ~ 5 月，6 ~ 7 月是发病的最高峰，8 月以后开始下降，9 月就很少见了。因此，宝宝手足口病的发病很有季节性。

手足口病的病毒寄生在患病宝宝的咽部、唾液、疱疹和粪便中，不仅可以通过唾液、喷嚏、咳嗽、说话时的飞沫传染给其他宝宝，而且还可通过手、生活用品及餐具等间接经口传染。由于被传染上的宝宝会在手、脚皮肤或口腔黏膜等处出现类似水痘样的小疹子或小疱疹，因而被称为手足口病。

当宝宝被感染后，通常会在 4 ~ 6 天后发病。一开始很像感冒的样子，常表现为流鼻涕、咳嗽、没有精神玩耍等症状，同时伴有呕吐、便秘和不愿吃饭等

不适，有时伴有低烧。

发病后的1~2天，口腔黏膜和手、脚及手指、脚趾之间的皮肤部位开始出现疹子。口腔内表现为散发的小水疱，以舌、颊黏膜及硬颚处为多，水疱破溃后形成溃疡，宝宝由于口腔黏膜炎症的刺激而不停地流口水。

这时，宝宝会感觉到嘴很疼痛，以致难以进食。患病宝宝常不愿意吃饭，并且一吃东西就大哭大闹、大发脾气，但一般会在3~4天后开始好转。皮肤上先是表现出略高出皮面的圆形疹子，一般在第2天后变为水疱疹，大小犹如绿豆或黄豆，其中含有透明的液体。这些水疱疹多不溃破，3~5天后便可自行干缩。皮疹大多出现在手、脚和屁股上。

通常来讲，这些疹子或水疱疹同时出现在手、脚、口处的宝宝占大多数，尤其是在口腔黏膜上出疹，仅有少数宝宝表现为只在口、手或口、脚处出疹。

宝宝如果患了手足口病，应及时就医。

肠绞痛

有些宝宝会出现突然性大声哭叫，可持续几小时，也可阵发性发作。哭时宝宝面部渐红，口周苍白，腹部胀而紧张，双腿向上蜷起，双足发凉，双手紧握，抱哄喂奶都不能缓解，而最终以哭得力竭、排气或排便而停止，这种现象通常被称为肠绞痛。

肠绞痛是由于宝宝肠壁平滑肌阵阵强烈收缩或肠胀气引起的疼痛，是宝宝急性腹痛中最常见的一种，常常发生在夜间，且多发于3个月以内易激动、易兴奋、易烦躁不安的宝宝。

哪些因素可诱发肠绞痛呢？

• 宝宝吸乳时吞入大量空气，哭吵时吸入大量空气，形成气泡在肠内移动致腹痛。

• 喂奶过饱使胃过度扩张引起不适，饥饿时宝宝也会阵阵啼哭。

• 牛奶过敏诱发肠绞痛。

当宝宝肠绞痛发作时，应将宝宝竖抱，将宝宝的头伏于妈妈肩上，轻拍宝宝背部排出胃内过多的空气，并用手轻轻按摩宝宝腹部，也可用布包着热水袋（注意不要烫伤宝宝）放置宝宝腹部使肠痉挛缓解，并密切观察宝宝，如果有发热、脸色苍白、反复呕吐、便血等症状，则应立即到医院检查，不要耽搁诊治时间。

治疗宝宝肠绞痛并不简单，且需依每个宝宝的状况给予不同的治疗方法，有时用按摩或盖宝宝肚子就能见效，但有时候需要将宝宝抱起来，直立摇摆数小时才有效。父母也可利用喂食的时候按摩宝宝的脚部。另外，如果宝宝是采用母乳喂养，则可以给宝宝喝一些甘菊茶或茴香茶。

宝宝肠绞痛是个很棘手的问题，不但需要妈妈有耐心，还要其他家人轮流细心照顾宝宝，待宝宝 3 ~ 4 个月大时这种症状就会消失。

 肠胃炎

肠胃炎是胃肠道的感染，常见的症状有：恶心、呕吐、腹痛、腹泻、没有食欲和发烧等。轮状病毒是一种常见的引起儿童肠胃炎的病毒，轮状病毒可以引起婴幼儿阶段性肠胃感染，通常在刚开始发病的时候的主要症状是：发烧和呕吐，而后是严重的水泻。呕吐通常持续的时间不会超过 2 天，但是腹泻可能会持续 5 ~ 7 天。对于宝宝而言，这种情况可能会造成脱水，因此对他们来说是十分危险的。还有某些肠胃炎是由于细菌引起的。

如果宝宝不小心得了肠胃炎，妈妈应当在饮食卫生上加以重视。

• 泡奶及喂食前、如厕后均需彻底洗手。

• 食具、奶瓶需彻底清洁及消毒。

• 注意饮食卫生；宝宝吃剩下的牛奶不要留至下一餐食用。

• 每次喂食时间不宜超过 20 分钟，不要喂得太快，量要适宜。

• 喂奶前给予更换尿布，以减少喂食后体位的改变。

✻育儿小·贴士✻ 　　　　紧急就医的情况

如果宝宝出现下列情形，应立刻带他去医院：
- 呕吐、腹泻次数越来越频繁。
- 便中有如鼻涕般黏液、血或是可以看到寄生虫。
- 严重腹痛，特别是痛的部位与痛的方式有变化。
- 持续发烧超过38.5℃。
- 脱水，出现嘴唇干燥、皮肤变得干皱且没有弹性、尿的颜色变深或是尿量减少等症状。

● 对于腹泻的宝宝，应减少饮食或降低牛奶的浓度，待病况改善后逐渐增加奶量及恢复牛奶的浓度。

● 维持宝宝臀部皮肤清洁、干爽。

● 如果医生给宝宝开了药，请务必遵医嘱定时定量服用。药物服完后，若仍有不适情形请到儿科门诊追踪治疗。

预防宝宝肠胃炎的食疗方法有：

● 山楂炮姜饮：山楂10克，炮姜炭3克，加水煎沸，用时加入少量糖或盐。适用于患儿便泻清稀，夹有不消化乳食，呕吐乳食等情况。

● 山药糊：将山药研成粉末状，每次用6~12克，加糖温水调好，置文火上熬成糊，每日3次。适用于腹泻病程较长的宝宝服食。

● 乌梅汤：乌梅3克水煎，服时加少许盐，每天3~4次。对久泻不止，并伴有口渴、低热多汗的患儿最为适宜。

 肠痉挛

肠痉挛是由于肠壁平滑肌阵阵强烈收缩而引起的阵发性腹痛，是宝宝急性腹痛中最常见的情况。可从宝宝哭吵的程度和强度来了解是否存在肠痉挛。

宝宝肠痉挛发作时，主要表现为：持续、难以安抚的哭吵不安，可伴有呕吐、面颊潮红、翻滚、双下肢蜷曲等症状。哭时面部潮红，腹部胀而紧张，双腿向上蜷起，发作可因患儿排气或排便而终止，可反复发作并呈自限过程。

预防肠痉挛，妈妈一定要注意合理安排好宝宝的饮食起居，避免宝宝吃过量的冷饮及不易消化的食品。一旦出现腹痛，应立即带宝宝看医生，及早治疗。

● 喂母乳的妈妈少吃一些可引起胀气的食物，如：牛奶、苹果、甜瓜等。

● 平常要多给宝宝顺时针按摩肚子，在宝宝哭闹的时候也可轻轻的帮他按摩。

● 哭闹的时候可以用热水袋热敷，不过要注意温度不要太高，也可以双手摩擦后按在宝宝肚子上热敷。

● 宝宝哭的时候会吸入空气引起胀气，因此尽量不要让宝宝哭。

● 没有特别需要不要给宝宝吃安抚奶嘴。

● 吃完奶一定要多拍拍宝宝后背让他吐出吃进去的空气。

● 定时喂奶、有规律的进食对肠道功能的恢复有好处，如：2 个月的宝宝大概 3 小时吃 1 次奶，3 个月以上的宝宝 4 小时 1 次，中间宝宝闹吃可喂水。

 肾结石

宝宝肾结石发病早期，宝宝往往诉说腰或腹股沟疼痛，不会诉说的宝宝则表现为哭闹，颜面苍白、出冷汗，可出现排尿不畅、尿淋漓、尿中断、排尿困难，甚至血尿，部分伴有呕吐、腹泻等症状。

预防宝宝肾结石要注意：

● 让宝宝大量饮水：大量饮水对肾结石有防治作用，也是最有效的预防方式。

● 增加新鲜蔬菜和水果的食用量：蔬菜和水果含维生素 B_1 及维生素 C，它们在体内最后代谢产物是碱性的，尿酸在碱性尿内易于溶解，故有利于治疗肾结石。

● 宝宝不要过量服用鱼肝油：鱼肝油富含维生素 D，有促进肠膜对钙磷吸收的功能，骤然增加尿液中钙磷的排泄，势必产生沉淀，容易形成结石。

● 如果考虑和食物以及奶粉有关，应暂停原来使用的奶粉或者饮食。

下面介绍几种有助于缓解肾结石的食疗方法，妈妈可以参考：

● 核桃粥：核桃仁 100 克、大米 100 克、冰糖适量。将大米淘洗干净，核桃去壳留仁，放入米锅内，加水 500 毫升，冰糖打碎，放入锅内。把锅置武火上烧沸，用文火煮 30 分钟成粥即成。

● 苡仁粥：苡仁 50 克、大米 150 克、白糖 30 克。将苡仁、大米淘洗干净，放入锅内，加水 1000 毫升。将锅置大火上烧沸，再用中火煮 50 分钟即成，食用时加入白糖拌匀。

 尿道感染

尿道感染也叫泌尿系统感染，是宝宝较常见的疾病。宝宝尿道感染是由于机体抗菌能力差，经常使用尿布，尿道口常受粪便污染，而引发的感染。另一个会引起宝宝尿道感染的常见原因是：有些家长为图方便，而让宝宝穿着开裆裤到处乱坐，或在宝宝排便后很久也不更换尿布，仅仅给宝宝揩擦大便而不清洗等，使宝宝易发尿道感染，尤其是女宝宝，由于女婴宝宝的尿道比男婴短，尿道口极易遭到细菌特别是大肠杆菌的污染，细菌沿尿道逆行而上，进入膀胱、输尿管、肾脏等部位，而引发感染。

每年夏季都是泌尿系统感染的高发季节。由于夏季天气热，有的宝宝喝水少，排尿少；有的宝宝，尤其是不少女宝宝喜欢去游泳，易造成一些特殊病原体的上行感染；有的宝宝患肠道蛲虫感染时，蛲虫可在夜间爬出肛门口周围产卵，引起会阴部瘙痒，同样会导致尿道感染；也有宝宝，因患肺炎、脓包病、

败血症等疾病，细菌可通过血液引起尿路感染。如果宝宝反复出现尿路感染，应往医院检查排除先天性尿路畸形或尿路梗阻等问题。据统计，宝宝反复出现尿路感染者25％～50％伴有先天性尿路畸形或尿路梗阻，尿返流也是泌尿系统反复感染的常见原因。

一旦发现宝宝出现泌尿系统感染的症状，应尽早带宝宝去医院就诊。医生会收集宝宝的尿液样本检查，一旦证实是尿道感染，应多饮开水，以增加尿量、冲洗尿路。同时，要在医生的指导下选用抗菌药物治疗。病情较为严重的宝宝要在医院接受抗生素注射治疗。

疳　积

疳积是宝宝的一种常见病症，是指由于妈妈喂养不当，或由于多种疾病的影响，使宝宝的脾胃受损而导致全身虚弱、消瘦、面黄、发枯等慢性病症。

这是由于宝宝脏腑娇嫩，机体的生理功能未成熟完善，而生长发育迅速，产生了生理上的"脾常不足"。而很多妈妈生怕宝宝吃不饱，就像填鸭一样喂哺饮食尚不能自节的宝宝。俗话说："乳贵有时，食贵有节。"绝不是吃得越多宝宝就能长得越好，如果给宝宝添加辅食过早，宝宝甘肥、生冷食物吃得太多，会损伤脾胃之气，耗伤气血津液，出现消化功能紊乱，产生病理上的脾气虚损而发生疳积。

宝宝患了疳积，有哪些食疗方法呢？

● 乳粥：牛乳或羊乳适量、大米60克、白糖适量。将大米淘洗干净，放入加水锅中，烧开煮粥，待煮至半熟时去米汤，加乳汁、白糖，再煮一段时间，即成乳粥。

● 鸭粥：青头雄鸭1只（约重2000克）、粳米适量、葱白3根。将青头雄鸭宰杀，除去毛及内脏，洗净，去骨，切成细丝（或薄片）。锅上火，放入鸭肉，烧沸，加入粳米、葱白煮粥。亦可先将鸭煮汤，用鸭汤煮粥。

• 百合蒸鳗鱼：百合100克，鳗鱼肉250克，盐、葱末、姜末各适量。百合鲜品（干品用30克，浸水后用）撕去内膜用盐擦透洗净，放碗内；鳗鱼肉放入少许盐浸渍10分钟后，放于百合上面，撒上葱、姜末，上蒸笼熟即成。

 厌 食

◇ 引起厌食的原因

引起厌食的原因很多，饮食不当是引起宝宝厌食的原因之一。

• 给宝宝过迟添加辅食：在宝宝辅食添加的关键时期，没有给宝宝适宜的锻炼，使宝宝的咀嚼能力落后于同龄宝宝。过后妈妈又急于给宝宝添加辅食，宝宝无法适应。

• 给宝宝摄入过多的甜食：宝宝喜欢吃甜食，如果父母不加控制，宝宝过多食用含糖量高的食物，会导致血液里的血糖增高，血糖增高以后会刺激大脑，使大脑摄食中枢感觉饱和，而产生厌食。

• 宝宝挑食、偏食，或餐前零食过多：在给宝宝添加断奶食品期间，发现是宝宝爱吃的食物就让宝宝多吃，使宝宝产生厌烦；或是在宝宝不想吃的时候强喂硬塞，使宝宝产生逆反。

◇ 治疗厌食的食疗方法

要想解决宝宝厌食的难题，可以参考以下食疗方法：

• 西红柿汁：西红柿数个。将新鲜西红柿洗净，入沸水中泡5分钟，取出剥去皮，包在干净的纱布内用力绞挤，滤出汁液，即可食用。此汁不宜放糖。

• 葡萄汁：鲜葡萄若干。将葡萄洗净，晾开去掉浮水，用干净纱布包好绞挤出汁饮用。

• 梨粥：鲜梨3个，粳米100克。将梨洗净，连皮切碎，去核，加水适量，

用文火煎煮 30 分钟，捞出梨块，加入淘洗干净的粳米，按常规煮成粥食用。梨也可不去核，但要去子，因为梨核营养和治疗功效也很强。

打 嗝

宝宝打嗝是因为横膈膜突然用力收缩所造成的，是很常见的情形，一般会在打嗝很短的时间后停止，这对宝宝是无害的，宝宝长大些打嗝会自然缓解，但是若宝宝打嗝时间过长或发作过于频繁，就需要找出导致宝宝打嗝的原因。

◇ 打嗝的常见原因

宝宝打嗝的原因常有以下几种：

● 常在刚喝完奶时发生，可能是宝宝常哭闹或在喂食时吃得太急，而吞入大量的空气造成的。

● 有时肚子受寒，或是吃到生冷食物等也会出现打嗝症状。

● 其他较少见的原因是与胃食道逆流及疾病，如肺炎等有关，或与对药物的不良反应有关。

有些孕妇可能在怀孕第 2～3 个月时就感觉到宝宝打嗝，或产前超声检查时，看到宝宝在妈妈肚里打嗝。不过宝宝最常发生频繁打嗝的年龄还是在刚出生的前几个月，而通常在 1 岁以后打嗝就会改善。

◇ 治疗厌食的食疗方法

治疗宝宝打嗝的食疗方法主要有：

● 雪梨红糖水：雪梨 1 个（约重 150 克）、红糖 50 克。挑选质量好的梨，洗净，连皮切碎，去核、子，投入锅内，加适量水，用文火煎沸 30 分钟，捞出梨块不用，加入红糖稍煮，至糖全部溶化时，即可饮用。

● 豆腐苦瓜汤：豆腐 2 块、苦瓜 50 克、调味品适量。豆腐切成小块，苦瓜洗净，切成薄片，在砂锅加水适量，用文、旺火交替，煲 2 个小时，至瓜烂、豆腐熟，再加入调味品，即成。

● 百合麦冬汤：百合 30 克、麦冬 15 克、猪瘦肉 50 克、调味品适量。将百合、麦冬、猪瘦肉分别洗净，同置锅中，加水适量煲汤，加调味品即成。此汤肉烂、汤稠，略有麦冬味，滋而不腻。

暑热症

暑热症又称夏季热，是宝宝特有的一种发热性疾病。一般认为是由于气候炎热时，宝宝体温调节中枢功能失调，不能通过各种途径维持产热和散热的动态平衡所致。

◎ 暑热症的发病症状

暑热症的发病症状主要为：

● 发热：其特点为长期迁延性发热，体温常在 38～40℃ 之间，病儿体温往往随外界气温变化而波动，气温愈高，体温愈高，气候转凉后，体温就下降。热程多在 1～3 个月。

● 无汗或少汗：皮肤干燥灼热，但也有少数病儿无明显少汗现象。

● 口渴多饮、多尿：早期病儿夜均感到大渴欲饮，每日进水量达 1500～4000 毫升。小便次数与尿量亦显著增加，一昼夜小便次数可达 20～30 次。

患暑热症的宝宝早期一般情况良好，无明显病容，但热久后呈慢性病容。半数以上患病宝宝大便稀薄、食欲不振、面色苍白、消瘦、烦躁不安。部分患病宝宝有轻微呼吸道症状，如：咳嗽、咽部充血等。高热时出现惊跳及嗜睡，极少发生惊厥、神志不清等严重神经系统症状。

◎ 治疗暑热症的食疗方法

治疗暑热症的食疗方法主要有：

• 麦冬粥：麦冬 30 克，粳米 100 克，冰糖适量。将麦冬洗净，放在砂锅内，加水上火煎出汁，取汁待用。锅内加水，烧沸，加入洗过的粳米煮粥，煮至半熟时，加入麦冬汁和冰糖，再煮开成粥，即可。

• 苦瓜粥：苦瓜 100 克，粳米 60 克，冰糖适量。将苦瓜洗净，切成小块；粳米淘洗备用。锅中加水烧开，加入粳米、苦瓜煮粥，粥煮至半熟时，加入冰糖，糖化解后即成。

伤　食

伤食是指宝宝的进食量超过了正常的消化能力而出现的一系列消化道症状，如：厌食、上腹部饱胀、舌苔厚腻、口中带酸臭味等。一旦出现伤食，还需从调整饮食入手，可暂停宝宝进食或少食一两餐，同时喝些食醋，1 ~ 2 天内不吃脂肪类食物，吃一些粥、蛋花汤、面条等。

宝宝脾胃功能薄弱，消化能力不强，若不注意乳、食调节，极易引起消化不良。特别是逢年过节时，各种美味食品比较丰富，宝宝遇到好吃的东西，往往会不顾一切吃个够，这样很容易损伤脾胃，造成伤食，并引起恶心、呕吐、腹泻、腹痛、食欲不振等症状。对于伤食的宝宝，妈妈可用以下食疗方法调整：

• 山药米粥：大米或小米 100 克，干山药片一把煮粥当饭吃。如有鲜山药可蒸熟后剥皮蘸白糖给宝宝吃，也有健脾胃的功能。

• 白萝卜粥：白萝卜适量，同米一起煮，加适量红糖调服。具有开胸、顺气、健胃的功能。

• 糖炒山楂：取白糖入锅炒化，随后加入去核山楂适量，再炒 5 ~ 6 分钟，闻到酸味即成。或直接到街上买一串山楂糖葫芦也行。用这种方法治疗由于食

肉过多造成的伤食效果较好。

便　秘

便秘是宝宝较常见的一种症状。很多宝宝的便秘问题或与饮食相关，或是由于等待卫生间的时间过长引起。这种症状一般不会很严重，但会让宝宝感到非常不舒服。以下是便秘的常见症状：鹅卵石样的质硬大便；因大便导致的疼痛、哭泣或其他不适；尿布或内裤上出现血迹，或大便上伴有鲜红色的血；排便次数和习惯的改变。

妈妈应该注意从调理宝宝饮食、养成定时排便习惯、保证适当活动量这几个方面入手，帮助宝宝缓解便秘问题。

● 均衡膳食：宝宝的饮食一定要均衡，不能偏食，五谷杂粮以及各种水果蔬菜都应该均衡摄入，日常可以吃一些果泥、菜泥，或喝些果蔬汁，以增加肠道内的纤维素，促进胃肠蠕动，帮助通畅排便。

● 定时排便：训练宝宝养成定时排便的好习惯。一般来说，宝宝3个月左右，父母就可以帮助他逐渐形成定时排便的习惯了。从3个月开始，每天早晨喂奶后，父母就可以帮助宝宝定时坐盆，注意室内温度以及便盆的舒适度，以使宝宝对坐盆不产生厌烦或不适感。

● 保证活动量：运动量不够有时也容易导致排便不畅。因此，要保证宝宝每日有一定的活动量。腹部按摩有助于还不能独立行走、爬行的宝宝排便，父母要多抱一抱宝宝，或适当揉揉宝宝的小肚子，而不要长时间把宝宝独自放在摇篮里。

根据宝宝不同症状酌选方药，以饮食疗法治宝宝便秘，多可收到较好的效果。

积热类便秘

乳食积滞或饮食不节引起的腑热便秘。宝宝的常见症状为：大便干燥、坚硬，腹胀腹痛，烦躁哭闹，口气臭秽，手足心热等。可选用以下方法：

● 银耳 10 ~ 15 克，鲜橙汁 20 毫升。将银耳洗净泡软，放碗内置锅中隔水蒸煮，入橙汁调和，连渣带汁 1 次喝完。每天 1 次。

● 无花果（熟透）100 克，除去外皮，用温开水洗净，随意服食，每天 1 ~ 2 次。

● 菠菜 100 克，粳米 50 ~ 100 克，将菠菜置沸开水中烫至半熟，捞出切成小段，粳米置锅内加水煮成稀粥，后加入菠菜再煮数沸，熟后即可食用分 1 ~ 2 次服完。每天 1 次，连喝 5 ~ 7 天。

● 香蕉 1 ~ 2 枚，剥皮，放碗中加开水少许，搅成糊状，冲入白糖 10 克，调匀，随意喂服。每天 1 ~ 2 次。

 虚弱便秘

宝宝身体虚弱或大病之后，大便艰涩难解，或先干后稀，腹部胀满，食欲不振，神疲乏力，面色萎黄者，可选用下列诸方：

● 鲜牛奶 150 毫升、麦片 30 克，连喝 5 ~ 7 天。

● 红薯 50 ~ 100 克、海参 20 克、黑木耳 30 克、白糖 24 克。将海参、木耳分别用温开水泡软，红薯刮皮洗净切成小块，共放锅内煮熟，入白糖调化，连渣带汁 1 次喝完。每天 1 ~ 2 次。

● 黑芝麻 30 ~ 50 克，放锅内炒爆至脆、研末，大枣 10 枚去核，与芝麻粉共捣烂如泥，随意服食或开水送下。每天 1 ~ 2 次，连喝 7 ~ 10 天。

● 松子仁 10 克，粳米适量。将松子仁研碎，与粳米共煮粥，随意服用，便秘伴口干多饮，体质瘦弱者适宜。

水 痘

水痘是一种由水痘病毒引起的宝宝最发的传染病。中医认为水痘是因体内有湿热蕴郁、外感时邪病毒而致，所以不用特别加强营养，宜清淡饮食，可吃些稀粥、米汤、牛奶、面条和面包，还可加些豆制品、瘦猪肉等。

在出水痘期间，患病的宝宝因发热可出现大便干燥，此时需要补充足够的水分，要多饮水，多吃新鲜水果及蔬菜，如：西瓜汁、鲜梨汁、鲜橘汁和西红柿汁等。多吃些带叶子的蔬菜，带叶子的蔬菜中含有较多的粗纤维，可助于清除体内积热而通大便；也可吃清热利湿的冬瓜、黄瓜等。

在饮食上要注意以下禁忌：

• 少吃生冷、油腻食物。

• 少吃发物。如：鱼、虾、螃蟹、牛肉、羊肉、香菜、茴香、菌类等内含丰富蛋白质的食物，这些异体蛋白容易产生过敏原，使机体发生过敏反应，导致病情加重。

• 少吃辛辣刺激性食物。如：辣椒、胡椒、姜和蒜等，都会引起上火现象，不利于患病宝宝早日康复。

另外，针对水痘也可以采用一些食疗方法。水痘不同时期的症状不同，所采用的食疗方法也不同：

水痘初期

• 红小豆适量煮汤代茶饮，或适量加水，慢火煮粥食用。

• 冬瓜皮 30 克或冬瓜子 15～30 克。水煎汁，加冰糖饮用。

• 大米 60 克，荷叶 1 张。先将大米煮粥，待粥煮时，把洗净的荷叶覆盖在粥上，即可食用。

❀ 水痘出得多时

淡竹叶 30～50 克，生石膏 45～60 克，大米 50～100 克，冰糖或白糖适量。先将竹叶洗净，与石膏加水同煮 30 分钟，去渣，放入大米煮成稀粥，加糖适量调味服食，每日分 2～3 次服，连服 3～5 日。

❀ 发热已退开始结痂时

- 百合 10 克，杏仁 6 克，红小豆 60 克。煮粥食用，连服数日。
- 甜水梨 1 个。将梨切成薄片，放在冰镇凉开水内，浸数日，坚持饮用。

流　涎

宝宝流涎，俗称宝宝流口水，较多见于 1 岁左右的宝宝，常发生在断奶前后。宝宝 6 个月以后，身体各器官功能增强，所需营养已不能局限于母乳，要逐步用米糊、菜泥等营养丰富、容易消化的辅助食品来补充。1 岁以内的宝宝正处于生长发育阶段，唾液腺尚不完善，加上口腔浅，吞咽功能较差，不会调节口腔内的液体，这个时期宝宝流口水是很正常的现象。

宝宝流口水，常常打湿衣襟，容易感冒和并发其他疾病，有些宝宝不经治疗甚至会数年不愈。这里介绍几种治疗宝宝流涎的食疗方法，妈妈可以参考：

- 红豆鲤鱼汤：红小豆 100 克，鲜鲤鱼 1 条（500 克）。将赤小豆煮烂取汤汁，将鲤鱼洗净去内脏，与赤豆汤汁同煮，用文火煮 1 小时，取汤汁分 3 次喂喝，空腹喝，连喝 7 天。

- 益智粥：先把益智仁 30～50 克同白茯苓 30～50 克烘干后，一并放入碾槽内研为细末；将大米 30～50 克淘净后煮成稀薄粥，待粥将熟时，每次调入药粉 3～5 克，稍煮即可；也可用米汤调药粉 3～5 克稍煮。每日早晚 2 次，每次趁热喝，连用 5 ~ 7 天。

● 大枣陈皮竹叶汤：大枣 5 枚，陈皮 5 克，竹叶 5 克。将大枣、陈皮、竹叶水煎服。每天 1 次，分 2 次喝。

疔疮痈肿

宝宝肌肤娇嫩，抵抗力低，又不知保护，所以容易发生皮肤感染性疾患。饮食稍不注意，也易发生疔疮痈肿。

疔疮好发于颜面手足，特点是顶突根深坚硬，宝宝不多见。疖是发生于皮肤的浅表性化脓性疾患，相当于毛囊炎感染化脓，但也可扩大至皮下组织，特点是突起根浅、肿势局限。

总的治疗原则以消炎解毒、清热消肿散结为主。宝宝的此类感染易并发败血症、脓毒血症，相当于"疔疮走黄"，应加以重视，并争取早期治疗，用药使其消散。脓成之后，则拔毒排脓；脓溃后又要注意扶正解毒，以防余毒未清。采用适当的食疗法不单能起辅助治疗的作用，更重要的是可补充宝宝因感染疾患所消耗的营养，扶持正气，抵御病邪。

治疗痈肿疔疮，可以采取以下这些食疗方法：

● 苦瓜绿豆汤：苦瓜 100 克，绿豆 50 克，白糖 50 克，水适量。苦瓜切开，除瓤切条，与绿豆同熬成汤，加白糖。饮汤吃豆及瓜，苦瓜有良好的清热解暑作用；绿豆可清热解毒消肿凉血。本汤有清热解毒、消暑除肿的功效。

● 苦瓜豆腐瘦肉汤：苦瓜 250 克，猪瘦肉 125 克，豆腐 250 克，油、精盐、水各适量。苦瓜洗净切块，猪瘦肉切片用精盐稍腌。豆腐稍煎加水煮汤，水开后入苦瓜，稍煮片刻，入腌好的瘦肉片。饮汤吃物。可佐餐用，连服 5 ~ 7 天。

● 丝瓜香菇汤：丝瓜 250 克，香菇 100 克，葱、姜、味精、盐各适量，食油少许。将丝瓜洗净，去皮棱，切开，去瓤，再切成段；香菇用凉水发后，洗净。起油锅，将香菇略炒，加清水适量煮沸 3 ~ 5 分钟，入丝瓜稍煮，加葱、姜、盐、味精调味即成。

 # 消化不良

　　宝宝一次吃得太多或者吃得太快都有可能导致消化不良。而某些宝宝的体质也会对特定的食物产生消化不良的反应。如果已经知道是哪种食物，妈妈就应当尽量让宝宝少吃该食物。

　　通常消化不良会导致烧心的感觉。烧心的感觉来自于胃酸回流，有些胃酸会通过食道流回到喉咙，食道受到了损害，当硬质食物流过，刺激了受伤的食道。所以宝宝会有灼烧的感觉。

◇ 怎样预防胃酸引起的消化不良

　　这种由胃酸引起的消化不良，最好的治疗就是采取有效的预防措施。

　　● 让宝宝的饮食有规律并且符合体质：确保宝宝的每顿饭适量，确保食物不会含太多脂肪太过于油腻。不要让宝宝吃太多的巧克力或橘子，两者都容易引起消化不良。

　　● 宝宝吃饭的时候要细嚼慢咽：吃饭不要太快，要把食物充分咀嚼（大约是10秒钟）这样才能更好地消化。

　　● 注意宝宝饮食的营养全面性：荤素配合要适当，克服以零食为主的坏习惯。不要让宝宝吃浓茶、咖啡、酒类及香料、辣椒、芥末等强烈刺激性食物。

　　● 注意保持好宝宝的好食欲：要保持宝宝好的食欲，必须注意进食环境不能过于嘈杂，更不能边看电视边进食。注意不要强迫宝宝进食或对宝宝的饮食限制过严；不要让宝宝在饭前吃糖果；避免进食时宝宝过于疲惫或精神紧张；食物的色、香、味要有一定吸引力。

　　● 密切注意让宝宝保持消化道通畅，养成定时排便的习惯。

　　消化不良是宝宝的一种常见病，如果症状不严重的话，并不需要带宝宝见

医生，妈妈在宝宝的日常饮食中稍加注意，就可减少宝宝消化不良发生的几率。

◇ 治疗消化不良的食疗方法

以下提供一些防治宝宝消化不良的食疗方法：

● 粟米山药粥：粟米 50 克、淮山药 25 克、白糖适量。将粟米淘洗干净；山药去皮，洗净，切成小块。锅置火上，放入适量清水，下入粟米、山药块，用文火煮至粥烂熟，放入白糖调味，煮沸即成。

● 小米香菇粥：小米 50 克、香菇 50 克、鸡内金 5 克。将小米淘洗干净；香菇，择洗干净，切成小块或碎末；鸡内金，洗净。锅置火上，放入适量清水，下入小米、鸡内金，用文火煮成粥，取其汤液，再与香菇同煮至熟烂，分次饮用。

● 山楂饼：鲜山楂 300 克、淮山药 300 克、白糖适量。将山楂去皮、核，洗净；山药，去皮洗净，切成块。将山楂、山药块，放入碗内，加适量白糖调匀后，上笼蒸熟，压制成小饼，即可食用。

● 两米粥：小米 50 克、大米 25 克。将小米、大米，分别淘洗干净。锅置火上，放入适量清水，下入大米、小米，先用旺火烧沸，后改文火煮至粥熟烂，即成，分次饮用。

第四篇

常见的喂养误区

 母乳喂养的误区

把初乳挤出去

妈妈产后从 1～5 天或至 7 天内所分泌的乳汁称为初乳。初乳呈黄白色，稀薄似水样，内含多量的蛋白质和矿物质，较少的糖和脂肪，最适合新生宝宝的消化吸收。但在一些地方，受旧风俗的影响，主张把产后前几天的少量黄奶汁挤出去扔掉，嫌这些开始的乳汁不干净。其实，初乳不但质量很高，而且具有免疫功能。

初乳中免疫球蛋白含量很高，还含有大量免疫物质，能保护新生宝宝娇嫩的消化道和呼吸道的黏膜，使之不受微生物的侵袭。而这些物质在新生宝宝体内含量是极低的。如果用母乳进行喂养，可使新生宝宝在出生后一段时间内具有防止感染的能力。初乳中含有中性粒细胞、巨噬细胞和淋巴细胞，它们有直接吞噬微生物异物、参与免疫反应的功能，能增加新生宝宝的免疫能力。

初乳还含有丰富的微量元素，如：锌，对促进宝宝的生长发育特别是神经系统的发育，很有益处。

由此可见，初乳是新生宝宝最理想的营养食品。所以，应该让新生宝宝吸吮初乳，不宜把初乳弃掉。

母乳不如牛奶好

有些妈妈认为，母乳看上去稀稀的，没有奶粉冲出来的牛奶那样浓，所以放弃母乳喂养，以牛奶替代母乳。这种认识是不正确的。

从蛋白质成分看，母乳中的蛋白质比牛奶中的蛋白质要少一半，但牛奶的蛋白质绝大部分是酪蛋白，它在胃中遇到凝乳酶会形成较硬的凝乳，不易被消化吸收。而母乳中酪蛋白很少，2/3 的蛋白质是乳白蛋白，在胃中会形成软的絮状凝乳，能较快地从胃进入小肠，被消化吸收。

从脂肪成分来看，母乳中脂肪以不饱和脂肪酸较多，比牛奶中大量含有的饱和脂肪酸更容易被吸收利用；而且母乳中的脂肪有 95% 可在宝宝体内储存；牛奶中的脂肪在宝宝体内留存率为 61%，比母乳少得多。

从乳糖含量来看，母乳中乳糖含量比牛奶中的高。乳糖对宝宝很重要，它不仅对神经功能的形成，对皮肤、肌腱、骨骼、软骨的发育都有好处，而且有助于钙的吸收，有利于氨基酸和氮的吸收和存留。母乳中所含的维生素，如 B 族维生素、维生素 C，可以完全供给宝宝。牛奶中虽也含有这些维生素，但经加热消毒后，至少有一部分被破坏了。

✕ 过多补充蛋白粉提高免疫力

不少人都认为蛋白质是人体必需的营养，多吃点也没什么，并且蛋白粉食用起来十分方便，往牛奶或饮料中加点就可以了。蛋白粉确有优点，但不可盲目进补。蛋白质过量对肾脏、肝脏及消化系统都有损害，是否需要补充蛋白粉，最好咨询医生。

对宝宝来说，过多地食用富含高蛋白质的食物，会促进宝宝过快生长，还容易导致蛋白质代谢物在体内堆积增多，对宝宝大脑、心脏都有影响，造成宝宝免疫力下降。

给宝宝补充蛋白质最好还是食补。任何一种食物所含的优质蛋白质都具有人体蛋白质的生理功效。优质蛋白质包括：禽蛋、鱼虾、瘦肉和大豆制品等。天然食品不但口味好，而且营养丰富全面。有的蛋白质之间有"互补—增强"的作用，即两种以上的蛋白质合并使用，可提高两者的营养价值。如：玉米、小米和大豆三种植物蛋白质混合组成的面食，其营养价值就明显提高。特别要强调的是，蛋白质的补充首先应以自然食物为主，不必多服蛋白粉，并且应在医生的指导下，给宝宝适量补充蛋白粉。

常见的喂养误区

✖ 宝宝一哭就喂

宝宝一出生，就有了各种各样的需求，但此时宝宝表达各种需求的唯一方式就是哭。有些新手妈妈认为宝宝一哭就是饿了，于是赶紧给宝宝喂奶。这种做法是不正确的。

妈妈应按需哺乳即在宝宝饿时或需要时再喂奶，并不是宝宝一哭就喂。对于判断宝宝哭啼是否是饿了，妈妈要细心观察，要排除宝宝不舒服或是疾病等原因，必要时应寻求专业人员的指导。

那么，什么时候给宝宝哺乳呢？比如：宝宝嘴巴来回觅食，睡觉时眼球快速运动或嘴巴有吸吮动作或哭闹等都有可能是饿的表现，这时应该进行哺乳。如果宝宝睡觉超过 3 小时也应叫醒喂奶，还有在妈妈乳房充盈发胀时也可以喂奶。要做到按需哺乳，必须实行与宝宝同室，24 小时在一起，以便于妈妈精心呵护，随时喂乳，从而增强母婴感情，这样做对母婴身心健康都是有好处的。

✖ 妈妈躺着喂奶

妈妈产后疲乏，加上白天不断地给宝宝喂奶、换尿布，到了夜里常感到非常困。夜间遇到宝宝哭闹，妈妈会觉得很烦，就躺着给宝宝喂奶了。这种做法是不正确的。

有些妈妈躺着喂奶，把奶头往宝宝的嘴里一送，宝宝吃到奶也就不哭了，妈妈可能又睡着了，这是十分危险的。因为宝宝吃奶时与妈妈靠得很近，熟睡的妈妈很容易压住宝宝的鼻孔，这样悲剧就有可能发生。为避免这种事情的发生，正确的方法是妈妈取坐位或中坐位，将一只脚踩在小凳上，抱好宝宝，另一只手以拇指和食指轻轻夹着乳头喂哺，以防乳头堵住宝宝鼻孔或因奶汁太急引起宝宝呛咳、吐奶。

✖ 另一侧乳房的奶存着给宝宝下次吃

有的妈妈在给宝宝喂奶的时候，一只乳房吃完，宝宝就饱了，于是就把另一侧乳房的奶存下给宝宝下次吃。这种做法是不对的。

喂奶时应让宝宝吃尽一侧乳房再吃另一侧。如果宝宝只吃完一侧的奶就已经饱了，妈妈应将另一侧的奶挤出。这样做的目的是预防胀奶，胀奶不仅会使妈妈感到疼痛不适，还有可能导致乳腺炎，而且还会引起反射性的泌乳减少。妈妈可以将奶吸出，排空乳房。

 穿工作服喂奶

有些妈妈回到家里，来不及脱掉自己的工作服就去给宝宝喂奶。这种做法是不正确的。

妈妈穿着工作服喂奶会给宝宝招来麻烦，因为工作服上往往粘有很多肉眼看不见的病毒、细菌和其他有害物质。

所以妈妈无论怎么忙，也要先脱下工作服（最好也脱掉外套）洗净双手后再喂奶。

 生气时喂奶

妈妈在给宝宝喂奶的时候，有没有考虑过自己的情绪是否会影响到宝宝？有的妈妈就在自己生气的时候给宝宝喂奶。这种做法是不正确的。

人在生气时体内会产生毒素，这种毒素会使水变成紫色，且有沉淀。由此妈妈千万不要在生气时或刚生完气就给宝宝喂奶，以免宝宝因吸入带有"毒素"的奶汁而中毒。

 运动后喂奶

有些妈妈常常在运动后给宝宝喂奶，这种做法是不可取的。

哺乳期妈妈最好在运动前给宝宝喂奶。因为运动之后，身体会产生大量的乳酸，乳酸贮留于血液中使乳汁变味，宝宝不爱吃。据测试，一般中等强度以上的运动即可产生此状，所以肩负喂奶重任的妈妈，只宜从事一些温和运动，运动结束后，最好要过 3~4 个小时再喂奶。

 喂奶时逗笑宝宝

有的妈妈不分时机，在宝宝吃奶的时候逗笑宝宝。在宝宝吃奶时逗笑宝宝，隐藏了很大的安全隐患。

宝宝吃奶时因逗引而发笑，可使喉部的声门打开，吸入的奶汁可能会误入气管，轻者导致呛奶，重者可诱发吸入性肺炎。

 喂奶时漫不经心

有的妈妈经常一边哺乳，一边看电视；或一边哺乳，一边吃饭，全然不看宝宝的脸色和眼神；还有的妈妈随便在尘土飞扬的马路边、嘈杂喧哗的公共场所给宝宝喂奶；更有甚者，明明宝宝正香甜地吃着奶，却因妈妈有事，不管宝宝吃没吃饱，强行扯出宝宝口中的乳头……这些都是不正确的喂奶方式，这样会有碍母子情感的交流，影响宝宝对母乳营养的吸收。

哺乳妈妈的低声细语对宝宝的视觉和听觉都是一种刺激，尽管宝宝还听不懂妈妈的语言，但却能从妈妈的音容中分辨喜怒哀乐。如果妈妈细心观察，就会发现，宝宝在吸吮乳汁时，常常会自觉不自觉地注视妈妈的面孔，潜意识中想和妈妈交流。但如果妈妈一边哺乳，一边看电视，就忽略了与宝宝情感交流的机会。宝宝接受的是电视里嘈杂的声音，却听不到来自妈妈的柔声细语，看不到妈妈温馨的微笑，无疑会阻碍母子情感交流。

 喂完奶马上把宝宝放在床上

给宝宝喂完奶，有些妈妈会因为抱着宝宝比较吃力，就马上把宝宝放在床上。这种做法是不可取的。

给宝宝喂完奶后马上把宝宝放在床上，宝宝刚吃的奶有可能还没有下咽，因此不要马上把宝宝放在床上，而要把宝宝竖直抱起，让宝宝的头靠在妈妈肩上，也可以让宝宝坐在妈妈腿上，以一只手托住宝宝枕部和颈背部，另一只手弯曲，在宝宝背部轻拍，使吞入胃里的空气吐出，防止溢奶。另外，在妈妈哺喂母乳过后，可以让爸爸接过宝宝，为宝宝拍嗝。

 着浓妆喂奶

有的妈妈化了浓妆，在给宝宝喂奶的时候，也没有卸妆。这种做法是不对的。

妈妈身体的气味对宝宝有着特殊的吸引力，并可激发出愉悦的"进餐"情绪。即使是刚出娘胎的宝宝，也能将头转向妈妈气味的方向寻找奶头。

换言之，妈妈的体味有助于宝宝吸奶，如果浓妆艳抹，陌生的化妆品气味掩盖了熟悉的母体气味，就会使宝宝难以适应而导致情绪低落，食量下降，妨碍发育。

 妈妈用香皂洗乳房

为保持乳房清洁，妈妈经常清洁乳房是必要的，但是用香皂来清洗就不正确了。

香皂类清洁物质可通过机械与化学作用除去皮肤表面的角化层，损害其保护作用，促使皮肤表面"碱化"，导致细菌繁殖。时间一长，可能会感染乳房炎症。为避此害，最好用温开水清洗。

 喂奶期减肥

妈妈产后大多肥胖，不少妈妈急着减肥而限吃脂肪。这种做法是不当的。

脂肪是乳汁中的重要组成成分，一旦来自食物中的脂肪减少，母体就会动用储存脂肪来产奶，而储存脂肪多含有对宝宝健康不利的物质。

为宝宝的安全起见，妈妈需待断奶以后再减肥不迟。

 上班期间只能断奶

有些妈妈认为，上班了就不能给宝宝喂奶了。这是一种错误的想法。

妈妈可以储存母乳来喂养宝宝。储存母乳不仅能让宝宝继续吃母乳，还可

常见的喂养误区

以保持妈妈乳汁分泌，防止胀痛。

挤奶可用挤奶器或手挤。挤出的奶应放在经过消毒，并有密封瓶盖的玻璃或塑料瓶等容器内。最理想的是使用母乳储存袋。乳汁在室温可保存12小时。

牛奶喂养的误区

 新鲜牛奶代替配方奶

许多人认为新鲜牛奶比配方奶粉好。因为鲜牛奶比加工后的奶粉新鲜，所以就认为鲜牛奶最好。其实不然，这种理解是错误的。

那么，配方奶粉究竟好不好？让我们先来了解一下配方奶粉的"改造"过程。

• 配方奶粉制造过程中降低了蛋白质及矿物质的量，加入了脱去矿物质的乳清蛋白，因此调整了酪蛋白与乳清蛋白的比例，使之更接近母乳中各种蛋白质的比例。

• 配方奶粉除去了牛奶中的脂肪，加入了植物油，有的还加入 DNA（脑黄金），从而增加了宝宝生长发育不可缺少的必需脂肪酸含量。

• 配方奶粉补充了适量的维生素（如：维生素 A、维生素 C、维生素 D 等）及微量元素（如：铁、锌等），调整了牛奶中的钙磷比例，使之更接近母乳的成分。

• 不同品牌的配方奶粉，还加入了一些不同的营养物质，因而具有不同的功效。

可见，配方奶粉的成分更接近母乳。因此，那些因母乳不足而需要给宝宝添加牛奶的妈妈选择配方奶粉更合适。

但这并不是说新鲜牛奶就不宜给宝宝喝。对于 1 岁以上的宝宝来说，其营养素已经有多方面的来源选择，奶类已不是主食，而只是辅助食品。此时，新鲜牛奶也是一个不错的选择。

✖ 用麦乳精代替配方奶粉

麦乳精是人们喜爱的一种滋补饮品，其味道香甜可口，但不可用它代替配方奶粉，作为主食喂养宝宝。

配方奶粉由鲜牛奶或羊奶加工制成，它含有能满足宝宝生长需要的各种营养素，其主要成分是蛋白质，而且含有丰富的钙质。而麦乳精是用麦芽糖、乳制品、麦精蔗糖、可可等原料加工制成的，它的蛋白质含量仅是奶粉的 1/3，而且这些蛋白质中约有 25% 是来自可可粉和麦芽糖（植物蛋白质的生理效价比动物蛋白质的生理效价低）。

另外，麦乳精中蛋白质、脂肪和糖的含量比例不适宜宝宝饮用。一般说来，1 岁宝宝对这三者的比例要求是 1:0.83:3.55，而麦乳精中这三者的比例却是 1:2.7:9。这种高糖、高脂肪食物不利于宝宝消化吸收，对宝宝的生长发育不利。

所以，不可用麦乳精代替配方奶粉喂养宝宝，否则会导致宝宝营养不良。

✖ 牛奶越浓，营养成分越多

有的妈妈会认为，牛奶冲浓了不会对宝宝产生多大的影响，甚至还认为牛奶越浓越有营养。其实不然。

牛奶过浓，牛奶中的营养成分浓度升高，超过了宝宝的胃肠道消化吸收限度，不但宝宝消化不了，还可能损伤其消化器官，引发腹泻、便秘、食欲不振，甚至拒食等问题。久而久之，宝宝体重非但不能增加，更可能会造成对其肝、肾功能的损伤，甚至导致疾病。

当然，牛奶冲得太稀也不行，这会导致蛋白质含量不足，同样也会引起营养不良。所以，妈妈给宝宝冲泡奶粉时，一定要按照包装上标明的配比，不能

想放多少就放多少。

 不停地给宝宝换奶粉

10个月大的贝贝近几日不时又吐又拉又闹，这可让贝贝的妈妈着急了起来。到医院一检查，才知道是频繁为贝贝换奶粉惹的祸。原来，贝贝妈妈经常给贝贝换奶粉，想看看哪种奶粉适合自己的宝宝。

这种做法是错误的。

有资料表明，经常给宝宝换奶粉，容易使宝宝的体质成为过敏体质，选好一种奶粉，只要宝宝适应，最好尽量坚持用这个牌子的奶粉喂养宝宝，这种方法，对于有家族过敏史的宝宝更为重要。

尽量坚持用一种奶粉喂养宝宝，并不意味着不能给宝宝换奶粉。如果妈妈认为宝宝不适合喝某品牌奶粉，想转换品牌，切忌操之过急，需要循序渐进。

在给宝宝转换奶粉的时候，应在宝宝健康且精神状态好的情况下进行，接种疫苗期间也最好不要换奶粉，且换奶粉时间不要选在第一餐，可以采用"新旧混合"的方法，即：在宝宝原先食用的奶粉中适当添加新的奶粉。由少量开始，一旦宝宝没有出现异常反应，就可以慢慢增加新奶粉的比例，直到完全替代旧奶粉。

此外，相同品牌、不同阶段和配方的奶粉之间的转换也要如此进行。

 过早给宝宝添加米粉或奶糕

为了促进宝宝的生长发育，有些妈妈急不可耐地给未满月的新生宝宝添加米粉或奶糕，这种做法是不对的。

3个月以下的宝宝消化道中淀粉酶的含量很少，而米粉中含有75%～80%的淀粉，奶糕中并不含"奶"，而是由米粉（35%～40%）和大豆粉（55%～60%）混合而成，宝宝吃了米粉或奶糕以后，淀粉颗粒往往难以被分解和消化，而是直达大肠，正常宝宝大肠中的双歧杆菌、大肠杆菌、粪链球菌，都会利用淀粉来发酵，产生很多的氢气、二氧化碳、甲烷和各种有机酸，宝宝会出

第四篇

现腹胀、频频放屁、大便多泡沫且有酸臭味等问题。

3个月以下的宝宝应以母乳为主，万一没有母乳，则应该改吃牛奶，千万不要用米粉或奶糕来代替乳类食品，否则时间一长便会引起营养不良。

✗ 给新生宝宝补充糖水或牛奶

很多妈妈的初乳要在宝宝出生后12个小时甚至3天之后才会泌出，由于担心母乳来到之前宝宝会饿，有些妈妈会先给宝宝喂些糖水、葡萄糖水或稀释牛奶，以缓解宝宝的哭闹。

其实，这种做法不仅没必要，而且还不利于日后母乳喂养的顺利进行。

胎儿在妈妈子宫内靠脐带从母体中汲取营养。宝宝出生后要从脐带转变为通过自己的消化道来获得食物、消化食物、汲取营养，这个转变需要一个过程，1~2天内宝宝不吃任何食物不会饿着，也不会有任何不适，偶尔哭闹可能是有尿湿不舒服。而且此时的宝宝还和与在妈妈腹中习惯大致相同，一天大部分时间都在睡觉，所以妈妈不必担心新生宝宝会饿着。

母乳泌出后，不管其多少、浓淡，一般都足够宝宝的最初营养需求。初乳宝贵，也足够喂饱宝宝，不必添喂别的食物。

此时，若给宝宝加喂糖水、葡萄糖水或牛奶，其不利后果有如下几点：

● 糖水、葡萄糖水或牛奶的口味不同于母乳，先入为主会使宝宝日后不喜欢母乳的味道，甚至拒绝接受母乳，造成母乳喂养困难甚至失败。

● 喂糖水等辅食往往需用奶瓶，这会使宝宝日后不习惯吸吮妈妈的乳头，导致吸吮困难或形成不良吸吮方式，使母乳喂养变得艰难。

● 妈妈的初乳对新生宝宝极为有利，尤其是有助于提高新生宝宝的抗病能力，最初喂食糖水、牛奶等，会使宝宝很久不思母乳或吸不出母乳，由此丧失了第一道抗病屏障和第一顿最富营养的美餐。

所以妈妈一定要记住，尽量不要别给新生宝宝补喂糖水、葡萄糖水或牛奶等。

✖ 用炼乳代替鲜奶

宝宝出生后，有些妈妈发现自己的奶水不够，于是寻找可以代替母乳的乳制品。炼乳具有易存放、易冲调、宝宝爱喝等优点，有些妈妈就用炼乳代替鲜奶给宝宝喝。他们认为炼乳同样是乳制品，与鲜牛奶一样有营养。

事实上，只给宝宝喂炼乳有许多弊端，最主要的缺陷是糖分太高。

炼乳虽然是乳制品，但在制作过程中使用了加热蒸发、加糖等工艺，因而更易保存，但炼乳中水分仅为牛奶的 2/5，蔗糖含量高达 40％。

按这个比例计算，宝宝吃炼乳时要加 4～5 倍水稀释，甜度才合适，但此时炼乳中的蛋白质、脂肪含量却已很低，不能满足宝宝的营养需要。即使宝宝暂时吃饱了，也是因为其中糖量多。如果考虑蛋白质、脂肪含量合适而少兑水，炼乳会过甜，不适合宝宝食用。

因此，不要用炼乳作为主要食物来喂养宝宝。

✖ 临时给宝宝添加牛奶

妈妈产假期满要上班，这时才想起要给宝宝添加牛奶。这种做法是不可取的。

妈妈应早做准备，至少应提前 2～3 周，让宝宝熟悉及适应牛奶的味道、奶嘴的感觉，学习用奶嘴吸吮牛奶的方法。因为宝宝的味觉、嗅觉、触觉发育还未发育完善，要适应新的情况，需要给一定的时间来调节。

> ★ **育儿小贴士** 牛奶不要与酸性食物同食
>
> 有些妈妈常常把牛奶和酸性食物放在一起给宝宝吃，这种做法是不对的。
>
> 牛奶中的蛋白质80％以上为酪蛋白。在酸性情况下，酪蛋白易凝集，容易导致宝宝消化不良或腹泻，因此在食用牛奶前后1个小时左右不宜食用酸性食物。

用矿泉水冲牛奶

有的妈妈为了省事，不用白开水而是用矿泉水给宝宝冲牛奶。这种做法是不对的。

煮沸后冷却至20℃～25℃的白开水具有特异的生物活性，它与宝宝体内细胞液的特性十分接近，所以与体内细胞有良好的亲和性，比较容易穿透细胞膜，进入到细胞内，并能促进新陈代谢，增强免疫功能。

矿泉水含有大量的矿物质，如：磷酸盐、磷酸钙等，饮用过多就有可能造成一些微量元素超标，而宝宝肠胃消化功能还不健全，长期用矿泉水冲牛奶会引发宝宝消化不良和便秘。

妈妈不但要给宝宝用白开水冲奶，在干燥的冬季，还要给宝宝适量加喂开水。

 保温杯内久放牛奶

保温瓶是用来保温开水的，有的妈妈喂养宝宝为了贪图方便，将牛奶灌入保温瓶里保温，以为这样做可以方便省事。殊不知，经常饮用存放时间长的牛奶对宝宝的身体是不利的。

牛奶营养丰富，灌入保温瓶贮放时间过长，温度就会下降。细菌在适宜的温度下会大量繁殖，3～4小时后，瓶中的牛奶就会腐败变质，牛奶中微量的维生素就会被破坏掉，宝宝喝了这种牛奶，易引起腹泻、消化不良或食物中毒。因此，牛奶应随吃随冲。

 多饮冰冻牛奶

有的妈妈担心牛奶放的时间长了会坏掉，就把牛奶冰冻起来。等宝宝吃的时候，再拿出来热一下给宝宝喝。这种做法是不对的。

牛奶在较高的气温下会变质，但把牛奶冰冻起来也会变质。牛奶解冻后，其中的蛋白质易沉淀、凝固而变质，营养价值大减，因此牛奶忌冰冻保存。

✖ 牛奶里加巧克力

有些妈妈怕宝宝营养不够，以为牛奶属高蛋白食品，巧克力又是高能源食品，二者同时吃一定大有益处。于是常在牛奶中放些巧克力或喂奶后再给宝宝吃些巧克力。这是不科学的做法。

液体的牛奶加上巧克力会使牛奶中的钙与巧克力中的草酸产生化学反应，生成草酸钙。草酸钙不溶于水，本来具有营养价值的钙，变成了对人体有害的物质，易导致宝宝发生缺钙、腹泻、发育推迟、毛发干枯、易骨折以及增加尿路结石的发病率等问题。

另外，平时宝宝也没有必要吃巧克力。巧克力是一种含有大量糖分、脂肪，较少含蛋白质、无机盐和维生素，根本不含纤维素的食品，不利于宝宝的健康和生长。只有在宝宝体力消耗较大时才可适当吃一点巧克力。

✖ 牛奶与钙粉同哺

有的妈妈喜欢在宝宝的牛奶中加入钙粉，以为这样可以增强补钙的效果。其实不然。

牛奶中的蛋白质主要是由酪蛋白、乳蛋白和乳球蛋白组成，其中酪蛋白的含量最多，占牛奶蛋白中的83%。如果宝宝喝牛奶时加入钙粉，过多的钙离子就会使牛奶中出现凝固现象，影响两者的吸收。另外，钙还会和牛奶中的其他蛋白质结合产生沉淀，特别是加热时，这种现象就会更加明显。

✖ 牛奶和米汤一块服食

米汤营养都很丰富，又易于消化吸收，是宝宝的理想辅助食品。但是有些妈妈用米汤、米粥、米粉拌牛奶喂给宝宝喝，以为这样营养更丰富。其实这是不科学的，会损害食物的营养成分，对宝宝健康不利。

牛奶含有一般食品所缺乏的维生素A，维生素A是一种脂溶性维生素，它的功能是：促进机体生长发育、维护上皮组织、增进视力。而米汤、米粥、米

第四篇

粉则是以淀粉为主的食物，含有一种脂肪氧化酶。如果用米汤等拌牛奶，这种脂肪氧化酶就会破坏牛奶中的维生素 A。宝宝主要是依靠乳类食品来摄取维生素 A 的，如果宝宝长期摄取维生素 A 不足，会导致发育迟缓，体弱多病。因此，喂养宝宝，要把牛奶与米汤、米粉分开吃，以防止营养素受损。

✖ 将药粉掺在牛奶里喂

一般的药物应该在饭后半小时左右，用白开水喂服，药粉也是一样，最好不要与牛奶同吃。主要原因是：

• 各种药物都有各自的性质，而且牛奶的成分也很复杂，如果合在一起吃，就无法排除它们之间的相互干扰，影响药效以及奶类营养的吸收。

• 药物常伴有一些副作用，如：对胃肠道的刺激引起的恶心、呕吐等。如果两者同时服用，由于药物的副作用引起呕吐，会将奶和药吐出，使两者都不能发挥应有的作用，对于治疗和健康都不利。

• 有些药物含有正常菌群，具有微生态疗法的作用，这样的药物与牛奶一起吃时，因分泌的胃酸多，会把较多的正常菌杀掉，影响它们在肠道中发挥应有的调节作用。因此这些药物应在宝宝的两餐之间喂比较好。

✖ 给宝宝过多补钙

一般而言，宝宝在出生后前 6 个月内每日的钙需要量为 300 毫克，6 个月以后每日为 400 毫克。

过量给宝宝补钙不仅是一种浪费，对宝宝也会产生一些危害：

• 造成长期的高钙尿症，增加了泌尿系统形成结石的机会。

• 导致软骨过早钙化，前囟门过早闭合，形成小头畸形，制约宝宝的大脑发育。

• 使骨骼过早钙化，骨骺提早闭合，长骨的发育受到影响，使身高受到限制。

• 骨中钙的成分过多，骨质变脆，易发生骨折。

- 影响宝宝的食欲，从而影响肠道对其他营养物质的吸收。

- 血钙浓度过高，使钙沉积在内脏或组织，若在眼角膜周边沉积将会影响视力。

妈妈一旦发现宝宝补钙过量，就应该停止补钙，或者及时调整补钙的剂量。通常只要恰当调整补钙剂量及维生素 D 剂量，钙过量的症状就会很快消失。但是，骨骼的钙化一旦形成，往往没有办法加以消除。

一般说来，食物补钙比药物补钙更安全，进食正常的食物，不会引起钙过量。母乳、牛奶应是宝宝首选的补钙食物。年龄较大一些的宝宝，除奶制品外，还可给予豆制品、虾皮、鱼肉等食物来补充。

✖ 母乳喂养过多加喂水

有些母乳喂养的妈妈在给宝宝两次喂奶之间加喂一次水。她们认为，水也是一种营养素，在两次喂奶之间加喂一次水，不仅能给宝宝增加营养，而且还能防止宝宝脱水。这种认识是不正确的。

母乳内含有宝宝 4～6 个月内所需要的全部营养物质。它不但含有宝宝所需的蛋白质，脂肪和乳糖，还有足量的维生素、水、铁、钙、磷等，而且母乳中的主要成分是水，这些水分对宝宝来讲已经足够了。

所以，母乳喂养的宝宝不需要在两次喂奶之间加喂水了。除非在病理情况下，如：高烧、腹泻等，或发生脱水现象时，需要加喂一些水，在一般的情况下，即使在夏季，也没有必要加喂水。

✖ 睡前不喂奶

睡前是宝宝喝奶的最佳时机。晚上喝牛奶，不但有助于宝宝睡眠，可促进宝宝的身体发育，还能提高宝宝的抵抗能力。

生长素的分泌高峰是在宝宝入睡 1 个小时以后。夜晚睡眠中体内生长激素释放最多，骨骼生长快，钙质能及时进入体内，到达骨的生长部位，促进新骨钙化成熟，既增强抵抗力，防止疾病发生，又可促进宝宝长高。宝宝睡前喝

第四篇

奶，牛奶中丰富的钙与体内的生长素相互作用，能促进宝宝长高。一些妈妈因担心宝宝睡前饮奶会引起尿床而放弃这一机会，由此造成的身高损失实在可惜。

 立即停止给宝宝喂母乳

有的妈妈因为产假休息完后要上班或其他原因，决定给宝宝断奶。"断奶"常被妈妈称为"痛苦的回忆"，其实这往往是方法不当造成的。

断奶是一种过渡形式，需要慢慢来。宝宝的健康成长需要各种营养物质的补充，不能把断奶错误地理解为立即不喂母乳，而应在不停止母乳喂养的过程中，在相当长的一段时间内，逐步、有规律地由少到多添加母乳以外的补充食品，逐步用其他食物来替代母乳，直到完全停止母乳喂养。所以把断奶称为断奶过渡期更为合理。

然而，事实上，许多妈妈却采取强硬的方法断奶，她们认为那样，宝宝才会少一点依赖和痛苦。其实，这种认识是错误的。我们知道：宝宝的味觉是很敏锐而且对饮食是非常挑剔的，尤其是习惯于母乳喂养的宝宝，常常拒绝其他奶类的诱惑。因此，宝宝的断奶，应尽可能顺其自然逐步减少，即便是到了断奶的年龄，也应为他创造一个慢慢适应的过程，千万不可强求其难。一旦操之过急，仓促断奶，会造成宝宝食欲的锐减。

正确的方法是：适当延长断奶的时间，酌情减少喂奶的次数，并逐步增加辅食的品种和数量，只要妈妈对宝宝的喂养调整得当，相信宝宝们都能顺利通过"断奶"这一难关的。

 不能在断奶后断掉一切乳品

宝宝断奶后，唯有牛乳及其制品，既含有优质的蛋白质，又能从摄食方式上适合刚刚断奶的宝宝。所以，每天还应该给宝宝至少提供 250 毫升的牛乳之类的乳品，同时要加喂一些鱼、肉、蛋类食物，这样做不但能满足宝宝生长发育的需求，而且适合宝宝的消化能力，所以宝宝不能在断奶之后断掉一切

常见的喂养误区

乳品。

尽管宝宝的摄食方式由吸吮转化为咀嚼,但消化道功能还没完全发育成熟,因此,摄取食物还不能完全和大人们一样全都是需要咀嚼的食物,应该吃一些牛奶类的乳品。

断奶后的宝宝依然处于生长发育的旺盛阶段,需要大量的蛋白质建构组织和器官。但在宝宝所能食用的食物中,其中含有的蛋白质大部分是植物性蛋白质,虽然这些植物性蛋白质含有宝宝所需要的9种必需氨基酸,但生物学价值较低,需要进食很大的量才能满足宝宝生长发育的需要,所以对宝宝不适宜。

动物性蛋白质和猪肉、牛肉及鸡蛋等生物学价值高,对宝宝来说是很好的食物。但刚刚断奶的宝宝,无论咀嚼能力还是消化吸收能力,都不能很快适应,因此只能适量摄取,不能作为全部蛋白质的来源。

辅食喂养的误区

 过早给宝宝添加辅食

有些妈妈从宝宝出生第2～3周起,不管母乳是否充足,就给宝宝加喂米汤、米糊或乳儿糕,认为这种半固体谷类食物比妈妈的奶更有营养、更耐饥。其实,这是不科学的做法。

母乳虽然看起来稀薄,但是实际上含有的营养素和所供给的能量都比米糊、乳儿糕量多且质优。

特别是3个月以内的宝宝消化谷类食品的能力尚不完善(如:体内缺乏淀粉酶等),不适宜进食米、面类食品。谷类食品中的植酸又会与母乳中含量并不多的铁结合而沉淀下来,从而影响宝宝对母乳中铁的吸收,容易引起宝宝贫血。

另一方面，宝宝吃饱了米糊、乳儿糕等食品，吸吮母乳的量就会相应减少，往往不能吸空妈妈乳房分泌的乳汁，导致母乳分泌量逐渐减少。此外，在调制添加食品过程中极易发生病菌污染，易引起宝宝腹泻。

母乳是宝宝最合适的食物，不但可供给宝宝十分丰富、易于消化吸收的营养物质，而且还有大量增强抗病力的免疫因子。妈妈直接喂哺既卫生又经济，还可促进母子感情，有助于宝宝心理发展。

❌ 添加辅食后，就应该给宝宝断奶

有些妈妈在给宝宝添加辅食后，就给宝宝断奶了。这种做法是不正确的。

宝宝在1岁之前，母乳是宝宝的主要食品和营养来源，尤其是维生素，主要来源于母乳，而不是辅食。宝宝的身体对于母乳和辅食营养的吸收完全不同：宝宝基本上可以完全吸收母乳中的营养，但却吸收不全辅食中的很多营养。最典型的就是宝宝对铁的吸收：母乳中的铁含量虽少，但能够满足宝宝的需求，并且吸收率高达75%；辅助食物无论如何增添强化铁，吸收率仅为4%，而且牛奶会让宝宝体内的铁通过粪便流失。

妈妈的乳汁是为宝宝特别设计的营养食品，会随着宝宝的成长而变化，来满足宝宝不同时期的营养需要。比如：当宝宝的身体受到新的病菌或病毒侵袭时，宝宝会通过吸吮乳汁传送到妈妈身体里。妈妈的身体会立刻制造免疫球蛋白，再通过乳汁传送给宝宝，在宝宝体内建立屏障，保护宝宝不受感染。

因此，在添加辅食的同时，应该保持每天的母乳摄取量，而不是减少，更不是断奶。

❌ 给宝宝添加辅食首选蛋黄

过去，人们认为蛋黄与米粥、烂面条等食物相比，营养更全面，所以，有的妈妈习惯将蛋黄作为宝宝辅食添加的首选。现在，人们对蛋黄有了更多更全面的认识，发现蛋黄中某些营养成分，如：铁等，并不容易被宝宝吸收。另外，过早地给宝宝喂蛋黄，还可能引起宝宝的过敏反应，因此不主张提倡以蛋

黄为首选。

营养学家推荐将强化了营养素的谷类作为第一次辅食添加的优先选择，如：米饭、面条等，容易在宝宝的胃肠道被消化吸收。随着科学技术与食品加工工艺的进步，人们开发出了营养更全面、更适合宝宝吸收的食物，如：米粉、泥糊状食品等，妈妈也可以按需选择。

✖ "牛奶＋鸡蛋"是最好的营养早餐

有些妈妈认为，"牛奶＋鸡蛋"是宝宝最好的营养早餐，光吃这两种就可以补充宝宝所需的营养。这种观点是不正确的。

营养质量好的早餐一般都要注意营养搭配的问题，一定要包括4部分：谷物、动物性食品、奶类、蔬菜或水果。包含其中3部分的早餐质量为一般，只包含1～2部分的属于质量差的早餐。谷类食品，如：馒头、面条、稀饭等，对宝宝的身高发育有着很重要的作用。蔬菜和水果可以给宝宝提供充足的维生素。

✖ 添加泥糊状食物但是不减奶量

有些妈妈在给宝宝添加了泥糊状食物后，并没有减少宝宝的喂奶量。这种做法是不对的。

宝宝泥糊状食物量越来越大，那么，相应的喂奶量就应越来越少，逐渐的交替，但是绝对不能在奶量不减的情况下辅食越来越多。

✖ 过早给宝宝喂米糊

老人总说"钱做胆，米做力"，总觉得米饭的营养价值高。其实，给宝宝过早喂米糊，容易造成宝宝营养不足，尤其是蛋白质供给不足。而且宝宝对淀粉类的食物消化能力差，会引发因蛋白质营养不良出现的虚胖，或发生消化不良性腹泻。

所以，妈妈最好还是等宝宝4个月以后才开始添加米糊等淀粉类食物，并慢慢加量。

 把泥糊状食物和牛奶混在一起给宝宝吃

在给宝宝添加米粉或者泥糊状食物时，有些妈妈为了省事，就把泥糊状食物和牛奶混在一起给宝宝喂食。这种做法是不正确的。

给宝宝添加泥糊状食物，一方面可以给宝宝补充营养，另一方面也可以让宝宝练习咀嚼。咀嚼是需要锻炼的，让宝宝练习舌头的搅拌能力才可以。若是把泥糊状食物和牛奶混在一起了，宝宝就得不到咀嚼锻炼了。

 把各种辅食搅拌在一起喂宝宝

当宝宝开始吃辅食时，妈妈会尝试给宝宝吃各种辅食，如：蛋黄、菜泥、果泥、米粉等。宝宝一顿饭可能会吃到 3～4 种辅食，有的妈妈把各种辅食搅拌在一起，让宝宝一次吃完。这是一种错误的做法。

宝宝的味觉正处于敏感期，给宝宝初添辅食时让宝宝吃各种不同的食物，既是为了让宝宝得到营养，还要让宝宝尝试不同的口味，让宝宝学会分辨出各种食物的味道，如：蛋黄的味道、菜泥的味道、米粉的味道等。如果混在一起，宝宝就尝不出各自的味道，对宝宝的味觉发育没有好处。

妈妈一定要把宝宝的各种辅食分开来给宝宝吃，而且先给宝宝他最不喜欢吃的食物，把宝宝最喜欢吃的食物放在最后给宝宝，这样宝宝才会吃各种辅食，补充生长所需的营养。

 两顿奶之间添加辅食

有些妈妈在给宝宝添加食物的时候，在两顿奶之间添加辅食。这种做法是不对的。

对一般消化系统正常的宝宝来说，如果宝宝在 4～6 个月从来没有加过辅食，第 1 次加辅食的时间，就应该选择中饭这顿奶之前。逐渐地将中午这顿辅食的量逐渐增加，奶量逐渐减少，在 7～8 个月左右将中午这顿饭完全被辅食替

代，以后把晚饭这顿奶也逐渐替代。

如果在两顿奶之间加辅食，隔2小时就给宝宝加1次辅食，妈妈很累不说，宝宝总是在加辅食的时候处于半饿半饱的状态。此时，宝宝饥饿感不强，没有食欲，而且胃也得不到很好的休息。因此，妈妈不要在两顿母乳之间或者两顿牛奶之间给宝宝加辅食，这时宝宝的兴趣可能不是很大。

✕ 过早加盐和调味品

有些妈妈在给8～9个月的宝宝做辅食的时候，认为宝宝的食物中不加盐没有味道，宝宝会不喜欢吃，于是就在宝宝的食物中加一些盐、酱油、香油等，认为这样能把食物做得很香。这种做法是不正确的。

1岁以内的宝宝，食物中不需要加盐和调味品，妈妈完全不用担心宝宝没有吃盐会不会没有劲，因为宝宝从吃的蔬菜和各种食物中摄取的盐对宝宝就已经足够了。

宝宝肾脏发育还不成熟，肾小球的皮细胞多，血管少，滤尿面积小，而且因为肾小管发育不良，容量小，浓缩尿液能力差，因而没有能力排出血中过多的钠，很容易受到食盐过多的损害，而这种损害是很难恢复的。

宝宝年纪越小，受到食盐过多的损害也就越严重。摄入的盐分过多还会导致体内钾质大量随尿排出。钾质是人体活动时肌肉（包括心脏肌肉）的收缩、放松必需的营养物质，钾质如果损失过多还会引起心脏肌肉的衰弱。

另外，宝宝的味觉是互相比较的，宝宝从不加盐到逐渐加，味觉逐渐上升。如果过早地给宝宝加了盐，宝宝就会不吃他感觉不咸的东西，口味会越来越重，一生中吃的盐就越来越多。

当妈妈用自己的口味评判宝宝的辅食觉得有点香味的时候，对宝宝来说，这个盐量可能已经过多了。

✕ 吃得精细，营养就好

一些妈妈常常把宝宝的"好营养"等同为：米要白，面要精，鱼肉要丰盛，粗粮和杂粮尽量少吃。这种想法是错误的。

精白米面在加工过程中维生素、无机盐损失较大，长此以往很容易导致宝宝患上营养素缺乏症。因此，给宝宝准备的食物必须是多样化的，主食越杂越好，食谱越广越好。这样可使各种营养素相互补充，营养更全面。

✖ 用米粉类食物代替乳类食物

米粉，顾名思义就是以大米为主要原料制成的食品，其主要成分是：碳水化合物、蛋白质、脂肪及 B 族维生素等。宝宝在生长阶段，最需要的就是蛋白质，米粉中含有的蛋白质不但含量少，而且质量不好，不能满足宝宝生长发育的需要。

如果只用米粉类食物代替乳类食物喂养宝宝，会使宝宝出现蛋白质缺乏症。具体表现为：宝宝生长发育迟缓，影响神经系统、血液系统和肌肉成长；抵抗力低下，免疫球蛋白不足，容易生病。长期用米粉喂养的宝宝，身高增长缓慢，但体重并不一定减少，反而长得又白又胖，皮肤被摄入过多的糖类转化成的脂肪充实得紧绷绷的，医学上称为泥膏样。但这些宝宝外强中干，易患贫血、佝偻病等，常感染支气管炎、肺炎等疾病。

有些妈妈，在新生儿期便加用米粉类食品就更为不合适。宝宝体内的胰淀粉酶要在 4 个月左右才达到成人水平，所以 3 个月之内的宝宝不应加米粉类食品。3 个月以后可适当喂一些米粉类食品，但不能只用米粉喂养，即使与牛奶混合喂养也应以牛奶为主，米粉为辅。

✖ 用谷类代替奶

有些妈妈认为，6 个月以上的宝宝可以大量吃谷类食物了，就用谷类食用代替母乳或牛奶作为宝宝的主食。这种做法是极其错误的。

谷类的营养，尤其是谷类中的蛋白质的数量和质量都不能满足宝宝的需要。长期这样喂养，宝宝会产生营养不良问题。因此，妈妈不要以谷类代替母乳或牛奶。

0～1岁育儿营养全方案

多吃鱼松营养好

有些妈妈认为，鱼松营养丰富，口味又很适合宝宝，应该多给宝宝吃。这种认识是不正确的。

研究表明，鱼松中的氟化物含量非常高。宝宝如果每天吃 10～20 克鱼松，就会从鱼松中吸收氟化物 8～16 毫克。加之从饮水和其他食物中摄入的氟化物，每天摄入量可能达到 20 毫克左右。然而，人体每天摄入氟的安全值只有 3～4.5 毫克。如果超过了这个安全范围，氟化物就会在体内蓄积，时间一久就可能会导致氟中毒，影响牙齿和骨骼的生长发育。妈妈可以在平时把鱼松作为一种调味品给宝宝吃，但不要作为一种营养品长期大量给宝宝食用。

过量食用胡萝卜素

胡萝卜素对宝宝成长有好处，有些妈妈就经常给宝宝吃胡萝卜以补充胡萝卜素。但是妈妈要注意宝宝食用的胡萝卜不能过量，不要补充得太多。

宝宝过多饮用以胡萝卜或西红柿做成的蔬菜果汁，有可能引起胡萝卜血症，使面部和手部皮肤变成橙黄色，并出现食欲不振、精神状态不稳定，烦躁不安，甚至睡眠不踏实、夜惊、啼哭、说梦话等表现。

认为豆制品是蔬菜

有的妈妈认为，豆制品就是蔬菜。这种想法是不正确的。

实际上，豆制品可看作荤菜，里面的主要成分是植物蛋白，而并没有蔬菜所富含的维生素和粗纤维。所以妈妈平时不要把豆制品当成蔬菜喂给宝宝吃，宝宝吃了豆制品还是需要食用一些蔬菜的。

只用豆奶喂养宝宝

豆奶是以豆类为主要原料制成的。豆奶含有丰富的营养成分，特别是含有丰富的蛋白质以及较多的微量元素镁，此外，还含有维生素 B_1、维生素 B_2 等，

第四篇

是一种较好的营养食品。

但是，豆奶所含的蛋白质主要是植物蛋白，而且豆奶中含铝也比较多。宝宝长期饮豆奶，可使体内铝增多，影响大脑发育。而牛奶中含有较多的钙、磷等矿物质及其他营养成分，有益于宝宝的生长发育。

因此，喂养宝宝还是以牛奶为好，特别是 4 个月以内的宝宝，更不宜单独用豆奶喂养，豆奶只可作为补充食品。如果没有牛奶，必须以豆奶喂养宝宝时，妈妈需要注意适时添加鱼肝油、蛋黄、鲜果汁、菜水等食品，以满足宝宝对各种营养物质的需要。

✖ 宝宝大便干燥需吃香蕉、麻油

有些妈妈认为，宝宝便秘了，就让宝宝吃一些香蕉、麻油，以帮助消化。这种做法是不正确的。

宝宝便秘时，吃香蕉、麻油并不管用，正确的方法是让宝宝养成良好的排便习惯，并且排便时间要固定。因为食物消化到达大肠的时候，大肠的主要功能是，吸水—蠕动—将食物残渣排出体外。如果能养成每天排便的习惯，把食物残渣及时排出体外，那么大便干燥就能得到缓解。食物残渣滞留在大肠中的时间越长，水分就被吸收得越彻底。

✖ 吃零食有害健康

有些妈妈认为，吃零食有害健康，宝宝吃了零食后，会影响生长发育其实，其实，零食不等同于垃圾食品。高热量低营养的食品才是垃圾食品。而对于一些有营养的零食，专家建议在不影响宝宝正餐的情况下，可以给宝宝适量摄入，以补充营养，特别是身材瘦小的宝宝。

零食不但可以补充宝宝在活动中消耗的能量，而且如果选择得当，也是营养的一个重要来源。

● **给宝宝补充身体能量：** 许多家庭两餐之间的时间间隔较长，而宝宝的胃一般较小，饱得快，饿得也快。另外，宝宝身体的活动量比较大，热量消耗很

大，零食可以给宝宝补充在活动中消耗的能量。

● 有助于宝宝学习自己吃东西：吃零食可以给宝宝一个自己拿着点心或水果往嘴里放的机会。尽管他们的动作也许是笨拙可笑的，而且会弄得满脸满身脏兮兮的，但是宝宝的小指头和小嘴巴要顺利地完成这一系列的动作可不简单。

● 缓和断奶期的压力：据了解，处于断奶期的宝宝在精神上会经历一种压力，这时如果能够适时地给宝宝一些健康的零食，如：面包、小馒头等，可以减少宝宝的紧张感，使宝宝不再闹着要喝奶。

 水果代替蔬菜

蔬菜的口味有时不受宝宝欢迎，宝宝就不太喜欢吃，有些妈妈于是就用水果来代替蔬菜。这种做法是不正确的。

主要有以下几点原因：

● 从营养学角度看，水果所含的营养远远比不上蔬菜。以苹果和青菜为例，两者的钙含量比例为 1:8，铁含量为 1:10，胡萝卜素含量为 1:25。可见，在一天的饮食计划中，绿叶蔬菜是必不可少的。

● 蔬菜中所含的纤维素对宝宝有着极其重要的生理作用。不断咀嚼纤维，能促进消化液大量分泌，特别能促使胰液分泌，有利于油脂类食物消化吸收。有的宝宝胃口不好，往往与蔬菜吃得太少、体内缺乏纤维素有关。纤维素还能刺激肠管蠕动，使大便保持通畅，避免发生便秘。这样可以缩短粪便在肠中停留的时间，从而减少有毒物质的刺激。

● 不可吃过多的水果。宝宝适当吃水果对身体有好处，但如果摄入过多，会加重消化器官的负担，容易导致消化和吸收功能障碍。有些宝宝对水果中所含的果糖吸收不好，会从肾脏排出。从水果的特性看，有些水果吃多了会影响健康，如：橘子吃多了容易上火，易导致大便干燥等症状。因此，水果、蔬菜两类食物只能互相补充，不可偏废，更不可互相取代。

蔬菜和水果各有各的用处，谁也不能代替谁，宝宝同时都需要。妈妈要积极培养宝宝爱吃蔬菜的良好饮食习惯，特别是黄绿色蔬菜。对于那些不喜欢吃蔬菜的宝宝，妈妈一定要多动脑筋，变化蔬菜的烹煮方式，激发宝宝对蔬菜的兴趣。

 吃生蔬菜比熟吃好

有些妈妈认为，蔬菜中的维生素 C 不耐热，会在烹调时受到严重破坏。于是就让宝宝生着吃蔬菜，认为这样可保证蔬菜营养的摄取。这种做法是不正确的。

蔬菜无论经过煮、炒、涮后，都会或多或少地损失其中的维生素 C。宝宝如果能够生吃不妨采用这种吃法。但如果宝宝年龄尚幼，胃肠功能还较弱，生吃太多的蔬菜往往不容易消化，吃多了会影响胃肠功能。

宝宝年龄稍大一些时，妈妈可给他调剂着吃一些生蔬菜，如：把小黄瓜、胡萝卜或白菜、菜花用水焯后捞出，与橘子、苹果、草莓、菠萝等水果做成沙拉吃。

用鸡蛋代替主食

有些妈妈认为，鸡蛋含有的营养成分比较全面，而且宝宝吃起来也比较方便，是一种较好的宝宝食品。一般来说，宝宝从 4 个月后就可以逐渐、适量地进食鸡蛋了，但一定要注意循序渐进，不能贪多求快，最好是先让宝宝吃 1/4 个蛋黄，然后是 1/2、3/4 个蛋黄，再逐渐过渡到吃整鸡蛋。

但是，鸡蛋再有营养，也不可代替主食，过多地让宝宝食用。

宝宝消化能力差，如果宝宝吃了大量的鸡蛋，不但营养不能被充分吸收利用，而且还可能会引起消化不良、食欲不振、便秘、肠胃病、口臭、舌苔增厚等现象，增加体内的氨类毒副产物，加重肝肾负担，增加钙的排出量，最终影响身体健康。而对于胃肠功能差、消化酶少的宝宝来说，更是如此。

虽然鸡蛋营养丰富，但不可作为主食过多食用。一般来说，每天 1 个即可。而且，每天必须给宝宝补充足够的碳水化合物，也就是说要让宝宝吃一些米饭

和面食，这样才能给宝宝提供充足的热量。

 宝宝食用鸡蛋清

有些妈妈在宝宝 6 个月之前就开始给宝宝吃鸡蛋清了。这种做法是不可取的。

6 个月的宝宝消化系统发育尚不完善，肠壁的通透性较高，鸡蛋清中白蛋白分子较小，有时可通过肠壁而直接进入宝宝血液，使宝宝对异体蛋白分子产生过敏现象，而导致湿疹、荨麻疹等的发生。

 多喝果汁没坏处

有些妈妈认为，果汁是健康食品，宝宝喝得越多越好，甚至有的妈妈用果汁代替白开水喂宝宝。这种做法是不对的。宝宝过量饮用，会造成营养不良。

果汁喝多了，母乳或牛奶的摄入量也会自然减少。多数果汁都不含蛋白质、脂肪、矿物质、纤维素、维生素 C 以外的其他维生素类，而是含有大量的碳水化合物（糖类），如果大量摄入体内，可导致宝宝腹泻、腹痛、腹胀及胃胀气。因此果汁并不能提供真正的营养成分。

另外，很多果味饮料并非 100% 的纯果汁，其中添加了甜味剂、人造香料及其他化学成分，对宝宝的健康不利。

因此，妈妈不要给 6 个月以下的宝宝饮用外面买的果汁；睡觉前更不宜给宝宝喝果汁。给宝宝摄入水果营养成分，让宝宝吃自制水果汁要比吃外面买的水果汁好得多。

饮料代替白开水

不少妈妈常常用饮料来代替白开水给宝宝补充水分，这样做会造成宝宝食欲减退，厌恶牛奶和正常饮食。

要了解其中的原因，我们可以按照饮料的不同分类来看：

● 碳酸饮料：以糖、香精、色素加水制成，其中有些饮料中还加有咖啡因，喝起来口感清爽甜美，很适合宝宝的口味。但喝多了不仅会让宝宝摄入过多糖分，而且碳酸会产生大量的二氧化碳，对宝宝机体的内环境有不利影响，同时宝宝也会因饱胀感而影响食欲。喝过多的碳酸饮料，还会造成宝宝体内的钙流失。

- 营养型饮料：营养型饮料中的营养素含量比天然食品要低很多，营养价值并不高，而且大多数添加了防腐剂、稳定剂和香精、糖精等对宝宝无益的物质，宝宝不宜多喝。

- 滋补型饮品：加了花粉、蜂王浆或补益类中草药（如：枸杞、人参、桂圆等）的营养品，对健康的宝宝来说，不但没有必要，而且还会影响宝宝正常饮食中对各种营养素的吸收。有些产品含有激素成分，喝多了会导致宝宝性早熟等严重后果，应严格限制宝宝饮用。

白开水对人体的新陈代谢有着非常重要的生理活性，不但能及时清除代谢过程中产生的废物，更能提高人体的耐受能力和抗病能力，使人体不易产生疲劳感。饮料是不可替代白开水的。

对于1岁内的宝宝来说，最好不要喝饮料。同时，宝宝补水也要"少量多餐"，每次饮水应控制在100毫升左右，每天的补水量以1500毫升左右为宜。妈妈除了要提醒宝宝喝水外，也可以让宝宝吃一些含水量较高的蔬菜、瓜果等食物，换个花样给宝宝补充机体所需的水分。

✖ 喝茶有益

许多妈妈认为，茶里含有多种对人体有益的物质，如：**鞣酸、叶酸、维生素、蛋白质及矿物质**等，适当喝茶对人体有益，于是就给宝宝喝茶。这种做法是不对的。

专家指出，给宝宝喝少量的淡茶没有大的害处，但是，如果经常喝茶，或喝浓茶，就会对宝宝的健康产生一定的影响。

茶中的咖啡因等，对中枢神经系统有兴奋作用，宝宝喝浓茶后易出现睡眠减少、精力过剩、身体消耗增大的现象，影响宝宝的生长发育。鞣酸可引起消

常见的喂养误区

化道黏膜收缩，并与食物中的蛋白质结合形成凝块，影响食欲及营养物质的吸收，易使宝宝出现消化不良、身体消瘦的现象，鞣酸在体内还可与铁形成鞣酸铁复合体，使铁吸收减少75%。过度喝茶，还会因水分过多，使心脏负担加重。此外，浸泡时间过长或隔夜的茶，由于分解或变质产物的形成，会对机体造成不利影响。因不宜经常给宝宝饮茶。

❌ 宝宝往外顶食物就是不爱吃

在宝宝3个月的时候，有些妈妈就开始给宝宝添加辅食了，这时有的宝宝往往会用舌头把食物顶出来，妈妈就认为宝宝不爱吃这种食物，而不再给宝宝喂这种食物。这种做法是不对的。

3～4个月以内的很多宝宝，推拒反射没有消失，所以当从正前方把勺子放在舌头上，宝宝有一个反射性的动作，用舌头把勺子推出去。遇到这种情况，妈妈可以试着在舌头的侧面喂一下，或者过1～2个月再从前面喂，可能1个月以后这种推拒反射就消失了。

❌ 勉强宝宝进食

有些妈妈在给宝宝喂食的时候，宝宝不爱吃，妈妈就想方设法把食物喂给宝宝吃。这种做法是错误的。

添加辅食的最重要原则是：尊重宝宝，让宝宝做主。当宝宝闭嘴扭头表示拒绝时，妈妈就需要接受宝宝的意愿，千万不要再勉强宝宝进食。

无论多么小的宝宝，他都需要拥有自主权。任何精神压力都会给宝宝造成心理阴影，甚至导致宝宝丧失本来应有的能力。妈妈一定要谨慎行事，与宝宝建立起健康的喂养关系。

❌ 过多吃甜食

宝宝一般都爱吃甜食，但从医学的角度看，还是少吃为好。

● **增加生病的危险：**如果在体内有过多的糖类物质得不到消耗，转化为脂肪贮存起来，会造成宝宝肥胖，为成年后某些疾病的发生埋下祸根。过多的糖会加重胰脏的负担，日久有可能造成糖尿病的发生。甜食还可消耗体内的维生素，使唾液、消化腺的分泌减少，而胃酸则增多，从而引起消化不良。食用的糖量超过食物总量的 16% ~ 18%，会使宝宝的钙质代谢发生紊乱，直接影响宝宝的生长发育。饭前给宝宝吃甜食，会使食欲中枢受到抑制。

● 易出现疲乏、食欲降低等现象：糖是由淀粉转化而来。淀粉在加工成糖的过程中，维生素 B_1 几乎全部被破坏。过多的糖进入宝宝体内，会在代谢过程中产生中间产物丙酮酸，因没有足够的维生素 B_1 的参与，丙酮酸会大量存在于血液中，进而刺激中枢神经系统及心血管系统，使宝宝出现疲乏、食欲降低等问题。

● 影响口腔健康：口腔是一个多细菌的环境，有些细菌可以利用蔗糖合成多糖，多糖又可形成一种黏性很强的细菌膜，这种细菌膜附着在牙齿表面上不容易清除，细菌可大量繁殖而形成一些有机酸和酶，直接作用于牙齿，使牙齿脱钙、软化，酶类可以溶解牙组织中的蛋白质，在酸和酶的共同作用下，牙齿的硬度和结构容易遭到破坏，宝宝就特别容易发生龋齿。

● 导致近视：吃糖过量，还可以增高宝宝体内的血糖量，降低体液的渗透压，使晶状体凸出变形，屈光度增高，导致近视。

为了让宝宝健康成长，妈妈应不要让宝宝多吃糖。

✕ 咀嚼过的食物易于消化吸收

有些妈妈认为，宝宝胃肠功能尚不成熟，给宝宝喂食咀嚼过的食物，更易于消化吸收。其实，这是一种不科学、不卫生的喂养方式。

人体的口腔本身就是一个多菌的环境，给宝宝喂咀嚼过的食物，易将成人口腔中的细菌传给宝宝，从而引起感染。

实际上，初生宝宝已具备较好的咀嚼和消化食物的能力，让宝宝自己咀嚼食物，不但可以促进宝宝牙齿的生长，还有利于培养宝宝咀嚼和吞咽的良好习惯。但妈妈需要注意的是，应避免给宝宝喂食生硬、粗糙、油腻或过于刺激的

常见的喂养误区

食物。

✕ 给宝宝吃颗粒细腻的辅食

宝宝 7~8 个月以后，有些妈妈仍然给宝宝吃颗粒非常细腻的辅食。这种做法是不对的。

7~8 个月的宝宝进入食物的质地敏感期，再加上这时宝宝也开始长牙了，牙龈会有痒痛的感觉。因此，宝宝特别喜欢吃稍微有点颗粒粗糙一点的辅食。颗粒比较粗糙的食物会增加宝宝牙龈的摩擦感，帮助宝宝出牙。

所以 7~8 个月以后，宝宝的辅食就不能太细腻了，妈妈应该做一点肉末、菜末、烂粥，这样宝宝吃起来可能兴趣更大一些。

✕ 用软食替代硬食

有些妈妈认为，宝宝咀嚼能力不强，应该给宝宝喂一些稀饭、面汤、米粉等口感较软的食物。这是不对的。

原因主要包括以下几点：

● **软食营养不足**：软质食物，水分多、能量低，铁、锌、钙等营养素的含量较低。宝宝的胃容量只有 250 毫升左右，如果吃的都是这些软质食物，那么所摄入的营养成分必定达不到需求。

● **咀嚼硬食有好处**：咀嚼能促进面部肌肉运动，这种运动可以加速头面部的血液循环，增加大脑的血流量，使脑细胞获得充分的氧气和养分供应，让宝宝大脑的反应更加灵敏。勤咀嚼还有助于视力发育。常吃软食的宝宝视力要差一些，而常吃硬食则可以有效预防近视、弱视等眼疾的发生。此外，高度的咀嚼功能是预防错牙和畸形牙最自然有效的方法之一。

● **有助于颌骨与牙龈的正常发育**：宝宝出生后 4 个月，颌骨与牙龈就已经发育到了一定的程度，已经足以咀嚼半固体食物了。乳牙萌出后，宝宝的咀嚼能力会进一步增强，此时应相应地增加食物的硬度，让宝宝多练习咀嚼，这样有利于牙齿、颌骨的正常发育。

6～8个月是宝宝学习咀嚼和吞咽能力的关键时期，在这一阶段要经常给宝宝吃一些有硬度的食物，如：馒头、面包干等，之后可逐渐增加水果、胡萝卜、豆类、土豆、玉米等，还可以让宝宝尝试着吃一些肉、鱼、蛋等动物性食物。这些有一定硬度的食物既可以帮助宝宝补充丰富的能量及营养元素，又能锻炼宝宝在日常生活中的咀嚼能力，对宝宝非常重要。

 营养补充误区

忽视维生素摄取

有些妈妈忽视了维生素对宝宝的重要性，以至于将宝宝养成"豆芽菜"、"小胖墩"，近视、龋齿、贫血也成为宝宝的常见疾病。

维生素，其本身并不提供人体能量，但却是人体必不可少的营养素。所以妈妈一定要注意宝宝维生素的摄取，让各种营养素达到平衡状态。

维生素和矿物质摄入越多越好

有些妈妈认为，给宝宝补充维生素和矿物质，如：维生素 A、维生素 D 等越多越好。这种认识是不正确的。

维生素和矿物质对宝宝十分重要，但宝宝不能过量地摄入或滥用，否则会引发维生素中毒，对身体产生不利影响。

现在市场上有许多专为宝宝配制的口服营养补剂，含有大量的维生素、脂肪、蛋白质及糖类，具有较高的营养价值。妈妈应在医生的指导下给宝宝选择合适的营养产品，不能给宝宝长期多量服用，否则会造成消化不良，发生腹胀、腹泻等症状，阻碍宝宝的生长发育。

✗ 红豆、红枣是补血佳品

有些妈妈认为，红豆、红枣可以补血。于是在宝宝贫血的时候，就给宝宝吃赤豆、红枣。这种做法是不对的。

妈妈认为这两种食物补血，可能是从颜色上来考虑的，这两种食物都是红色，认为"红"补"红"。其实，食物补充铁剂的功效，取决于它所含铁量的多少及吸收率的高低。

从食物成分分析，红枣、红豆中的铁含量不高，豆类的表皮含有较多的植酸，可与铁结合成不溶于水的植酸盐，降低铁的吸收率低，可见赤豆红枣汤并非补血佳品。真正的补血佳品是动物的肝脏、红色的肉类等。

✗ 营养都在汤里

有些妈妈认为，汤水营养丰富，因此只给宝宝喝菜汤、肉汤、鱼汤，甚至用汤来泡饭。妈妈的出发点是好的，但并没有把最好的给宝宝吃。

实际上，即使文火炖出来的浓汤，里面也只有少量的维生素、矿物质、脂肪及蛋白质分解后的氨基酸。汤喝完了，摄入的营养却仅为原来食物的 10% ~ 12%，大量的营养物质仍然保留在肉类中。还有的妈妈把青菜、水果煮一煮，给宝宝喝汤，觉得这样就可以补充维生素。其实，经长时间煮过的青菜、水果已损失了大量的维生素和营养素。

✗ 多吃保健品

不少妈妈认为，蜂乳、人参等是高级保健品。为了使宝宝更健康，妈妈在宝宝每天吃饭、饮水时都给宝宝喝一些，有的甚至以此代替牛奶给宝宝吃。这种做法是不对的。

诚然，婴儿期营养充足是个体生长发育的关键，但上述补品均含有一定量的激素，其浓度相当于正常未发育宝宝的 8 ~ 34 倍。

即使"宝宝专用补品"中的某些品种，也不能排除其含有类似性激素和促性腺因子的可能。因此，当机体摄入这些外源性激素后，可能会促使宝宝的性功能发育提前启动，以致发生性早熟现象。

再者，保健品中所含的营养成分也并不完全，不能供给较多的蛋白质、维生素和矿物质。若长期以这些保健品代替牛奶，容易使宝宝出现营养缺乏，甚至影响宝宝的生长发育。此外，蜂乳、人参糖浆等通常含糖量较高，经常给宝宝吃还会影响宝宝的食欲。

✖ 吃太多菠菜补铁

有些妈妈认为，菠菜中含有丰富的铁，多吃可以补血，有利于宝宝的生长发育。这种做法是不对的。

菠菜中铁的含量虽然很高，但人体很难吸收利用；又因为菠菜含有大量的草酸，进入人体后，在胃肠道内与钙质相遇，很容易凝固成不易溶解和吸收的草酸钙，所以常吃菠菜会引起缺钙。若宝宝已有缺钙的症状，吃菠菜更会使病情加重。

菠菜属于碱性食物，宝宝常吃，会引起宝宝腹泻。有的妈妈把菠菜烫一下再给宝宝吃，烫一下，虽然可除去菠菜中的草酸，但烫过后，菠菜中的维生素大多也遭到了破坏。

因此，不宜常给宝宝吃菠菜。妈妈要想给宝宝补铁的话，可以选择蛋黄、瘦肉等食物，也可以让宝宝吃一些碎肉末、肝泥、鱼泥、蛋黄、菜泥等。

✖ 宝宝不吃饭，药物来解决

许多宝宝在8个月左右就开始不好好吃饭了。尽管宝宝精神很好，可是许多妈妈就开始担心起来，总以为是宝宝肠胃消化不好。于是经常去买各种消化药让宝宝吃。这种做法是不正确的。

宝宝在1岁左右的这个时期，被称作"不吃的时代"。这个时期，宝宝已经由爬行体会到了活动的乐趣，对于周围的世界充满了强烈的好奇心，也因为如此，宝宝的注意力不再集中于吃东西这件事物上，宝宝也越来越聪明，开始

有好恶之分，只吃喜欢的食物，对不喜欢的食物，怎么喂也不吃。

因此，如果宝宝只吃很少的东西，妈妈也不要担心，更没有必要让宝宝吃药。如果宝宝不吃饭，妈妈应该立即收拾干净，适度地让宝宝体验饥饿感，这样再拿出食物时，宝宝就会吃了。

 把药物当营养品长期服用

在广告的误导下，许多妈妈不管宝宝是否缺乏营养素，就把铁、锌、钙、鱼肝油等药物当做保健品长期给宝宝服用。这种做法是错误的。

正确的做法是，应该定期去医院给宝宝检查，在医生的指导下正确用药。这样就可避免因为药物过量产生的不易察觉的中毒。

 多给宝宝吃钙片补钙

有些妈妈认为，要想宝宝个子长得高，就必须经常给宝宝补钙。这种认识是不对的。

宝宝如果保证了奶制品的摄入，那么他们的体内就并不缺钙，而是缺乏促使钙吸收的维生素 D。与其给宝宝吃钙片，还不如给宝宝补充一些鱼肝油，多做户外活动，多晒晒太阳。

 过早给宝宝喝酸奶

有些妈妈认为，酸奶是容易被人体消化吸收的纯牛奶，所以在 6 个月之前就给宝宝喝。这种做法是不对的。

酸奶含钙量较少，新生宝宝正在生长发育，需要大量的钙，且酸奶中由乳酸菌生成抗生素，虽能抑制和消灭很多病原体微生物，但同时也破坏了人体有益菌的生长条件，同时还会影响正常消化功能的发育，尤其对患肠胃炎的宝宝和早产儿更不利。而且，过早地给宝宝喝酸奶也会养成他们对甜食的偏好。因此，酸奶不适合 6 个月以下的宝宝喝。

另外，也要注意给宝宝饮用酸奶不能过量。过量会改变胃肠酸碱平衡，进而使胃肠功能紊乱，长期下去会降低免疫力，容易感染呼吸道疾病。饭前喝过多的酸奶易出现饱胀感，影响食欲。

 宝宝喝益生菌酸奶

妈妈在给宝宝选择益生菌酸奶时，要注意宝宝的月龄和体质状态的不同，1岁以下的宝宝不能喝酸奶。

处于婴儿期的宝宝，胃肠道系统发育尚未完善，胃黏膜屏障并不健全，胃酸、胃蛋白酶活性较低，4~6个月时也仅为成人的1/2。而酸奶的加工需经过一个酸化过程，pH值较低，进入胃肠道后，可"腐蚀"宝宝娇嫩的胃肠黏膜，影响消化吸收。

此外，宝宝胃肠道的微生物菌群处于生长变化阶段，尚不稳定，饮用酸奶可能会引起嗜酸乳杆菌群摄入过多，导致肠道中原有的微生物菌群生态平衡失调，从而引发肠道疾病。但6个月以上的宝宝，如果宝宝有腹泻、食欲不振、便秘、消化不良时，加一些酸奶作为辅食，是有益的。

另外，益生菌酸奶并不是喝得越多越好。酸奶有一定的酸度，宝宝每天喝太多的酸奶，会影响胃肠道内的正常酸碱度。宝宝喝酸奶的时候也要注意不要空腹喝，空腹时胃内的环境不利于嗜酸乳杆菌的生长，这会让酸奶失去应有的营养价值，餐后2小时喝最佳。

 喝高浓度糖水有助于补充体能

有些妈妈听说糖分能补充体内碳水化合物和热能的不足，于是就经常给宝宝喝糖水，或在牛奶中加糖，而且认为越甜越好。这种做法是不对的。

实际上，糖水浓度过高，容易使宝宝满足食欲，刺激胃肠道产生腹泻、消化不良等问题，宝宝因而不愿再进食其他食物，从而造成食欲不振。长此以往，会导致宝宝营养不均衡，甚至出现营养缺乏症。新生宝宝常吃高糖的乳和水，会使坏死性小肠炎的发病率增加。而且由于糖中碳水化合物含量较高，长期食用，当其供给的热量超过机体需要时，就会转化为脂肪储存于体内，从而造成

常见的喂养误区

宝宝体重增加，肌肉松弛，继而出现肥胖症。此外，糖分在口腔中溶解后还可能腐蚀牙齿，使宝宝易患龋齿。因此，妈妈最好不让宝宝喝高浓度的糖水。

葡萄糖代替白糖

有些妈妈在宝宝食欲正常的情况下，还担心宝宝会不会缺乏葡萄糖，于是就经常给宝宝食用葡萄糖，有时甚至还用葡萄糖代替白糖。这种做法是不对的。

宝宝各种食物中的淀粉和所含的糖分，在体内均可转化为葡萄糖，所以不宜给宝宝多吃葡萄糖，更不可用它来代替白糖。

如果妈妈常用葡萄糖代替其他糖类，宝宝肠道中的双糖酶和消化酶就会失去作用，使胃肠懒惰起来，时间长了就会造成消化酶分泌功能低下，消化功能减退，影响生长发育。

妈妈可以偶尔给宝宝一定的白糖，以锻炼宝宝的消化功能，为以后进餐打下基础。当然，白糖也不宜经常吃，否则，会增加宝宝过胖或龋齿的发生率。此外，如果饭前让宝宝喝加糖的饮料，甜味会使宝宝产生饱胀的感觉，宝宝的食欲会减退，严重者可导致厌食。

给宝宝食用蜂蜜

许多妈妈喜欢在宝宝吃的牛奶、辅食或开水中添加蜂蜜，其目的是增加食物的甜味，增加宝宝的营养，同时治疗宝宝便秘。这种做法是不对的。

蜂蜜中很容易遭受多种细菌的污染，成人的胃肠道可以抵御外界进入的细菌，但是宝宝胃肠功能尚未发展成熟，许多细菌并不能被彻底消除，还有可能在肠道中继续繁殖及分泌毒素，当被胃肠黏膜吸收进入体内后，会破坏其原本就脆弱的防御系统而致病。

1岁以内的宝宝食用蜂蜜，除了会引起一般胃肠反应的呕吐及腹泻以外，还会造成宝宝呕吐、神志不清、语言障碍、吞咽困难、视力模糊、瞳孔放大、呼吸困难等症状。

因此，1岁之内的宝宝最好不要食用蜂蜜。

特 别 感 谢

　　由于本书涉及面广，内容丰富，在编写过程中，我们得到了一些朋友的支持和帮助。在此，我们真诚地对他们表示感谢，他们是：雷海岚、朱红梅、周玉红、刘芹、卿华、罗玺、毛洁、廖红、曹爱云、张永见、高晓峰、周亮等。